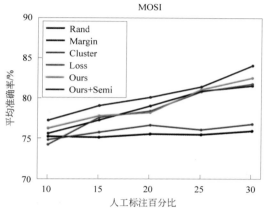

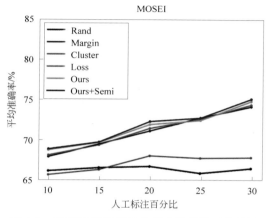

图 6.4　MOSI 数据集半监督学习实验对比结果　　　图 6.5　MOSEI 数据集半监督学习实验对比结果

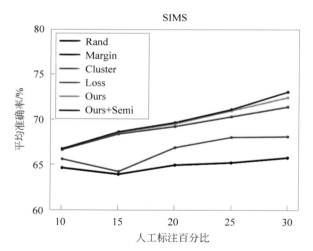

图 6.6　SIMS 数据集半监督学习实验对比结果

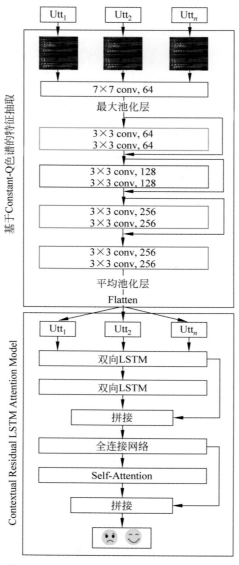

图 8.1　基于 Constant-Q 色谱图的音频情感分类研究框架图

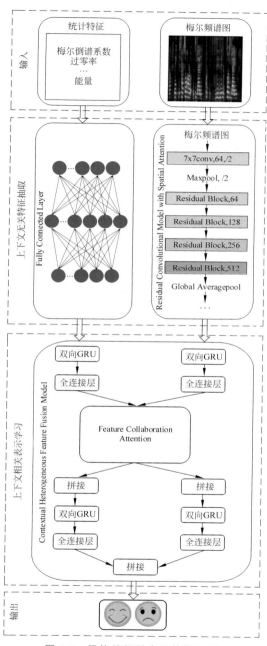

图 8.4　异构特征融合总体框架图

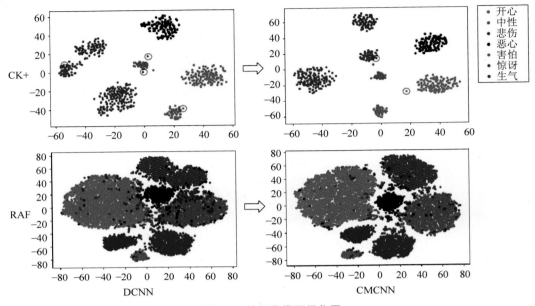

图 9.5　特征降维可视化图

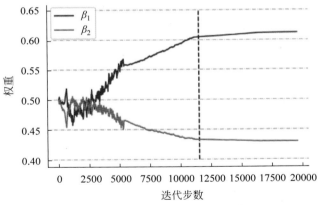

图 9.7　参数 β_1 和 β_2 的更新曲线图

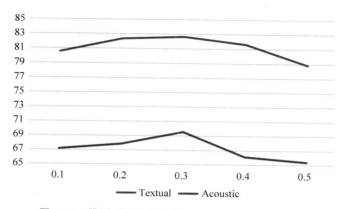

图 11.4　模型对不同任务权重设置的性能改变曲线

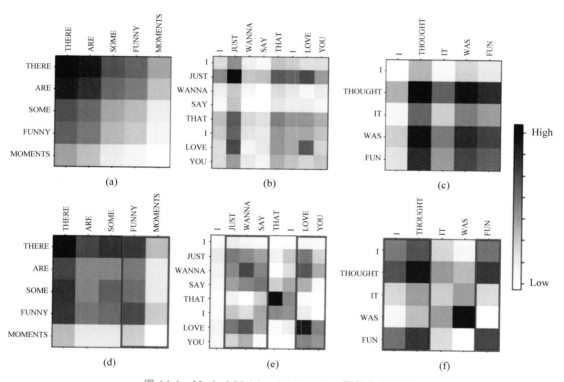

图 14.4　Masked Multimodal Attention 可视化展示图

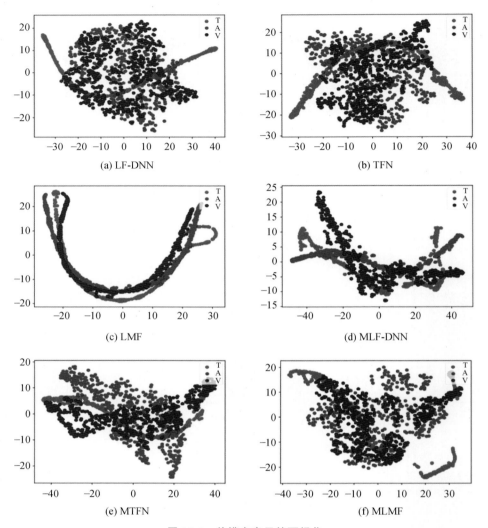

图 15.4 单模态表示的可视化

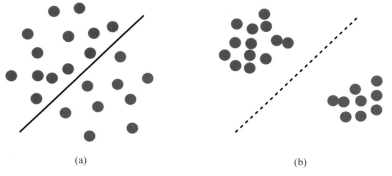

图 18.1　特征表示示意图

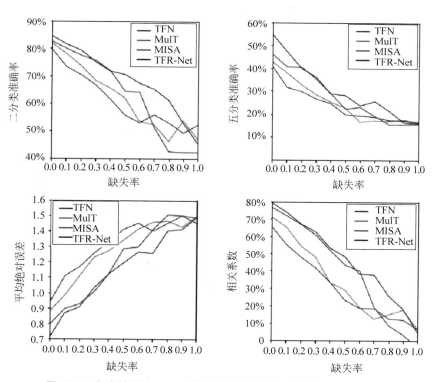

图 20.6　各个模型在 MOSI 数据集上性能指标随缺失率变化曲线

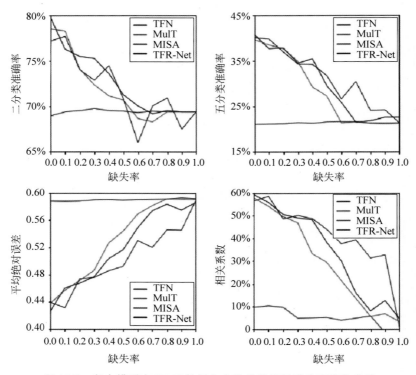

图 20.7　各个模型在 SIMS 数据集上性能指标随缺失率变化曲线

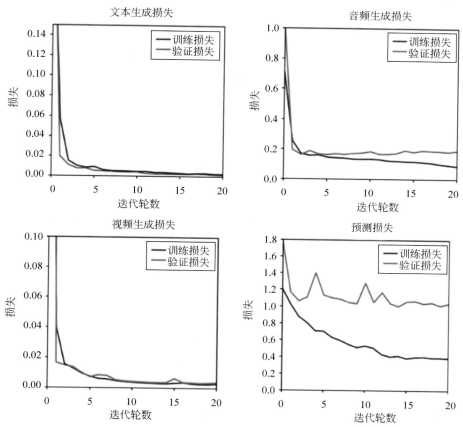

图 20.8 MOSI 数据集上缺失率为 0.3 时，分类损失及各模态重构损失函数变化曲线

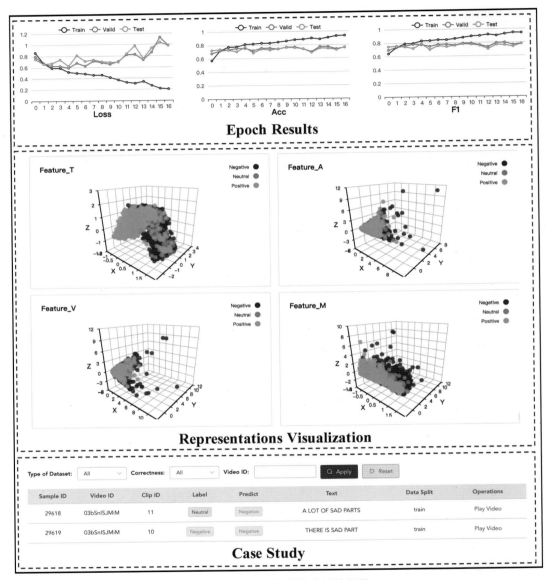

图 21.6　一个多维结果分析的例子

面向共融机器人的自然交互

——多模态交互信息的情感分析

徐 华 著

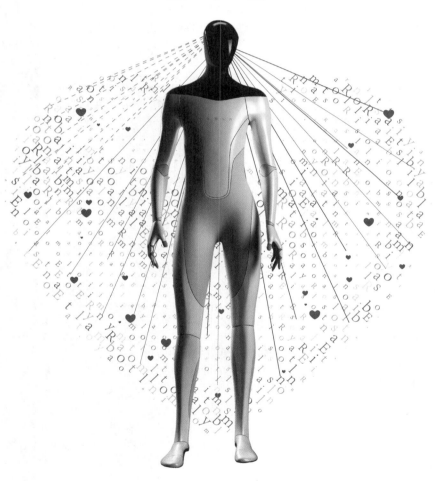

清华大学出版社
北京

内 容 简 介

共融机器人是能够与作业环境、人和其他机器人自然交互、自主适应复杂动态环境并协同作业的机器人。"敏锐体贴型"的自然交互是共融服务机器人的研究热点问题之一。当前迫切需要共融机器人具备多模态交互信息的情感分析能力。本书针对多模态机器学习方法的情感分析领域，从多模态交互信息特征的学习表示出发，系统介绍了自然交互中的特征学习表示、特征融合和情感分类的方法，并进一步探讨了如何实现鲁棒的多模态情感分析法。

本书是共融机器人自然交互领域国内第一本系统介绍多模态交互信息情感分析的专业书籍，可为读者掌握共融机器人研究领域人机情感分析的关键技术和基础知识，为追踪该领域的发展前沿提供重要的学习和研究参考。

图书在版编目（CIP）数据

面向共融机器人的自然交互：多模态交互信息的情感分析/徐华著. —北京：清华大学出版社，2023.1

ISBN 978-7-302-62421-9

Ⅰ.①面… Ⅱ.①徐… Ⅲ.①人－机对话 Ⅳ.①TP11

中国版本图书馆 CIP 数据核字（2022）第 253743 号

责任编辑：白立军
封面设计：刘 乾
责任校对：焦丽丽
责任印制：沈 露

出版发行：清华大学出版社
　　　　　网　　　址：http://www.tup.com.cn，http://www.wqbook.com
　　　　　地　　　址：北京清华大学学研大厦 A 座　　　　　邮　　编：100084
　　　　　社 总 机：010-83470000　　　　　　　　　　　邮　　购：010-62786544
　　　　　投稿与读者服务：010-62776969，c-service@tup.tsinghua.edu.cn
　　　　　质量反馈：010-62772015，zhiliang@tup.tsinghua.edu.cn
　　　　　课件下载：http://www.tup.com.cn，010-83470236
印 装 者：三河市铭诚印务有限公司
经　　　销：全国新华书店
开　　　本：185mm×230mm　　印　张：16.25　　彩 插：5　　字　　数：339 千字
版　　　次：2023 年 1 月第 1 版　　　　　　　　　　　　印　　次：2023 年 1 月第 1 次印刷
定　　　价：69.00 元

产品编号：094451-01

前　言

　　本书中所讨论的共融（服务）机器人是当前智能（服务）机器人的简称。 共融机器人的自然交互主要是针对机器人与人共融的应用场景下，实现机器人与人、机器人与环境、机器人之间自然的交互共融。 从共融服务机器人实际应用的角度而言，机器人与人之间的自然交互能力是其关键核心技术之一。 机器人与人之间的自然交互能力主要涉及人机对话能力、对于人的多模态情感感知能力、人机协同能力等方面。 为了实现智能服务机器人①高效的情感感知能力，需要在人机交互的过程中让机器人具备强大的多模态交互信息的情感识别能力。 这是实现高效智能化机器人与人对话的核心关键技术之一。 2021 年 12 月,中华人民共和国工业和信息化部、中华人民共和国国家发展和改革委员会等十五个部门联合印发的《“十四五”机器人产业发展规划》中将“人机自然交互技术，情感识别技术”等列为机器人核心技术攻关行动的前沿技术，足见共融机器人的自然交互技术在未来机器人产业的重要性。 本系列丛书面向产业前沿、技术前沿和研究前沿对机器人自然交互技术中的重要问题与方法开展系统化论述。

　　本书由浅入深地探讨了如下几个热点研究内容： 多模态情感信息的特征表示、特征融合、多模态交互信息的情感分类。 面向自然交互的多模态信息的情感分析是涉及自然语言处理、计算机视觉、机器学习、模式识别、算法、机器人智能系统、人机交互等方面相互融合的综合性研究领域，近年来笔者所在的清华大学计算机科学与技术系智能技术与系统国家重点实验室研究团队，面向共融机器人的自然交互的多模态信息情感分析方面开展了大量有开创性的研究与应用工作，特别是在基于深度学习模型的人脸情感特征识别、多模态情感信息的学习表示、多模态情感特征的融合、模态信息缺失情况下的多模态情感分析的鲁棒性等方面取得了一定的研究成果，相关成果也陆续发表在近年来人工智能领域的顶级国际会议 ACL、AAAI、ACM MM 和知名国际期刊 *Pattern Recognition*、*Knowledge based Systems*、*Expert Systems with Applications* 等上。 为了能够系统地呈现学术界和笔者团队近年来在共融机器人自然交互领域多模态情感分析方

---

　　① 此处智能服务机器人包括实体服务机器人、在线虚拟(软)机器人、智能客服等系统或者产品形态。

面的最新成果，本书特别地系统化地梳理了相关工作成果内容，以完整系统论述的形式将其呈现在读者面前。

本书是"面向共融机器人的自然交互"系列学术专著的第二册，笔者的研究团队后续将及时梳理和归纳总结相关的最新成果，以系列图书的形式分享给读者。本书既可以作为智能机器人自然交互、智能问答（客服）、自然语言处理、人机交互等领域的教材，也可以作为智能机器人、自然语言处理、人机交互等方面系统与产品研发重要的理论方法参考书。本书相关的内容资料（算法、代码、数据集等）可在开源社区下载。

由于共融型智能机器人的自然交互是一个崭新的快速发展的研究领域，受限于笔者的学识，书中错误和不足之处在所难免，笔者衷心希望读者提出宝贵的意见和建议，意见和建议可发送至 bai1j@ tup.tsinghua.edu.cn。

最后感谢国家自然科学基金项目（项目编号：62173195）对于"面向共融机器人的自然交互"系列学术专著的支持。同时更要感谢清华大学计算机科学与技术系智能技术与系统国家重点实验室的赵康、陈小飞、赵少杰、仇元喆、李晓腾等同学对于书稿整理所付出的艰辛努力，以及余文梦、杨铠成、邹纪云、袁子麒、毛惠生、李炜、张宝政、刘一贺等同学在相关研究方向上不断持续地合作创新。没有各位团队成员的努力，本书无法以体系化的形式呈现在读者面前。

作　者
2022 年 11 月
于清华园

目　录

第二篇　多模态情感分析数据集与预处理

第三篇　单模态信息的情感分析

第四篇　跨模态信息的情感分析

第五篇 多模态信息的情感分析

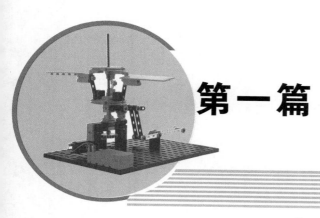

第一篇

概　　述

第1章 多模态情感分析概述

　　情感分析也被称为观点挖掘,目的是从数据中分析出人物的情感倾向或者观点态度。其在诸多行业领域具有广泛的应用,包括对话生成、推荐系统等[1]。对于每一种信息,都有不同的物理载体形态或者表示形式,我们称此为模态。随着网络社交媒介的飞速发展,从互联网初期的纯文本邮件、贴吧、论坛等文字类评论,到后来的图片、短视频等富含视频和音频的媒介,不同类型的信息逐渐覆盖了整个互联网,与人们的情感表达息息相关。因此,多模态这一概念应运而生。用户丰富的评价信息也充实了各大平台上对于商品、作品等对象的评价信息量。所以,不论是商家还是用户都能根据相应的带有情感的评价更加便捷准确地获得自己想知道的信息。

1.1　多模态情感分析相关研究概述

　　早期,受限于信息处理能力和数据模态形式的单一化,情感分析主要聚焦在文本、视觉等单模态数据的分析和处理中。随着信息技术的持续性发展,以深度学习为代表的学习型模型不断刷新着自然语言处理、音频分析、计算机视觉识别等诸多领域的性能指标。在此过程中,单模态内容的情感分析能力也取得了显著提升[2-3]。另外,随着移动互联网的不断普及,以抖音和快手为代表的各种短视频应用逐渐兴起,传统的文字内容已难以满足人们的日常需求,更多人开始热衷于利用短视频记录和分享生活中的点点滴滴。而短视频数据是一类典型的多模态数据,其中包含图像序列、语音和语言文字三种单模态数据。相类似的,在实际应用场景中,一台服务机器人在真实环境下与被服务对象——“人”的交互也是一类典型的多模态信息交互。如图1.1所示,一段视频经过转换和提取后,可以很方便地得到其中的音频和文本信息。这些变化使部分研究者逐渐意识到单模态内容具有天然的信息局限性,有些情况下仅依赖单模态信息难以判别人物的真实情感。例如,同一句话在不同的语音语调和表情动作下会传递出不同的情感倾向。在这种情况下,如何有效地融合不同模态数据进行综合情感分析成为一类亟待解决的问题[4]。由此,多模态情感分析(multimodal sentiment analysis,MSA)应运而生。需要强调的是,本书所研究的多模态信息由人脸图片序列及相应的音频和文本 3 种单模态信息组成。

(a) 视频模态　　　　　　　　　　(b) 音频模态　　　　　　　　　(c) 文本模态

图 1.1　多模态数据示例

与单模态情感分析不同的是,多模态情感分析需要同时处理文本、音频和视频 3 种形式差异较大的数据。若只是将各单模态情感分析的结果进行简单结合,例如,采用三者投票的策略,会使得各模态数据之间的互补性没有被充分挖掘,实践中效果不佳。因此,多模态情感分析的重点在于如何充分挖掘不同模态之间的互补性,扩大融合过程的效果增益。另外,考虑到这 3 种模态数据都有时序性特点,所以在建模分析过程中,需要同时考虑两种维度关系:同一模态内不同时间段之间的关系和同一时间段内不同模态之间的关系。基于此,现有研究将多模态学习拆解为 5 个子问题,分别是多模态的转译(translation)、对齐(alignment)、表示(representation)、融合(fusion)和协同(co-learning)[5]。其中,转译、对齐和协同 3 个问题与多模态数据的自身特点高度相关,不在本书的研究讨论范围之内。

表示学习(representation learning)的目的在于从各个单模态数据中得到互补性强的学习型表示。此过程是多模态情感分析中至关重要的一环,表示的质量对后期的融合和分类效果均会产生重要影响。Bengio 等认为,一个好的表示应该同时具备多个属性,包括平滑性、时空连贯性、稀疏性、自然聚集性等[6]。其中,平滑性指相似程度越高的表示所得到的结果也应该是越相似的,这也是目前学习型算法的一个基本假设;时空连贯性指在时间维度上相邻的数据得到的表示在空间维度上也应该是相邻的,即后一时刻数据的表示应该是前一时刻数据的表示在空间上叠加一个小幅度偏移的结果;稀疏性指对一个给定的观察数据,其产生的表示应该在多数维度空间上接近零值,仅在少数特征维度上发挥作用,等同于特征选择的结果;自然聚集性指类别一致的数据表示在空间上应该是聚集在一处的。此外,在多模态学习中,由于不同模态数据在结构和内容上差异都很大,所以除了考虑上述属性之外,还应该考虑不同模态之间的一致性和差异性。针对同一种情感类别,不同的单模态表示之间应该保留一定的相似性,又因为各个单模态数据所表达的情感类别不总是一致的,所以不同的单模态表示之间还应该具备一定的差异性。

表示融合(representation fusion)的目的在于充分利用不同模态表示之间的互补性,得到一个信息含量丰富的紧凑型表示。此过程最能体现多模态学习的优势,也是相关研究中的热点问题。经过近几年的发展,从简单的横向和纵向拼接[7],到基于张量和注意力机制的复杂融合机制[4,8-10],研究者们设计出了形形色色的表示融合结构,也取得了不错的实验效果。

综合考虑上述两个子问题,图 1.2 所展示的模型框架是一类非常典型的多模态情感分析方法[4,8]。在此框架中,由于各个单模态表示学习子网络之间互不干扰且融合过程在模型的后半部分,所以本书称其为独立表示的后期融合框架。为了使得多模态融合具备充分性和有效性,需要各单模态子网络学到的表示特征具备足够的互补性。在多模态场景下,信息含量丰富的模态表示应包含两方面信息:模态一致性信息和模态差异性信息[11]。其中,模态一致性信息指所有模态共同突出的特征,强调不同模态数据中的共通性;模态差异性信息指各单模态独有的特征,强调不同模态数据中的差异性。由于本书仅考虑基于深度学习的学习型算法,因此,为了引导多模态模型学到兼顾这两类信息的单模态表示,有必要结合学习型算法的特点进行方法研究和设计。一般情况下,学习型算法包含前向引导和后向引导两个子过程。前向引导利用模型的框架结构,对输入数据按照预设方式进行转换,得到最终的输出结果;后向引导则通过深度学习的反向传播过程,促使模型参数朝着预定义的优化目标前进。从另一个层面考虑,后向引导的最终目的也是为了修正前向引导过程的有效性。现有的研究都致力于设计各种精巧的表示和融合结构,更加注重模型的前向引导,却忽略了后向引导的作用。考虑后向引导过程,现有的多模态情感分析模型都在统一的多模态标注的监督下进行学习和训练。由于不同的单模态表示学习子结构有共同的优化目标,这使得这些子结构更容易捕获到模态一致性信息。但是,通过多模态数据进行标注的结果并不总是等同于各个单模态信息所指向的情感类别。因此,统一的多模态标注不利于各单模态子结构学到符合自身情感性质的差异化信息。

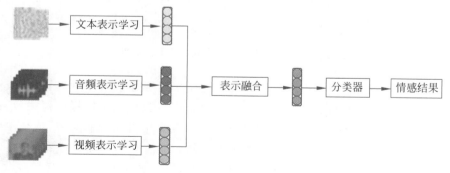

图 1.2 一种典型的多模态情感分析框架

在多模态学习的基础上,人们直观地想把来自所有可用模态的信息进行汇总,并在汇总信息的基础上构建学习模型。在理想情况下,学习后的模型要为特定任务指出不同模态上的相对重点,这种学习思想就是多模态的融合。多模态融合在现有的多模态技术中无处不在,包括早期和晚期融合[12-13]、混合融合[14]、模型集成[15],以及最近的基于深度神经网络的联合训练方法[16-18]。这些方法都将元素(或中间元素)融合在一起并共同建模以做出决策。由于聚合操作的类型,这样的方法被称为加性方法。但是这些融合方法最近逐渐陷入瓶颈。主要有两大原因:第一点是多模态数据集自身就具有一定的模糊性,情感是人为定义出来的,相同标签下的数据可能相似度并不高,这导致机器很难根据训练集训练出一个拟合度高的模型;第二点是因为不同模态数据间的差异性也很大,以文本、音频、视频模态为例,如何将 3 个模态的特征不失信息地融合起来成为一大难题。

1.2　模态缺失相关研究概述

此外,已有的多模态情感分析模型往往基于学习模态间的联合表示,这类方法已经在多模态情感基准数据集上取得了令人印象深刻的性能。然而,真实场景中的用户实时数据往往更加复杂。首先,各个模态序列长度随着模态的采样器采样频率的不同而变化,这将导致模态特征非对齐特性。如图 1.3 所示,说话者表达一个单词信息往往对应着一段视频帧和音频波形,不同的模态特征往往具有不同的序列长度。

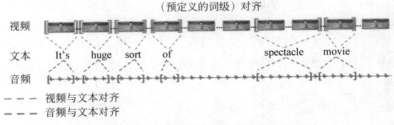

图 1.3　文本、音视频模态序列特征非对齐特性

另外,如图 1.4 所示,许多不可避免的因素,如用户生成的视频中的转译错误、语言的口头表述、超字典词、背景噪声、传感器故障等,可能会导致模态特征提取器失效,进而导致模态特征的随机缺失问题。如何解决多模态实时数据中潜在的非对齐、特征缺失问题成为将现有模型应用到工业界真实场景的核心挑战。

基于此,本书将进一步讨论非对齐含随机特征缺失的多模态情感分类问题,设计并实现基于特征重构的深度学习模型,提升模型对特征随机缺失的鲁棒性;同时,本书介绍了一个多功能多模态情感分析展示平台 M-SENA。使用该平台完成模型训练、参数保存、模型分析,并进行端到端实时视频数据测试、评价。一方面,本书提出了针对含有随机特

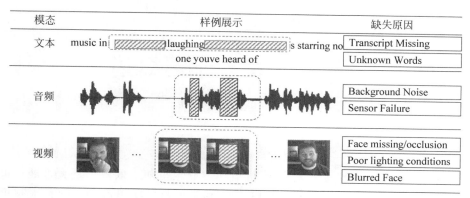

图 1.4　可能引发模态随机缺失的因素

征缺失的多模态情感分类问题的方法,在一定程度上提升了模型表示学习鲁棒性;另一方面,M-SENA 可以直观地展示各种模型对于实时数据的性能、分类依据,有利于研究人员进一步研究分析模型。

1.3　本 章 小 结

本章首先对多模态情感分析进行了综述性介绍,并对多模态学习研究中的两个关键问题:多模态表示学习与多模态表示融合展开了详细介绍,随后,基于上述两个子问题,分析了现有多模态学习策略的优缺点。针对现有多模态学习策略存在的不足,本书将探究如何有效利用多模态之间的一致性和差异性表示进行模态情感分析任务。除此之外,本书对基于深度学习的多模态情感分析进行了系统性介绍,探讨了不同算法的应用与优劣,并精选了情感分析的案例,对相关算法进行了效果展示,希望读者得到进一步的启发。

第 2 章　多模态机器学习概述

　　近年来,由于深度学习的快速发展,机器学习领域也随之取得了重大进展。追溯到 2010 年左右,使用全连接深度神经网络(DNN)和深度自动编码器(DAE)的大规模自动语音识别(ASR)的准确性大幅度提高。在计算机视觉(CV)中,使用深度卷积神经网络(CNN)模型在大规模图像分类任务和大规模目标检测任务中取得了一系列突破。在自然语言处理(NLP)中,基于递归神经网络(RNN)的语义槽填充方法[19]在口语理解方面也达到了新的水平。在机器翻译中,基于 RNN 编码器—解码器模型与注意力机制模型等序列对序列模型[20],也产生了卓越的效果。

　　尽管在视觉、语音和语言处理方面取得了进步,但人工智能的许多研究问题不止涉及一种模态,例如,用于理解人类交际意图的智能个人助理(IPA),该任务不仅涉及口语,还涉及结合肢体及图像语言的配合[21]。因此,研究多模态的建模和学习方法具有广泛的意义。

　　本章对多模态机器学习的智能模型和学习方法进行了技术综述。为了提供一个系统化的概述,从多模态表示学习与多模态融合角度入手,详细阐述了近年来多模态机器学习的研究方法现状。

2.1　多模态表示学习概述

　　多模态数据的表示学习是多模态机器学习的核心问题。在机器学习领域中,单模态表示的发展已经得到了广泛的研究。目前大多数图像是通过使用神经结构(如卷积神经网络)来学习表示的[22]。在音频领域,有用于语音识别的数据驱动深度神经网络[23]和用于语言分析的递归神经网络[24],它们已经取代了梅尔频率倒谱系数(MFCC)等声学特征。在自然语言处理过程中,利用单词上下文的嵌入[25]来学习文本特征的表示,已经取代了最初依赖的统计文档中的单词出现次数的表示形式。然而,表示多种模态的数据带来许多困难,例如:如何合并来自不同来源的数据;如何处理不同程度的噪声;以及如何处理丢失的数据。良好的表示对于机器学习模型的性能非常重要。

基于在单模态表示方面大量的研究工作，近年来，多模态表示学习方法依据表示学习前后的对应关系可划分为两种：联合型表示（joint representation）和协同型表示（coordinated representation）[5]。

2.1.1 联合型表示学习

联合型表示学习将 3 个单模态的原始表示联合建模后得到单个统一的多模态表示。其实质是将表示学习和表示融合两个阶段合并成一个过程。在这种结构中，各个模态之间的关系并不对等，通常会根据其对结果的贡献程度划分为主模态和辅助模态。由于文本内容含有的信息更加丰富，因此在多模态任务中，文本模态经常被视为主模态，而音频和视频模态被视为辅助模态。在 2019 年，Wang 等[26]提出了一种基于回归注意力的变分编码网络，其本质是利用音频和视频的表示去微调文本词向量表示，为了控制调整的幅度大小，作者还引入了线性门控单元生成调整的权重。随后，Rahman 等[27]将此思想借用到了文本预训练语言模型中，取得了很好的实验效果。

2.1.2 协同型表示学习

协同型表示学习将各个单模态数据同等对待，各模态数据会根据其自身特点被映射到不同的特征空间中。但在对单模态数据进行建模过程中，也经常会考虑其他模态数据对当前模态学习过程的影响。在本节中，依据此影响的有无可将协同型表示进一步划分为强协同型表示和弱协同型表示，后者也可被称为独立型表示。

由于所有的单模态信息都是时序型数据，因此，大量强协同型表示学习的研究工作便利用不同模态数据之间的时序一致性构建关联模型。2018 年，Zadeh 等[9]利用 3 个长短期记忆网络（LSTM）[28]分别模拟不同模态数据之间的时序依赖关系，然后在词级别的时间窗口中将不同模态信息进行叠加，得到当前时间段内的多模态融合信息，并结合时序注意力机制模拟多模态融合信息的时序依赖关系，但这种模型需要输入词级别对齐的多模态数据，对数据内容有更高的要求。2019 年，一种基于自注意力机制的时序模型 Transformer[29]其时效性更高，效果更佳，在 NLP 中取得了广泛应用。Tsai 等[30]首次将此模型引入多模态学习中，通过将模态 A 设为 Transformer 中的查询（query）向量，模态 B 设为关键字（key）和值（value）向量，从而构建了由模态 A 到模态 B 的跨模态注意力机制。大量实验表明，这种模型在对齐和非对齐的多模态数据上都能取得远超之前模型的预测效果。

弱协同型表示学习是一种简单且应用广泛的学习范式。由于在单模态学习过程中没有考虑其他模态信息的影响，所以这种学习范式实质上是三个基础的单模态表示学习模型。模块化的设计优势使得其可以充分借鉴各个单模态领域的研究成果。在文本表示学习模型中,早期的研究人员一般在 word2vec 或者 Gloves 的词向量基础上再结合 LSTM 等时序模型生成对应的句子表示。近两年来,以 BERT[31] 为代表的大规模预训练语言模型逐渐取代了早期结构,在文本表示学习中占据了主导地位。

在音频和视频的表示学习模型中,如果直接将其特定领域中的表示学习模型应用到多模态表示学习结构中,会引发两个问题:一是整个模型结构过于庞杂,而现有的多模态数据集规模都较小,难以对如此复杂的网络进行充分训练;二是相对于文本数据,音频和视频数据的预测准确率容易受到环境等非主观因素的干扰,不利于直接学到与实际任务相关的表示特征。因此,现有的研究均是采用"预抽取特征+再次学习"的结构构建音频和视频表示学习模型。在实践过程中,结合音频和视频单模态数据分析领域相对成熟的特征抽取工具,从中抽取出与特定任务高度相关的音频和视频特征,组成原始的特征集。进一步地,结合使用时序模型和多层感知机模型得到音频和视频的学习型表示。

2.2　多模态表示融合概述

多模态融合是多模态机器学习研究最多的方面之一,也是多模态学习中最基本的一个子问题,其目的在于充分挖掘多个模态数据之间的互补性,进一步提升预测结果的鲁棒性。2003 年,在多模态任务中,研究人员就已经验证了多种模态融合后的表示可以有效地提升模型的鲁棒性[32]。根据多模态融合在模型中所处的阶段,可以将其划分为前期融合、中期融合、后期融合和末期融合。

前期融合在数据输入阶段便将各单模态原始特征进行结合;中期融合在学习单模态表示过程中实现了跨模态的融合过程;后期融合在学到各单模态表示之后再紧接着进行融合;末期融合则是在得到各单模态分析结果后再进行结果的汇总。此外,在模型中也可以同时结合多个阶段的融合方式,这种方式被称为混合型融合。

2.2.1　前期融合

前期融合指将多个独立的数据集融合成一个单一的特征向量,然后输入机器学习分类器中。由于多模态数据的前期融合往往无法充分利用多个模态数据间的互补性,且前期融合的原始数据通常包含大量的冗余信息,因此,多模态前期融合方法常常与特征提取方法相结合,以剔除冗余信息,如主成分分析(PCA)、最大相关最小冗余算法(mRMR)、自动解码器(Autoencoders)等。

2.2.2　中期融合

中期融合指将不同的模态数据先转换为高维特征表达,再用模型的中间层进行融合。

以神经网络为例,中期融合首先利用神经网络将原始数据转换成高维特征表达,然后获取不同模态数据在高维空间上的共性。中期融合方法的一大优势是可以灵活地选择融合的位置。

2.2.3 后期融合

后期融合指在学到各单模态表示之后再进行融合,特征拼接是一种简单且有效的后期融合方法,通过将多个单模态特征拼接在一起,直接扩大了用于后续任务的特征规模。但是这种方式将各个模态特征独立看待,忽略了模态间的动态交互性特征。2017 年,Zadeh 等[4]提出了一种张量融合网络(tensor fusion network,TFN),通过对特征进行多维叉积运算来捕获模态之间的关联性特征。但这种高阶的张量运算会使得融合后的特征规模成几何倍率增加,导致产生了很多特征冗余,同时增加了后续任务的运算开销。

2018 年,Liu 等[8]在 TFN 的基础上提出了一种低阶的张量融合(low-rank multimodal fusion,LMF)模型,此方法引入 3 个模态特异性因子,在二阶空间中进行融合运算,大幅降低了融合后的表示特征数量,有效解决了 TFN 中的特征冗余和运算开销大的问题。进一步地,2020 年,Sahay 等[33]将这种融合方法扩展到了基于 Transformer 的模型架构中,也取得了不错的效果。但是这类基于张量操作的融合方法解释性较差,不能得出各单模态表示对融合后特征的贡献度。于是,Zadeh 等[10]提出了一种动态融合图结构模型。这种结构采用了分层的融合方式,在两两融合的基础上再进行三者融合,并引入学习型权重用于指代不同单模态特征对融合后特征的贡献度。随后,也有些研究人员基于上述工作设计了更加复杂的多模态融合结构。

2.2.4 末期融合

末期融合指使用平均、投票方案、基于信道噪声和信号方差的加权或学习模型等融合机制进行融合。它允许对每个模态使用不同的模型,因为不同的预测器可以更好地建模每个单独的模态,从而允许更大的灵活性。此外,当一个或多个模态缺失时,它使预测变得更容易,甚至在没有平行数据可用时允许进行训练。

2.3 本章小结

本章分别对多模态机器学习中的多模态表示与多模态融合的相关研究进行了综述性介绍,并详细分析了每种方法的优缺点。如今,主流的学习型算法包括前向引导和后向引导两个过程,前向引导通过预定义的模型结构约束输入数据朝着预设目标方向转变,后向引导通过优化目标驱动更新模型的参数。在上述研究工作中,期望利用各个单模态表示学习结构获取模态差异性信息,模态融合结构获取模态一致性信息。不难看出,这些工作都只考虑了前向引导的过程,而忽略了后向引导的设计。后向引导的核心在于优化目标的设计,前述工作只含有多模态级别的损失优化,但是多模态级别的监督值却并不总是适用于单模态表示的学习过程,从而易于引导表示学习模型学到更多的模态一致性信息,而不利于学到模态差异性信息。针对上述多模态表示和多模态融合方法存在的不足,本书将探究如何有效利用多任务学习机制,在多模态级别优化目标之外增加额外的单模态级别的优化目标,引导模型学到模态差异性信息。模型受多个优化目标的引导,是一种典型的多任务学习范式。

第3章　多任务学习机制概述

多任务学习(multi-task learning,MTL)是机器学习的一个分支,它通过一个共享的模型同时学习多个任务。这种结构可以结合不同任务的特点,通过共享模型参数的方式提高模型的鲁棒性和学习效果[34]。MTL 具有提高数据效率、通过共享表示减少过拟合、利用辅助信息快速学习等优点。在多模态情感分析中,MTL 可以用来将 3 个模态更好地融合起来。一般情况下,多个任务之间的底层网络参数存在一定的联系,而顶层互相独立。在训练过程中,底层的全部或者部分参数受到多个任务的共同优化,以此达到多个任务联合训练的目的。根据底层参数共享方式的差异,可将其划分为硬共享(hard sharing)和软共享(soft sharing)。前者的底层参数完全共享,而后者的底层参数部分共享。

3.1　在计算机视觉中的多任务架构

在单任务设置中,计算机视觉架构的许多重大发展都集中在新的网络组件和连接上,以改进优化并提取更有意义的特征,如批处理归一化[35]、残差网络[36]和挤压、激励块[37]。相比之下,许多用于计算机视觉的多任务体系结构专注于将网络划分为特定于任务的共享组件,以一种允许通过共享和任务之间的信息流进行泛化的方式,同时最小化负传递。

在图 3.1 中,基本特征提取器由一系列卷积层组成,这些层在所有任务之间共享,提取的特征作为输入到特定任务的输出头。

许多工作[38-42]提出的架构是共享主干的变体。Zhang 等[39]是这些著作中最早开展相关工作的团队,其论文介绍了任务约束深度卷积网络(TCDCN),其架构如图 3.1 所示。作者提出通过共同学习头部姿态估计和面部属性推断来提高人脸地标检测任务的性能。多任务网络级联(MNC)[40]的架构与 TCDCN 类似,但有一个重要的区别:每个特定任务分支的输出被附加到下一个特定任务分支的输入,形成了层层叠叠的信息流。

在图 3.2 中,每个任务都有一个独立的网络,但十字绣单元将来自不同任务网络的平行层的信息线性组合。

在相关研究中,并非所有用于计算机视觉的 MTL 架构都包含具有特定任务输出分

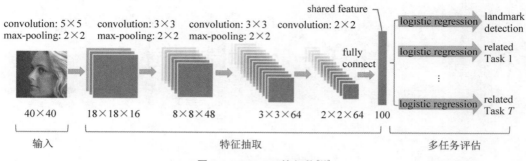

图 3.1　TCDCN 的架构[38]

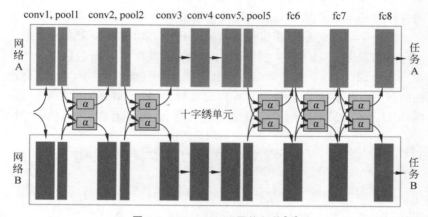

图 3.2　Cross-Stitch 网络架构[43]

支或模块的共享全局特征提取器。有些工作采取了一种单独的方法[43-45]。这些架构不是单个共享提取器，而是为每个任务提供单独的网络，在任务网络中的并行层之间具有信息流。图 3.2 的 Cross-Stitch 网络架构[43]描述了这个想法。Cross-Stitch 网络架构由每个任务的单个网络组成，但每一层的输入是每个任务网络的前一层输出的线性组合。每个线性组合的权重都是学习的，并且是针对特定任务的，这样每一层都可以选择从哪些任务中利用信息。

3.2　在自然语言处理中的多任务架构

自然语言处理很自然地适用于 MTL，所以人们可以就给定的一段文本提出大量相关问题，以及现代 NLP 技术中经常使用的与任务无关的表示。近年来，NLP 神经架构的发展经历了几个阶段,传统的前馈架构演变为循环模型,循环模型被基于注意力的架构所取代。这些阶段反映在这些 NLP 架构对 MTL 的应用中。还应该指出的是,许多 NLP 技术可以被视为多任务,因为它们构建了与任务无关的一般表示(如词嵌入),并且在这种解释下,对多任务 NLP 的讨论将包括大量更广为人知的方法是通用 NLP 技术。在这里,为了实用性起见,本书将讨论限制为主要包括同时明确学习多个任务的技术,以实现同时执行这些任务的最终目标。

早期的工作都使用传统的前馈(非基于注意力的)架构来处理多任务 NLP[46-48]。许多这些架构与早期的计算机视觉共享架构具有结构相似性:一个共享的全局特征提取器,后跟特定于任务的输出分支。然而,在这种情况下,特征是单词表示。Collobert 和 Weston[48]使用共享查找表层来学习词表示,其中每个词向量的参数直接通过梯度下降学习。架构的其余部分是特定于任务的,由卷积、最大池化、连接层和 Softmax 输出组成。

现代递归神经网络的引入为 NLP 产生了一个多任务 NLP 的新模型家族,引入了新的递归架构[49-51]。序列到序列学习[20]适用于 Luong 等[50]的 MTL。在这项工作中,作者探索了用于多任务 seq2seq 模型的参数共享方案的 3 种变体,他们将其命名为一对多、多对一和多对多。在一对多模式中,编码器是所有任务共享的,解码器是特定于任务的。这对于处理需要不同格式输出的任务很有用,例如将一段文本翻译成多种目标语言。在多对一中,编码器是特定于任务的,而解码器是共享的。这与通常的参数共享方案相反,在这种方案中,较早的层是共享的,并提供给特定于任务的分支。当任务集需要以相同格式输出时,例如,图像字幕和机器翻译为相同的目标语言时,多对一变体是适用的。最后,作者探索了多对多的变体,其中有多个共享的或特定于任务的编码器和解码器。

到目前为止,上述讨论的所有 NLP 架构中,每个任务对应的子架构都是对称的。特别是,每个任务的输出分支出现在每个任务的最大网络深度,这意味着对每个任务特定特征的监督发生在相同的深度。相关研究工作[52-54]建议在早期层监督"低级"任务,以便为这些任务学习的特征可以用于更高级别的任务。通过这样做,可以形成一个明确的任务层次结构,并为来自一个任务的信息提供了一种直接的方式来帮助另一个任务的解决方案。这可以用于迭代推理和特征组合的模板称为级联信息,示例如图 3.3 所示,较低级别的任务在较早的层受到监督。

尽管 Transformers 的双向编码器表示(BERT)[31]很受欢迎,但是 MTL 文本编码方法的应用很少。Liu 等[55]通过将共享的 BERT 嵌入层添加到架构中,扩展了文献[47]的工作。整体网络架构与文献[47]非常相似,唯一的区别是在原来的架构中的输入嵌入向量之后添加了 BERT 上下文嵌入层。这种名为 MT-DNN 的新 MTL 架构实现了 SOTA 性能在 GLUE 任务[56],相关成果发表时完成了 9 项任务中的 8 项。

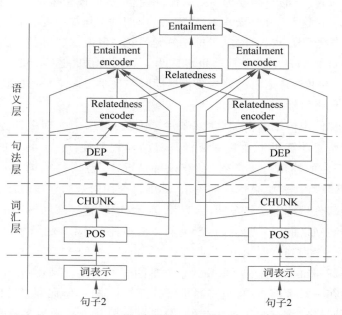

图 3.3 级联信息的各个层中的各种任务监督

3.3 在多模态学习中的多任务架构

多模态学习是 MTL 背后许多激励原则的有趣扩展：跨领域共享表示减少过拟合并提高数据效率。在多任务单模态情况下，表示在多个任务中共享，但在单个模态中共享。然而，在多任务多模态的情况下，表示是跨任务和跨模态共享的，这提供了另一个抽象层，通过这个抽象层，学习到的表示必须泛化。这表明，多任务多模态学习可能会增强 MTL 已经呈现出的优势。

Nguyen 和 Okatani[57] 通过使用密集的共同注意力层[58] 引入了一种共享视觉和语言任务的架构，其中任务被组织成一个层次结构，而低级任务在早期的层中受到监督。这为视觉问答开发了密集的共同注意力层，特别是用于整合视觉和语言信息。该方法对每个任务的层进行搜索，以了解任务层次结构。Akhtar 等[59] 的架构处理视觉、音频和文本输入，以对人类说话者视频中的情感进行分类，其使用双向门控循环单元（gated recurrent units，GRU）层及每对模态的成对注意力机制进行学习包含所有输入模态的共享表示。

这些工作[57,59]专注于一组任务，所有这些任务都共享相同的固定的一组模态。相反,另外一些工作[60-61]专注于构建一个通用的多模态多任务模型,其中一个模型可以处理不同输入域的多个任务。引入的架构[61]由一个输入编码器、一个 I/O 混频器和一个自回归解码器组成。这 3 个块中的每一个都由卷积、注意力层和稀疏的专家混合层组成。作者还证明了任务之间的大量共享可以显著提高具有有限训练数据的学习任务的性能。Pramanik 等[60]并没有使用各种深度学习模式中的聚合机制,而是引入了一种名为 OmniNet 的架构,该架构具有时空缓存机制,可以跨数据的空间维度和时间维度学习依赖关系。图 3.4 显示了一个 OmniNet 架构。每个模态都有一个单独的网络来处理输入,聚合的输出由一个称为中央神经处理器的编码器—解码器处理。然后,CNP 的输出被传递给几个特定于任务的输出头。CNP 具有空间缓存和时间缓存的编码器—解码器架构。OmniNet 在 POS 标签、图像字幕、视觉问题回答和视频活动识别方面达到了与 SOTA 方法匹敌的性能。最近,Lu 等[62]引入了一个多任务模型,可以同时处理 12 个不同的数据集,被命名为 12-in-1。他们的模型在 12 个任务中的 11 个任务上实现了优于相应的单任务模型的性能,并且使用多任务训练作为训练前步骤取得了在 7 个任务上最好的性能。该体系结构基于 ViLBERT 模型[62],并使用动态任务调度、课程学习和超参数启发式等混合方法进行训练。

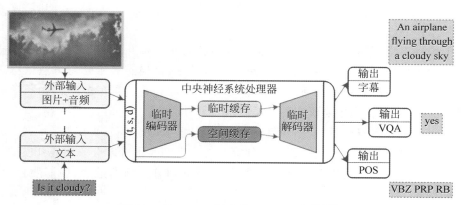

图 3.4　Pramanik 提出的 OmniNet 架构[57]

　　MTL 是一种近年来开始重新流行的机器学习方法,它将多个相关的单任务部分或者全部的参数共享训练,在扩大数据集规模、缓解数据稀疏问题的同时增加训练模型对于每个单任务的泛化能力。具体而言,本章中的 MTL 子任务就是针对各个单模态分支的情感分类学习。与传统的 MTL 不同,基于多任务多模态情感分类的各个子任务训练数据是完全相同的,只有单模态的标签各不相同。而正因为这些差异,使得前文提到的两个瓶颈问题得到了理想的解决:首先对于数据集模态表示不一致的问题,通过增加单独模态的标签虽然没有解决差异性,但是从另一个角度讲,对原有单任务数据进行了二次细分,这使得细分后的同类数据之间的差异性缩小了,有利于机器进行更好的监督学习;其次,对于特征融合困难的问题,子任务分支的出现使得每一次迭代学习的过程中,单模态特征能够更好地保持自身的特点,从而扩大了模态特征之间的差异性。这样融合的特征就能够发挥其应有的作用。

3.4 本章小结

本章探究了机器学习中的一个重要分支——MTL。主要从计算机视觉以及自然语言处理两个领域展开综述性介绍,最后详细介绍了在多模态学习中的多任务架构,并分析了现有研究方法的优缺点。现阶段社会对于情感倾向信息的判断需求日益提升。前人提出了多种方法,但是效果都不理想,这是因为现有多模态情感分类任务存在着瓶颈问题需要解决,针对当下多模态学习的瓶颈,本书提出了将多任务机制结合到多模态情感分类的方法。

近年来,多模态情感分析任务的研究受到学术界和工业界的广泛关注。本篇主要围绕多模态表示学习和多模态表示融合两个方面对当前多模态情感分析方法进行了系统化介绍。

如何合并来自不同来源的数据、如何处理不同程度的噪声、如何处理丢失的数据及良好的表示对于机器学习模型的性能非常重要。近年来,多模态表示学习方法依据表示学习前后的对应关系可划分为两种:联合型表示和协同型表示。在多模态表示学习分类中,弱协同型表示是本书主要研究的一类表示学习方法。

在获得各单模态表示后,紧接着就是进行表示融合,即将多个单模态表示融合成一个多模态表示。研究人员就已经验证了多种模态融合后的表示可以有效地提升模型的鲁棒性。根据多模态融合在模型中所处的阶段,可以将其划分为前期融合、中期融合、后期融合和末期融合。

最后分别对多模态机器学习中的多模态表示与多模态融合的相关研究进行了综述性介绍,并详细分析了每种方法的优缺点。针对多模态表示和多模态融合方法存在的不足,本书将探究如何有效利用多任务学习机制,在多模态级别优化目标之外增加额外的单模态级别的优化目标,引导模型学到模态差异性信息。

本书内容总体结构分别从单模态信息的情感分析、跨模态信息的情感分析和多模态信息的情感分析 3 个层次上依次系统化地论述智能机器人自然交互中的情感分析问题。本书的第二篇从情感分析所使用的数据集开始讨论,分别重点介绍了常用的公开的多模态情感分析数据集,以及如何构建一个多模态多标签的中文多模态情感分析数据集,并且深入探讨了基于主动学习的多模态情感分析数据的自动标定。在本书第三篇，分别介绍了文本、语音、图片 3 种不同模态下的情感分析方法，进一步突出每种模态所适用的方法特点。第四篇，在单模态情感分析的基础上，重点介绍了跨模态情感分析方法，并进一步优化跨模态算法的稳定性。第五篇，在跨模态情感分析的基础上，进一步探讨了多模态情感分析方法，通过先进的方法深入研究了各种多模态情感分析模型，通过多任务、自监督等方法实现多模态情感分析模型的性能鲁棒性。第六篇，在上述研究工作的基础上呈现了笔者通过开放共享的方式提供的多模态情感分析演示平台，为开展本领域研究工作的相关人员提供重要的平台支撑。本书还介绍了多模态机器学习方法在医学领域的延展性应用，为解决更多的实际问题，提供了一种思路。

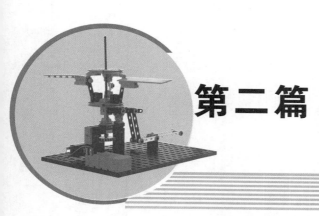

第二篇

多模态情感分析
数据集与预处理

　　本篇主要内容介绍分为 3 方面：第一,对现有的多模态情感分析数据集进行了汇总概述,并分析现有数据集普遍存在的问题；第二,由于现有多模态情感分析数据集没有独立的单模态情感标注,并且暂无说话人语言为中文的多模态情感分析数据集,因此,本篇构建了一个多模态多标签的中文多模态情感分析数据集以弥补现有数据集中存在的不足；第三,本篇将基于此数据集构建多模态和单模态情感分析任务的联合学习模型,验证单模态子任务的引入是否能够辅助模型学到更有效的特征表示,进而提升多模态学习效果。

第4章 多模态情感分析数据集简介

深度学习(deep learning)自 2006 年被 Geoffrey Hinton 正式提出以来[63]，不断地刷新各个领域识别分析任务的性能，如今已经成为最受欢迎的数据分析和预测方法。在其成功的背后，离不开大量标准数据集的贡献。尤其是在有监督的学习范式中，人工标注的高质量数据可以帮助研究者将精力集中于算法研究过程。近几年发展起来的多模态情感分析算法基本都是基于深度学习的研究工作，所以其快速发展同样离不开数据集的贡献。因此，本章对该领域的标准数据集进行了简要概述。公开的多模态情感分析数据集的基本信息汇总表如表 4.1 所示，需要强调的是，本章仅统计了同时包含文本、音频和视频 3 种模态信息的多模态情感分析数据集。基准数据集训练、验证、测试集划分如表 4.2 所示。

表 4.1　公开的多模态情感分析数据集的基本信息汇总表

数据集名称	数据集规模	说话人语言	单模态标签	多模态标签	发布年份
CMU-MOSI	2199	英语	无	有	2016
CMU-MOSEI	23 453	英语	无	有	2018
IEMOCAP	10 000	英语	无	有	2008
MELD	13 708	英语	无	有	2019

表 4.2　基准数据集训练设置表

数据集	训练集	验证集	测试集	总计
CMU-MOSI	1284	229	686	2199
CMU-MOSEI	16 326	1871	4659	22 856
IEMOCAP	3441	849	1241	5531
MELD	9989	1109	2610	13 708

4.1　CMU-MOSI

CMU-MOSI 数据集[64]是目前多模态情感分析任务中使用最广泛的基线数据集之一。该数据集由 YouTube 上 93 个影评视频中的 2199 个短视频片段组成,每个片段从两分钟到五分钟不等,并被剪辑为多个小片段样本。视频中的人物均在 20～30 岁,其中有 41 位女性和 48 位男性,且视频中的人,均采用英语进行表达。该数据集仅考虑两类情绪:积极和消极。这些视频的标注由来自亚马逊众包平台(Amazon Mechanical Turk,AMT)的 5 个标注者进行标注并取平均值,然后,将情绪极性得分大于或等于 0 的那些视为积极,将其他的视为消极。每个视频片段都被标记为从 −3(强负)到 3(强正)。该数据集的情感标注不是观看者的感受,而是标注视频中的评论者的情感倾向。

4.2　CMU-MOSEI

CMU-MOSEI 数据集[10]是 CMU-MOSI 的高级版本,也是多模态情感分析中最常用的数据集。相比 CMU-MOSI,它具有更多的话语、更多的样本、说话人和主题。CMU-MOSEI 数据集收集的数据来自 YouTube 的独白视频,并且去掉了包含过多人物的视频。它包含 22 856 个带注释的视频,来自 5000 个视频、1000 个不同的演讲者和 250 个不同的主题,总时长达到 65h。数据集既有情感标注又有情绪标注。情感标注是对每句话的 7 种分类的情感标注,此外作者还提供了 2/5/7 分类的标注。情绪标注包含高兴、悲伤、生气、恐惧、厌恶、惊讶 6 个方面。

4.3　IEMOCAP

IEMOCAP 数据集[65]包含以下标签:愤怒、开心、悲伤、中性、兴奋、沮丧、恐惧、惊奇等。为了与现有的最新技术进行比较。本书使用以下规则对数据集进一步划分。

(1)将开心和兴奋类别合并为开心类别。因此,本书采取了包含开心、愤怒、悲伤和中性 4 种情绪。

(2)将 IEMOCAP 数据集前 4 节作为训练集,最后一节作为测试集。

(3)本书在训练集中对验证集的划分比例是 8∶2,同时本书将一个对话集作为一个训练批次。

4.4　MELD

MELD 多模态 EmotionLines 数据集[66]（the multimodal emotionLines dataset）是对 EmotionLines 数据集的扩展和增强。其中包含电视连续剧 *Friends* 中的约 13 000 句话语。每个对话中的每句话都被注释为 7 个情绪类别之一：愤怒（anger）、厌恶（disgust）、悲伤（sadness）、喜悦（joy）、惊讶（surprise）、恐惧（fear）或中性（neutral）。得到的训练集、验证集和测试集分别包含 1039、114 和 280 个对话片段。

4.5　本 章 小 结

从表 4.1 中可以看出，现有的多模态情感分析数据集种类丰富，说话人语言也不局限于英语，尤其是近几年的数据集在规模和质量上都远超早期。然而，目前的数据集中仍然存在两个问题：第一，现阶段暂无说话人语言为中文的多模态情感分析数据集，不利于中文情感分析研究的发展；第二，上述数据集中标签类别涵盖了多模态情感、情绪和属性类别，但是这些标签都是针对多模态内容，在单模态维度上没有任何情感或者属性标注。为了支撑本书的研究工作，在后续研究中，本书将引入一个同时带有单模态情感标注和多模态情感统一标注的中文数据集，以弥补现有数据集中存在的不足。

第 5 章　多模态多标签情感分析数据集构建

5.1　概　　述

现有的多模态情感数据集中均含有统一的多模态情感标注,没有独立的单模态情感标注。因此,本章将先构建一个多模态多标签的中文多模态情感分析数据集,对于每个多模态片段,同时包含一个多模态和 3 个单模态情感标签。然后,构建有监督的多任务多模态情感分析框架,在框架中引入 3 个主流的融合结构,通过对比实验充分验证单模态子任务对多模态主任务的辅助作用。

5.2　多模态多标签的中文情感分析数据集制作

本节构建了中文的多模态情感分析数据集(chinese single- and multi- modal sentiment analysis dataset,SIMS)。除了说话人语言上的差异,相比其他数据集,SIMS 数据集中除含有多模态情感标注外,还包含独立的单模态情感标注,如图 5.1 所示。在后续内容中将详细介绍此数据集的收集和标注过程。

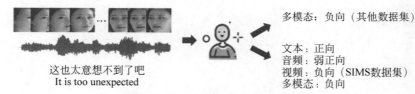

图 5.1　SIMS 数据集与现有多模态数据集之间的差异

5.2.1　数据收集和标注

1. 数据收集

与单模态数据相比,多模态数据具有更高的收集要求。由于多模态情感分析主要研究说话人的情感,因此,一个最基本的要求是说话人的脸部和声音必须同时在视频画面中出现并且持续一段时间。为了获取的视频片段尽可能接近日常生活,本章主要从电影、电视剧和生活类综艺节目中获取数据原材料。然后,结合视频剪辑工具 Adobe Premiere Pro[①] 对原素材进行帧级别剪辑,这是一个非常耗时但是足够准确的过程。此外,在收集过程中,以下三条准则被严格恪守。

(1) 说话人语言为普通话,并且过滤掉带有地方口音的视频片段。

(2) 视频片段的长度应在 1~10s。

(3) 视频片段中有且仅有当前说话人的脸部出现。

最终,收集了 60 个原视频、2281 个有效视频片段。SIMS 具有丰富的人物背景,较大的年龄范围及高质量的数据内容,其详细的统计信息如表 5.1 所示[②]。之后,使用 FFmpeg 工具[③]从视频中分离出纯音频数据,再以人工方式对其进行语音转译获取对应的文本信息。

表 5.1　SIMS 数据集信息统计表

项　　目	数　量	项　　目	数　量
原视频总数	60	独立说话人总数	474
有效片段总数	2281	片段平均时长(秒)	3.67
男性	1500	片段中平均字数	15
女性	781		

2. 数据标注

在此部分,经过一定训练的 5 位独立标注者被邀请对每个视频片段进行多重情感标注。由于每个视频片段都需要包含一个多模态和 3 个单模态情感标注,因此,如何避免其他模态信息对当前待标注模态的信息干扰,是此过程着重考虑的一个问题。为了尽可能避免这种干扰现象,每位标注者被要求按照"文本→音频→无声视频→多模态"的顺序进行标注,并且在完成一种模态的情感标注后需要间隔一段时间才能进行另一种模态的标注。

然后,每位标注者给所有数据指定三分类情感标签:消极(−1)、中性(0)、积极(1)。与现有数据集[10,67]类似,为了使 SIMS 能够同时用于情感回归和分类任务,将 5 个标注值

---

① https://www.adobe.com/products/premiere.html。

② 已咨询过相关律师,仅用于学术目的的短视频数据集的制作和分发符合我国相关法律规定。

③ https://www.ffmpeg.org。

的均值作为最终的标注结果。于是,标注结果值在区间[-1,1],分类和回归标签之间的对应关系如表 5.2 所示。

表 5.2   SIMS 数据集中分类标签和回归标签对应关系表

分 类 标 签	回 归 标 签	分 类 标 签	回 归 标 签
强消极情感	$-1.0, -0.8$	弱积极情感	$0.2, 0.4, 0.6$
弱消极情感	$-0.6, -0.4, -0.2$	强积极情感	$0.8, 1.0$
中性情感	0.0		

5.2.2   统计和分析

首先,分析 SIMS 数据集不同模态中情感类别的分布倾向性,统计结果如图 5.2(a)所示。从图中可以看出,SIMS 数据集的情感更多地偏向消极,这可能是因为 SIMS 中的视频素材主要来自于电影等表演性影视作品,而这种作品中往往会有更多的消极表达,以此突出演员的表演能力。

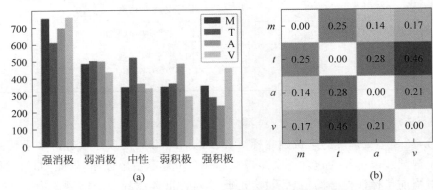

图 5.2   标注结果统计直方图和不同模态情感标签差异对比

其次,为了验证本章的初始动机——统一的多模态标签并不是时刻适用于单模态数据。此处绘制了不同模态情感标签之间的差异性混淆矩阵,如图 5.2(b)所示。图中的数值表示两个模态标签之间的差异性大小,值越大意味着情感差异性越大,其计算公式如下:

$$D_{ij} = \frac{1}{N} \sum_{n=1}^{N} (A_i^n - A_j^n)^2 \tag{5.1}$$

其中,$i, j \in \{m, t, a, v\}$;N 是样本数量;A_i^n 表示模态 i 中的第 n 个标签值。

从图 5.2 中可以看出,在音频和多模态之间的情感差异性最小(0.14),而文本和视频之间的差异性最大(0.46)。这是因为音频信息中本身包含文本内容,更接近多模态信息,但是文本和无声视频之间并不存在直接联系。可见,图 5.2 得到的观察结果是符合经验预期的,也侧面印证了数据标注过程的可靠性。

至此,完成了 SIMS 数据集的构建工作,为后续工作奠定了数据基础。因此,第 6 章将基于此数据集构建多模态和单模态情感分析任务的联合学习模型,验证单模态子任务的引入是否能够辅助模型学到更有效的特征表示,进而提升多模态学习效果。

5.3　本 章 小 结

现有的多模态情感数据集中均仅含有统一的多模态情感标注,没有独立的单模态情感标注,并且缺少中文多模态情感分析数据集。因此,本章构建了一个多模态多标签的中文多模态情感分析数据集,对于每一个多模态片段,同时包含一个多模态和 3 个单模态情感标签;然后,构建有监督的多任务多模态情感分析框架,在框架中引入 3 个主流的融合结构,通过对比实验充分验证单模态子任务对多模态主任务的辅助作用,进一步验证构建多模态多标签的中文多模态情感分析数据集的有效性。

6.1 相 关 工 作

6.1.1 数 据 标 注

1. 数据标注的意义

斯坦福大学教授李飞飞等借助 AMT 完成了图片分类标注数据集 ImageNet,改变了人工智能领域中研究者的认知。在以往的人工智能研究中,研究者总是认为更好的决策算法是提高人工智能模型准确率的核心,但是 ImageNet 的出现使得数据在人工智能中的地位显著提升。正是近些年来研究者们在不同的领域中整合并标注出了海量的数据集,才有了如今人工智能领域的繁荣。数据标注[68]是对未处理的初级数据,包括语音、图片、文本、视频等进行加工处理,并转换为机器可识别信息的过程。原始数据一般通过数据采集获得,随后的数据标注相当于对数据进行加工,然后输送到人工智能算法和模型里完成调用[69]。数据标注产业主要是根据用户或企业的需求,对图像、声音、文字等对象进行不同方式的标注[70],从而为人工智能算法提供大量的训练数据以供机器学习使用[71]。

2. 数据标注的分类

为了满足机器学习研究的需要,科研人员对不同场景下的数据进行了收集和标注。以往获取标注数据集的数据标注方法主要分为专家标注和众包标注。专家注释数据集是由一些在特定领域有丰富经验的工作者来进行数据标注工作,如医学图像领域、情感分析领域等。这种标注方法可以使得研究人员获得含有很少的噪声样本的高质量数据集,但是对于研究人员和经验丰富的工作者来说,这是相对耗时的。多模态情绪和情感分析数据集,如 IEMOCAP、CH-SIMS 等,都是由专家标注的。而另一种众包标注方法则是将数据标注任务外包给在线的非专业人员,如著名的 AMT,还有 Figure-eight、CrowdFlower、Mighty AI 等初创型标注平台,多模态情感分析数据集 CMU-MOSI 和 CMU-MOSEI 为众包标注。这种方法也通常被应用于相对简单的数据标注任务,如命名实体识别、自动驾驶、图片分类等,这些任务可以由非专家人员以较高的质量完成。但众包标注需要花费大量金钱,且由于标注者的经验和标注准确率不如专家,所以获得的样本质量不如专家标注方法。为了提升众包标注的准确率,研究者们设计了一些降噪方法,多数投票和通过正确标注对工人进行标注质量评价等方法,来确保数据标注的准确性。

对于不同的任务,数据标注也可以分为分类标注、标框标注、区域标注、描点标注和其他标注等。分类标注为给数据归类的标注方式,如图像分类等。标框标注为从图像中选取需要的部分,常见的任务为命名实体识别等。区域标注与标框标注相比要求更加精确[72],而且边缘可以是柔性的,并仅限于图像标注,其主要的应用场景包括自动驾驶中的道路识别和地图识别等。描点标注即为选择图片中的特定关键点,如人体器官标注、人体骨骼标注等。

本章介绍一种用于多模态情感分析的自动数据标注方法,这种方法可以通过数据自动标注来降低人工标注成本。

6.1.2　主动学习

主动学习,也被称为查询学习或最优实验设计,是人工智能和机器学习研究范围内的一个子领域。由耶鲁大学教授 Angluin 为减少人工标注成本而提出[73]。主动学习主要通过人工标注者不断地对少量数据进行标注,从而完善数据集的整体分布,使数据集中的标注样本成为对模型训练最有价值的样本。

1. 主动学习过程与分类

主动学习训练过程的示例如图 6.1 所示,通过迭代训练分类器和抽样来完成。在每个主动学习的迭代训练轮次中,首先通过当前已有的有标注样本对机器学习模型进行训练,得到了一个充分训练的分类器模型。随后这个模型将所有未标注样本进行预测,并将模型预测结果和部分神经网络层的特征交给筛选器模型。主动学习方法中的筛选器模型通过相应的筛选算法,选择一批未标注的样本,供人类标注者进行标注。这部分被标注后的带标注的样本被添加到下一个训练周期的有标签数据集中。其余未标记的样本构成下一个周期的未标记数据集。然后,继续下一个主动学习循环,直到整个流程达到特定的终止条件。

主动学习的最终目标,是希望挑选最能改进分类器性能的样本,也就是最有信息量的样本。但由于在未标注样本被标注前,其含有的信息量无法准确估计,所以主动学习的筛选策略便是制定信息量评价准则,以供筛选模型挑选出最值得标注的部分样本。

如图 6.1 所示,机器学习模型通过标记数据集 L 进行训练后,对未标注数据集 U 中的样本进行特征生成和概率预测。生成的结果交由选择模型通过算法选择部分样本进行人工标注并放入标记数据集中。其他未被选择的未标注样本将被放回未标注数据集 U 中。

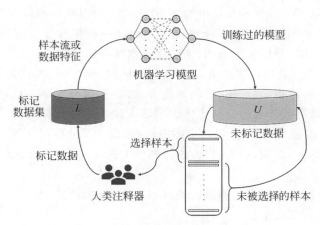

图 6.1　主动学习训练过程的示例

主动学习方法从整体的角度可以分为基于流输入(stream)的主动学习方法和基于池输入(pool)的主动学习方法。

基于流输入的主动学习方法为单样本模式的主动学习,即每次只挑选一个样本点,根据样本与当前已标注样本和未标注样本之间的关系来判断模型需要挑选该样本进行标记,还是舍弃该样本。由于样本是一个一个地进入进行筛选判断的,这导致模型对于数据集的整体分布是未知的,使得许多数据分布信息在这种方法下被忽略,从而最终导致分类效果的偏差。此外,这种方式需要设定阈值来达到对单个样本筛选的目的,而阈值的设定又加重了模型对于人工经验的依赖性。目前这种方法适用于二分类问题,且计算量相对较大,整体流程时间复杂度很高。

基于池输入的主动学习分类方法则更为常用。模型每次考虑大量未标注样本 U 和部分已标注样本 L,根据特定的数据筛选算法在未标注样本 U 中挑选出部分样本进行标注。常见的基于池输入的主动学习方法可大致分为基于样本特征的方法、基于模型预测的方法和基于委员会投票的方法。

基于样本特征的方法主要使用多样性准则来挑选样本。这类方法常常使用无标注样本的特征距离来获得差异性较大的样本,或者使用有标注样本和无标注样本之间的距离来得到可以使得当前模型预测效果有更大改变的样本。此方法意在寻找更多样的样本来进行训练。基于样本特征的相似性度量主要包括 3 种方法:余弦角距离、欧几里得距离和高斯核。

Brinker[74]提出了在基于 SVM 的不确定抽样算法中,使用余弦角距离来计算样本之间的相似度。这种方法一方面可以挑选出不确定性高的样本,也可以使挑选出的样本更加多样。Cheng 等[75]提出了一种基于图的样本相似性度量,通过高斯核构建完全图来获得样本之间的两两相似性,将不确定性准则与基于高斯核距离的多样性准则结合起来指导筛选器的选择。

在文献[76]中作者根据样本的不确定性挑选部分困难样本,然后通过两种不同的方法分别对这部分样本进行相似性筛选,其一是根据样本两两之间的余弦角距离或欧几里得距离来进行距离计算,挑选出距离较大的样本子集作为最终选择的样本;其二是对于不确定性筛选后的样本进行聚类,挑选出离每个聚类中心最近的样本作为最终结果。两种方法可以达到优于不确定性筛选的效果,但也存在计算量过大的问题。距离和聚类计算的时间复杂度为 $O(n^2)$,当样本数量较多时,会消耗大量时间。

值得一提的是,如果仅仅采用基于样本特征的多样性筛选方法,而不考虑单个样本的信息量,则不能有效地提升分类器的性能。所以基于特征的多样性方法常常作为辅助方法配合其他方法使用。

基于预测概率的方法主要利用最不置信策略、边缘采样策略和最大信息熵策略来表示预测结果的信息量。

最不置信策略通过获取最大预测类别的概率来判断模型所含有的信息量,最大预测概率越小则模型预测所含有的信息量越高。其公式表示如下:

$$Score = 1 - P_\theta(\hat{y} \mid x) \tag{6.1}$$

其中,$\hat{y}$ 表示模型预测最大的类别。

边缘采样策略通过获取最大预测类别和第二大预测类别的预测概率差值来判断样本含有的信息量,差值越小说明模型对预测的信心越低,模型预测所含有的信息量越高。其公式表示如下:

$$Score = P_\theta(\hat{y}_1 \mid x) - P_\theta(\hat{y}_2 \mid x) \tag{6.2}$$

其中,$\hat{y}_1$ 表示模型预测最大的类别;$\hat{y}_2$ 表示模型预测第二大的类别。边缘采样策略由于关注最高两类的预测概率,常用于多分类问题的信息量判断。

信息熵策略通过计算预测结果所含的信息熵还判断模型预测的信息量,信息熵越大则信息量越高。其公式表示如下:

$$Score = - \sum_i P_\theta(y_i \mid x) \times \ln P_\theta(y_i \mid x) \tag{6.3}$$

而信息量越高则代表样本越难以被模型进行准确分类,即样本更需要交由人工标注者进行标注。基于预测概率的方法相比基于样本特征的方法,可以使用较少的计算量得到很好的结果。

基于委员会投票的方法通过在委员会内的各个成员投票决定筛选出的样本。其中,委员会中的每个成员都是由当前样本训练出的不同种类的分类器模型,这些分类器模型对未标注样本进行了预测和筛选。其中,委员会内成员分歧最大的未标注样本将被挑选。

构成委员会的方法有许多种,如基于 boosting 和 bagging 的方法[77]。此外,Melville 等[78]提出的基于集成的委员会构造方法也获得了不错的效果。委员会中的成员数并非需求很高,两三个成员也可以获得较好的模型效果[79]。

关于委员会内成员对于未标注样本的分歧,常用的解决方案为投票熵[80]或平均 Kullback-Leibler(KL)散度[81],也被称为相对熵。投票熵的分歧解决方法公式如下:

$$x^* = -\frac{V(y_i)}{C} \ln \sum \frac{V(y_i)}{C} \qquad (6.4)$$

其中,$V(y_i)$ 是样本 x 被预测为 y_i 的得票数;C 是委员会中成员的总数。这种方法可以看作对于委员会成员的信息熵计算。

平均 KL 散度为目前概率论和信息论中常用的计算两个预测概率的分布情况差异的指标。具体计算公式如下:

$$x^* = \frac{1}{C} \sum_{c=1}^{c} D(P_\theta(c) \parallel P_c) \qquad (6.5)$$

其中 $D(P_{\theta(c)} \parallel P_c)$ 为

$$D(P_{\theta(c)} \parallel P_c) = \sum_y P_{\theta(c)}(y \mid x) \ln \frac{P_{\theta(c)}(y \mid x)}{P_c(y \mid x)} \qquad (6.6)$$

其中,$\theta(c)$ 表示委员会第 c 个成员;C 表示委员会集合。从本质上来讲,委员会投票方法可以被视为多个模型采用同样的信息量计算方法后的综合结果。由于需要训练多个分类器,所以基于委员会方法的时间复杂度较高。

此外,在上述 3 个方法中进行多准则融合,综合不同方法的特点也可以使得分类效果得到明显的提升。在文献[82]中作者考虑了将样本不确定性、样本影响力、样本冗余性相结合,从而挑选出更具有代表性的样本。在文献[83]中,样本之间的差异性被用于辅助样本重要程度的度量指标来进行样本筛选。在文献[84]中提出了不确定性与密度相结合的主动学习方法,其中通过信息熵来度量样本的不确定性,用样本到附近样本的平均距离来度量样本的密度信息,从而完成样本筛选。多准则组合的主动学习方法可以从多个角度对筛选策略进行优化,但是其存在两个问题:其一,多准则融合会加大选择算法的计算量,尤其是多样性标准,这会大大增加主动学习的时间成本;其二,各个准则的权重平衡问题会增加模型的复杂度,也很难找到合适的参数去权衡各个准则的比重。因此,如何在多准则融合中权衡各个准则比重也是未来研究的重点。

2. 半监督主动学习

目前的主动学习方法和半监督学习方法都是为了利用少量的标记样本获得更佳的学习性能。半监督学习方法利用大量未标记的数据,通过获取未标注样本的特征、未标注样本的稳定性、未标注样本与当前样本的关联度等信息来辅助有标注样本训练,从而达到优化模型训练结果的目的。半监督学习的主要方法如下:

Pi-Model[85]利用神经网络中的正则化技术,如数据增强和 dropout 等不会改变模型输出的概率分布这一特点,对给定的输入 x,使用不同的正则化技术进行两次预测,并根据两次预测的距离来优化模型在不同扰动下的一致性。数据增强方法指通过将未标注样本进行旋转、翻转、加入噪声、遮挡等方法进行数据增强,并根据有监督学习训练的模型来对不同的数据增强进行预测,根据同一样本不同数据增强后的预测结果的相似程度来指导模型训练。

Temporal Ensembling 方法[85]在 Pi-Model 的基础上,采用了时序组合模型,根据当前模型预测结果与历史预测结果的平均值做均方差计算,在保留历史信息的同时消除了扰动并稳定了当前的预测值。相比 Pi-Model,这种方法用空间换取时间,减少了训练的时间,通过历史预测平均,也有利于降低单次预测中的噪声。

在此基础上,平均教师监督方法(mean teachers)[86]将模型即作为学生进行训练,也作为教师监督未标注样本的训练效果,来得到更优质的模型,并且对学生模型进行了和滑动平均,来得到更好的学习效果。

整体性方法试图在一个框架中整合当前的半监督学习的主要方法。其中 MixMatch[87]整合了前人的工作,并采用了锐化函数(sharpen)和混合方法(mixup)得到了出色的训练结果。在此基础上,基于整体特征的(fix-match)方法使用交叉熵将弱增强和强增强的无标签数据进行比较,也取得了不错的效果。

虽然在前人的研究中,主动学习和半监督学习的研究都已经取得了很多成果,但是只有少数研究者将主动学习和半监督学习结合起来。在前人的研究工作中,主动学习与半监督学习相结合并应用于语音理解[88],可以减少有限标记数据的错误。Zhu 等[89]使用高斯场组合主动学习和半监督学习,利用数据扩充,设计了一种基于一致性的半监督主动学习模型。本章基于特征间的相关性,将多模态情感分析与半监督学习相结合,并取得了很好的实验效果。

6.2　研究方法

本章将详细解释半监督主动学习多模态数据标注模型(Semi-MMAL)。该模型的目标是获得更好的自动标注多模态数据,降低数据标注的人工成本。与其他结合半监督学习和主动学习的任务不同,本章的工作专门针对多模态情感分析任务。目前的多模态情感分析任务均从不同模态的使用成熟特征抽取工具得到的特征作为开始,而不是原始视频所含有的 3 个模态原始数据。这样可以有效地节约时间成本。目前,并没有工作针对从原始数据开始的多模态情感分析任务。下面将逐一介绍本章的模型各个模块的结构和方法。

6.2.1　整体结构介绍

如图 6.2 所示,本章将介绍一个包含机器学习训练模块和主动学习样本选择模块的半监督多模态主动学习方法——Semi-MMAL。其中,D_L 表示标记的样本,D_U 表示未标记的样本,D_L^*、D_S^*、D_U^* 分别是标记样本、半监督学习样本和下一个周期的未标记样本。Z^a,Z^t,Z^v 是单模态特征表示,Z^f 是多模态融合表示。L_{sup}、L_{semi} 分别是监督损失和半监督损失,λ 是损失加权模块生成的权重。在半监督训练和损失生成模块中,实线表示标记数据流,虚线表示半监督学习中未标记数据流。

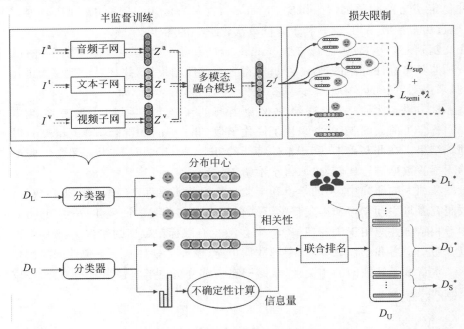

图 6.2　Semi-MMAL 的整体架构

在机器学习训练模块中,介绍了一种基于标记样本和未标记样本特征的相关性的半监督学习方法来提高模型的训练性能。在选择模块中,介绍了一种基于边缘采样的预测信息量分数与基于标记样本与未标记样本特征之间的相关性相融合的样本选择方法,该方法在节约计算成本的基础上可以综合考虑样本相关性和样本信息量两种特征。这两种方法应用于在样本选择中,筛选出合适的人工标注样本和下一轮的半监督学习训练样本。

1. 多模态情感分析网络

对于多模态情感分析任务,本章采用了经典的多模态情感分析体系结构。如图 6.3 所示,它包括两个主要部分:单模态特征表示的特征生成模块和多模态特征融合的表示生成模块。参照文献[4]的工作,对于文本嵌入子网络,使用全局向量(GloVes)进行单词特征表示[90]。根据 GloVes 可以得到每个单词的 300 维的词向量特征表示,在这之后,利用 LSTM[28]学习与时间相关的文本表征,并将结果通过 3 个全连接层,得到文本特征。对于视频和音频嵌入子网络,对不同的数据集采用相对成熟的特征提取方法[10,64,91],得到视频和音频的特征以达到减少训练时长的目的。视频和音频的特征提取自网络,均使用 3 个 32 维的隐藏层和 ReLU 层来获得相对应的单模态特性。

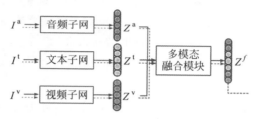

图 6.3　Semi-MMAL 中多模态情感分析流程图

单模态表示 Z^a、Z^t、Z^v 被模型送入多模态融合模块以获得多模态表示特征 Z^f。由于多模态融合方法并不是本章的主要研究内容,所以采用了相对来讲简单的级联方法。通过将文本、音频、视频 3 个模态的特征直接拼接,得到多模态融合特征 Z^f,并交给后续模块。值得一提的是,虽然本章所使用的方法较为简单,但是所介绍的模型适用于目前绝大多数的多模态特征融合方法,如 TFN、LMF 等。多模态特征融合模块所生成的融合特征被传递到半监督学习损失生成模块进行下一步训练。由于介绍的方法仅使用单模态和多模态特征,而没有使用不同神经网络层之间的特征等与模型关联较大的特征,所以介绍的方法具有较强的泛化能力,可以适用于绝大多数目前效果很好的特征表征方法和特征融合方法。

2. 半监督主动学习流程

在 Semi-MMAL 中,半监督分类网络利用有标记数据和半监督学习可使用的标记数据作为训练数据,其余未标记数据作为测试数据来训练多模态情感分类模型。在第 t 个主动学习训练周期,此模型 M_t 通过最小化损失函数 $L_{\text{backbone}} + L_{\text{semi}}$ 来获得更好的模型效果,其中,L_{backbone} 是监督学习损失,L_{semi} 是半监督训练损失。监督损失通过计算预测结果和标注结果之间的交叉熵损失得到,而半监督损失则通过计算已标注样本和与其相同预测类别的未标注样本之间的相关性得到,此外,还在两个损失中加入了多任务学习损失权重自调节模块,可以自动平衡二者的权重。

$$L = L_{\text{backbone}} + \lambda L_{\text{semi}} \tag{6.7}$$

在模型训练步骤完成后,将已标注样本对于不同类别标签的聚类中心 C、所有未标注样本的多模态融合表示 F_{m} 和模型预测概率 P 输入到主动学习模块。主动学习模块根据所介绍的 MMAL 算法选择对未标注样本进行排序,通过排序后的结果适当的样本供人工标注者进行标注,选择另一部分样本供下一轮模型进行半监督学习。

$$y_a = \text{MMAL}(C, F_{\text{m}}, P) \tag{6.8}$$

6.2.2　MMAL 模块介绍

使用 MMAL 模块的目标是获得能提高自动标注的准确率的最有效的样本。为了达到这个目标,选择方法的设计原则是得到一个能够代表整个样本分布的有标注数据子集。选择标准包括两个主要部分:信息量选择标准和相关性选择标准。本节将分别介绍这两个选择标准。

1. 信息量选择标准

在多模态主动学习研究中,信息量标准已被证明是一种强有力的选择标准,且被广泛应用。给定一个未标记的样本,模型预测的信息量可以衡量模型对样本分类的信心。而对于两类以上的分类任务,应只关注预测第一和第二高的两个预测概率值。这使得边缘采样策略要优于信息熵策略。例如,当获得两个三分类预测概率 0.7、0.15、0.15 和 0.7、0.25、0.05 时,第一个预测结果的边缘采样信息量高于第二个预测结果,而第一个预测结果的信息熵低于第二个预测结果。因此,使用基于边际的准则而不是基于熵的准则作为信息准则。

$$D_{\theta}^{\text{info}} = P_{\theta}(\hat{y}_1 \mid x) - P_{\theta}(\hat{y}_2 \mid x) \tag{6.9}$$

其中,$\hat{y}_1$ 表示最大分类概率,$\hat{y}_2$ 表示第二大分类概率。

2. 相关性选择标准

为了改进信息量选择标准,本章从特征的角度提出了相关性选择标准来完善数据的选择。一个未标记样本与一个类别之间的关系可以用二者之间特征的相关性来表示。对于相关性标准,首先计算每个类的聚类中心:

$$C_{\theta}^{\text{pos}} = \frac{\sum_{j=1}^{N} I[L_i(j) = 1] \cdot F_{ij}}{\sum_{j=1}^{N} I[L_i(j) = 1]} \tag{6.10}$$

$$C_\theta^{\mathrm{neu}} = \frac{\sum_{j=1}^{N} I[L_i(j)=0] \cdot F_{ij}}{\sum_{j=1}^{N} I[L_i(j)=0]} \qquad (6.11)$$

$$C_\theta^{\mathrm{neg}} = \frac{\sum_{j=1}^{N} I[L_i(j)=-1] \cdot F_{ij}}{\sum_{j=1}^{N} I[L_i(j)=-1]} \qquad (6.12)$$

其中，N 是标记数据的数量；$i \in \{m, T, A, V\}$；F 是融合特征；$I(\cdot)$ 是指示函数。

对于每个未标记的样本，使用相关系数（correlation coefficient，Corr）来表示 F_θ^u 和各个类中心之间的相关性。

$$\mathrm{Corr}(F_i, C_i^y) = \frac{\mathrm{Cov}(F_i, C_i^y)}{\sqrt{\mathrm{Var}(F_i) \cdot \mathrm{Var}(C_i^y)}} \qquad (6.13)$$

$$\mathrm{Cov}(F_i, C_i^y) = \sum_{j=1}^{n} (F_{ij} - \overline{F_{ij}}) * (C_{ij}^y - \overline{C_{ij}^y}) \qquad (6.14)$$

$$\mathrm{Var}(F_i) = \sum_{j=1}^{n} (F_{ij} - \overline{F_{ij}})^2 \qquad (6.15)$$

$$\mathrm{Var}(C_i^y) = \sum_{j=1}^{n} (C_{ij}^y - \overline{C_{ij}^y})^2 \qquad (6.16)$$

其中，$i \in \{m, T, A, V\}$；y 是未标记样本的预测标签。

在此基础上，利用单模态特征相关系数和多模态特征相关系数计算每个未标记样本的相关性分数。

$$D_\theta^{\mathrm{Corr}} = \mathrm{Corr}(F_m) + \frac{\sum_{i \in A, T, V} \mathrm{Corr}(F_i)}{3} \qquad (6.17)$$

综合考虑上述标准，可以得到每个未标记样本的最终得分。对应公式为

$$\mathrm{Score}_\theta = D_\theta^{\mathrm{Info}} + D_\theta^{\mathrm{Corr}} \qquad (6.18)$$

最后，在第 θ 轮主动学习训练中，筛选器根据最终的得分选择样本。

3. 样本选择方法

在样本选择方法中，本章根据标记样本和未标记样本的数量及标记预算设置 3 个标准来设置每一轮样本挑选的数量。

$$N_h = \min(r_1 |X_u|, r_2 |X_1|, \mathrm{budget}) \qquad (6.19)$$

$$N_s = |X_u| r_3 \qquad (6.20)$$

其中，N_h 和 N_s 分别代表交由人工标注的样本数量和交由半监督学习的样本数量，$|X_u|$ 是未标记样本数，$|X_l|$ 是标记样本数，r_1、r_2、r_3 是超参数，budget 是为控制每一轮人工标注样本的数量。

6.2.3 半监督学习模块

目标模型 M 是根据最小化损失函数 $L_{backbone} + L_{semi}$ 来训练的，其中 $L_{backbone}$ 是有监督学习所得到的损失函数，L_{semi} 是半监督学习所得到的损失函数。

针对多分类问题，使用广泛使用的交叉熵损失函数来计算监督损失。

$$L_{backbone} = \mathrm{CrossEntropy}(X, Y) \tag{6.21}$$

对于半监督损失 L_{semi}，当前的研究方法主要都是基于数据增强的图片分类等任务的方法，不能应用于多模态情感分析任务中。所以本章介绍了一种针对多模态情感分析的方法。本章的半监督损失通过计算融合特征之间的相关性，将未标记数据与标记数据连接起来，从而辅助监督损失对模型进行优化。

$$L_{semi} = 1 - \frac{\sum_i^u \sum_j^l \mathrm{corr}(F_i, F_j) I(P_i = Y_j)}{\sum_i^u \sum_j^l I(P_i = Y_j)} \tag{6.22}$$

其中，u 是未标注样本的数量；l 是有标注样本的数量；P_i 是未标注样本 i 的预测结果；Y_j 是已标注样本 j 的标注；$I(\cdot)$ 是指示函数。

为了减少超参数的数量，根据样本之间的相似度和对半监督损失的置信度来自动改变两个损失的权重，采用了多任务学习中常用的损失加权的方法。目的是为了指导模型训练的重点应是获得与预测类相似的未标记样本特征。

$$L = L_{backbone} + L_{semi}\lambda \tag{6.23}$$

$$\lambda = \frac{\sum_i^u \sum_j^l \mathrm{corr}(F_i, F_j) I(P_i \neq Y_j)}{\sum_i^u \sum_j^l I(P_i \neq Y_j)} \tag{6.24}$$

6.3 实验设置

6.3.1 实验参数和评价标准

1. 实验参数

对于所有数据集，随机选择总样本的 20% 作为初始标记样本进行训练，其余 80% 样本为未标注样本。未标注样本的标签在整个主动学习流程中为未知量,将在判断机器标注准确率时用到。使用 Adam 作为优化器,并使用 5×10^{-4} 的初始学习率。由于本章的工作主要集中在数据自动标注上,所以使用拼接的方式作为模态融合方法。对于整个主动学习流程,设置了一个人工标注预算来控制训练的停止时间。分别对人工标注预算为 30%、25%、20%、15%、10% 的未标注数据量进行实验。

在主动学习中,当人工标注预算为 20%、15% 和 10% 时,未标记样本选择为人工标注样本的比例 r_1 为 0.2;当人工标注预算为 25% 和 30% 时,未标记样本选择为人工标注样本的比例 r_1 为 0.15。根据有标注样本数量设置的阈值中比例 r_2 设置为 0.2,半监督学习选择比例 r_3 设置为 0.1。对于本章所有的实验,实验中分别运行 5 次,将得到的平均准确度作为最终的实验结果。

2. 评价标准

对于数据自动标注任务,本章使用的评价指标为在使用不同人工标注比例的情况下,机器标注所能达到的准确率。机器的标记准确率由包括初始标注样本和主动学习循环中每轮标记的样本所训练的分类模型,使用未标记的数据进行测试得出。公式如下:

$$\text{MACC} = \{x \mid x \in U_0 \ \& \ x = Y(x)\} / (|U_0|) \tag{6.25}$$

其中,MACC 表示机器标注准确率;U_0 表示初始未标注样本集合;$Y(x)$ 表示未标注样本 x 的标签。

此标准可以反映所有基线方法和本章介绍的方法在自动标注任务上的性能和优劣性。因此,以较少的人工标注数据得到更高的机器标注准确率的方法是更为优秀的方法。

6.3.2 基线模型选择

对于主动学习模块,本章考虑了图像分类任务中 3 种典型的选择方法和一种目前在图像分类任务中效果最佳的主动学习方法。

其中,3 种典型的选择方法分别为随机样本抽取方法、边缘采样方法、聚类方法,目前最佳的方法为误差学习方法。随机样本抽取方法在未标记样本中随机选取未标记样本进行人工标注,这种方法得到的结果可以被认为与多模态情感分类任务的模型训练准确率类似。在以往的多分类方法中,边缘采样方法被广泛认为是基于不确定性方法中常用的基线方法,并在多种任务上取得了很好的效果,其公式在之前论述中已经给出。聚类方法通过最大化所选样本与其最近邻之间的距离来选择具有代表性的样本,在本章中采用凝聚层次聚类的方法来挑选样本。密度层次聚类通过一层一层将小的类别根据距离进行合并,每次合并所有数据中最近的两个数据点或数据组,最终得到需要的聚类个数。

此外,还对[92]方法中的损失预测模型进行迁移,在文献中的预测损失模型通过调取单模态训练任务中 3 个不同神经网络层的特征进行损失预测。在迁移方法中使用 3 个不同模态的单模态表示来代替文中机器学习模型不同层的特征,以适应多模态任务。

对于其他主动学习基线,如基于差异性的多准则融合方法、核心集合(core-set)方法和基于委员会的选举方法,这些计算量较大的方法对于自动数据标注任务来说过于耗费时间成本和计算成本,所以本任务不采用这些方法作为基线。对于半监督学习,将监督学习的主动学习方法和基于相关性的半监督主动学习方法进行了对比。

6.4 结果分析

本节对实验结果进行了展示和详细的分析。

6.4.1 主动学习方法效果分析

首先,为了验证本章介绍的监督学习下的主动学习方法 MMAL 的可靠性,将介绍的主动学习方法与其他主动学习基线进行比较,在第 5 章提到的 3 个数据集上分别做了实验。其中,各结果表中 Rand 代表随机样本抽取方法,Margin 代表边缘采样的信息性筛选方法,Cluster 代表凝聚层次聚类方法,Loss 代表损失学习方法,Ours 代表了未采用半监督学习策略的 MMAL 方法。本节将对不同数据集的结果逐一分析。

1. MOSI 数据集实验结果分析

如表 6.1 所示,在 MOSI 数据集的实验中,首先可以看到随着人工标注比例的不断提升,机器标注的准确率也随之上升。这印证了有标注数据的数量增加会使得机器学习整体效果有所提升。其次,可以发现对于所有主动学习方法,其机器标注准确率均高于随机选择方法,即传统的多模态情感分析任务,这也说明主动学习的基线方法对于数据自动标注任务的有效性。

表 6.1 MOSI 数据集实验结果

数据集	MOSI				
	10%	15%	20%	25%	30%
Rand	75.24	75.15	75.57	75.51	75.97
Margin	75.60	77.24	78.99	80.85	81.51
Cluster	74.82	75.75	76.63	76.08	76.79
Loss	74.24	77.63	**79.37**	80.77	81.73
Ours	**76.22**	**77.75**	79.17	**81.02**	**82.48**

此外,对于其他基线模型而言,可以发现单独考虑特征距离而不考虑样本信息量的聚类方法效果明显不如考虑样本预测信息量的其他方法。

MMAL 方法在绝大多数人工标注比例下达到了最佳的效果。人工标注 10% 的情况下,MMAL 方法比随机采样方法约有 1% 的提升;当人工标注达到 30% 时,MMAL 方法比随机方法提高了 7% 左右,这个提升是非常显著的。此外,对比其他基线模型,MMAL 方法在各个标注比例下均有一定的提升。只有在 20% 标注准确率的情况下,MMAL 方法比目前最好的损失学习方法有 0.2% 左右的小幅度下降。

表 6.1 展示了 MOSI 数据集上的实验结果。人工标记率设置为 10%～30%,间隔为 5%。此表中的数据用相应的数据集、人工标记率和方法表示机器标记的精度。

2. MOSEI 数据集实验结果分析

相比于 MOSI 数据集,MOSEI 数据集数据量更大,样本更多样且更难被准确分类。此外,相对 MOSI 数据集,MOSEI 各个类别的数据分布更加平衡。

如表 6.2 所示,在 MOSEI 数据集上,本章的方法整体上优于之前所有的基线模型,相比随机抽样方法,本章的方法从 10% 人工标注量至 30% 人工标注量分别提升了 3%～8% 的准确率,效果十分显著。对比其他基线模型,MMAL 方法比常用的边缘采样方法(Margin)提高了 1% 左右,相较于目前最佳的损失预测方法(Loss),MMAL 方法也有一定幅度的提升。

表 6.2　MOSEI 数据集实验结果

数据集	MOSEI				
	10%	15%	20%	25%	30%
Rand	65.73	66.13	66.29	65.40	66.01
Margin	67.56	69.17	70.81	72.48	73.88
Cluster	65.2	65.86	67.65	67.34	67.41
Loss	67.76	69.05	71.14	72.33	74.10
Ours	**68.41**	**69.35**	**71.62**	**72.46**	**74.54**

3. SIMS 数据集实验结果分析

SIMS 数据集作为第一个中文多模态情感分析数据集,在 SIMS 数据集上的多模态情感分析实验对于实际应用有重要的研究与应用价值。

如表 6.3 所示,在 SIMS 数据集上,本章介绍的方法较其他方法有显著的提升。对比随机采样方法,MMAL 方法从 10%～30% 人工标注比例上,有着 2%～7% 的提升。相比其他基线方法，MMAL 方法的提升幅度也高于 MOSI 和 MOSEI 两个数据集。

表 6.3　SIMS 数据集实验结果

数据集	SIMS				
	10%	15%	20%	25%	30%
Rand	64.60	63.89	64.92	65.19	65.75
Margin	66.58	68.33	69.17	70.27	71.37
Cluster	65.55	64.18	66.83	67.97	68.06
Loss	65.20	67.40	67.69	68.44	70.27
Ours	**66.71**	**68.49**	**69.47**	**70.93**	**72.38**

对比常用的边缘采样方法，MMAL 方法有 1% 左右的提升；而对比当前最佳的预测损失方法，MMAL 方法的准确率提升幅度可以达到 2% 左右。从机器标注准确率上超过了前人的研究工作。

6.4.2　半监督主动学习方法效果分析

正如之前内容所述，大多数的主动学习研究方法只关注于从已标注样本中获得信息，而未将研究重点放在利用未标注样本所包含的信息来提升主动学习的效果，尤其是利用较易于分类的未标记样本。MMAL 方法中通过半监督学习，充分利用了较为容易预测的未标注样本。

在本节的实验中，着重验证了半监督学习对主动学习效果的辅助和提升作用。通过对比实验的方式，验证了半监督学习对基于主动学习的数据标注任务的效果具有提升作用。

1. MOSI 数据集实验结果分析

从图 6.4 中可以发现，在 MOSI 数据集上，采用半监督的 Semi-MMAL 方法比之前仅采用主动学习的基线模型均有所提升。相比于不采用半监督学习的 MMAL 方法，当半监督学习被使用后，模型的自动标注准确率在各个标注比例下均有 3% 左右的提升，提升幅度十分显著。相较于随机抽样方法，Semi-MMAL 方法在 30% 人工标注比例上的提升幅度接近 10%。

2. MOSEI 数据集实验结果分析

如图 6.5 所示，从 MOSEI 实验结果可以看出，在 MOSEI 数据集上，半监督学习方法 Semi-MMAL 较有监督方法有小幅度提升，在所有标注比例下的提升幅度在 1% 左右。在 MOSEI 数据集上，半监督学习对数据标注任务有小幅度提升，但是提升效果不如

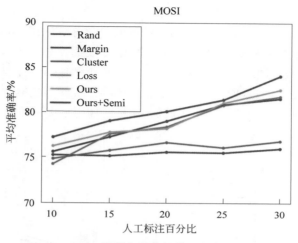

图 6.4　MOSI 数据集半监督学习实验对比结果

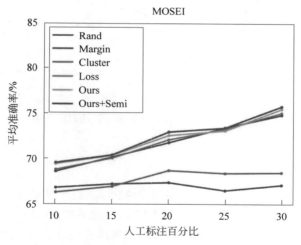

图 6.5　MOSEI 数据集半监督学习实验对比结果

MOSI 数据集明显。

　　之所以半监督学习在 MOSEI 数据集上效果不明显,是因为传统的半监督学习策略采用的无标注样本量是远远超过有标记样本的,而在本任务中,受限于样本总数较少和多模态情感分析训练所需初始标注样本数量较高,半监督样本只有在训练到一定程度后,才可以达到一定的规模。因此,可能导致半监督学习的效果相对不明显。

3. SIMS 数据集实验结果分析

如图 6.6 所示,在 SIMS 数据集上,本节的半监督学习 Semi-MMAL 实验结果较监督学习 MMAL 方法有小幅提升,较之其他方法均有大幅度领先,具体原因和 MOSEI 数据集相似。与 MOSEI 数据集不同,在 30% 人工标注准确率时,半监督学习的提升程度要高于其他较小人工标注比例,这印证了本章中提到的半监督学习需要大量无标注样本参与才能达到较好的效果。在随着训练轮次增加、无标注样本增多的情况下,半监督学习对于标注准确率的提升高于无标注样本较少的情况。

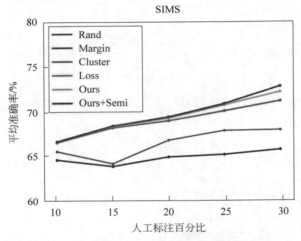

图 6.6　SIMS 数据集半监督学习实验对比结果

6.4.3　消融实验

为了证明 MMAL 方法中的每个模块都对数据自动标注效果均有所提升,本节在 MOSI 数据集上设计了一组消融实验来证明 MMAL 方法的有效性。实验具体对比了下列几种方法:随机性方法(R)、信息性准则(I)、相似性准则(C)、半监督学习(S)。

如表 6.4 所示,本节在 MOSI 数据集上对比了不同方法对实验结果的影响。可以看到,MMAL 的相关性准则和半监督学习方法对于自动标注任务的准确率提升是非常显著的。与最基本的随机样本抽取进行对比,MMAL 的信息量评价与相关性准则结合及信息量评价与半监督方法结合,在各个人工标注比例上均有 1%～6% 的提升。与传统的信息量样本选取标准相比,本章提出的相似性样本选取标准和半监督主动学习方法的方法均使得标注准确率在各个比例下提高了 1%～3%。此外,可以看到,综合了相似性准则和半监督学习方法后的 Semi-MMAL,可以使最终结果相比随机抽取提升 2%～9%,达到了目前的最佳效果。

表 6.4　MOSI 数据集消融实验

数据集	MOSI				
	10%	15%	20%	25%	30%
R	75.24	75.15	75.57	75.51	75.97
I	75.60	77.24	78.99	80.85	81.51
I,C	76.22	77.75	78.17	81.02	82.48
I,S	76.90	77.92	78.95	80.80	83.86
I,C,S	**77.20**	**79.02**	**80.06**	**81.36**	**84.02**

6.5　本章小结

本章分别详细介绍了前人在数据标注、多模态情感分析和半监督主动学习 3 个相关领域的研究成果。在这 3 个领域中前人均有大量优秀的研究成果,本章也基于前人的研究成果,提出了新模型的研究与探讨方法,并将其应用于多模态情感数据自动标注这个全新的研究领域中。

本章详细说明了实验中所用到的数据集、实验参数、评价标准和基线模型。本章对每一种基线模型进行了复现并整合到了实验中,对于未使用的基线模型本章也给出了相应的解释。

本章使用 Semi-MMAL 方法在 3 个数据集上进行了多种实验分析。分别对主动学习方法、半监督主动学习方法与主动学习方法对比做了实验分析,并在 MOSI 数据集上做了消融实验来验证本章所介绍方法每个模块的作用和效果。此外,本章也展示了前人的基线方法在数据自动标注任务上的效果。相比之前的方法,本章中的方法在绝大部分标注比例上均有较大的提升。

近几年,多模态情感分析领域的快速发展离不开多模态数据集的贡献。为此,本篇重点针对该领域的数据集问题开展的研究工作,通过引入带有单模态和多模态情感标注的中文数据集,以弥补现有数据集中存在的不足。

首先,多模态情感分析数据集其标签类型大致可分为两类:有情感标注以及情绪标注两种。CMU-MOSI 数据集仅考虑两类情感标注:积极和消极。CMU-MOSEI 数据集是 CMU-MOSI 的高级版本,既有情感标注又有情绪标注。IEMOCAP 数据集和 MELD 数据集的标签类型为情绪标签。其中,CMU-MOSI 数据集是目前多模态情感分析任务中使用最广泛的基线数据集之一。

其次,由于以上数据集中存在两个缺失:第一,无说话人语言为中文的多模态情感分析数据集,不利于中文研究的发展;第二,上述数据集中标签都是针对多模态内容,在单模态维度上没有任何情感或者属性标注。因此,本篇引入一个同时带有单模态和多模态情感标注的中文数据集 CH-SIMS,以弥补现有数据集中存在的不足。

然而,大量的数据集如果通过人工标注的方法实现,即使对经验丰富的工作者来说,也是相对耗时的。如 IEMOCAP、CH-SIMS 等都是由专家标注的。因此,大量的自动标注方法被提出,本篇基于前人的研究成果,设计了新的自动标注模型 Semi-MMAL,并且通过大量的实验展示了所提出的标注方法在绝大部分标注比例上均有较大的提升。

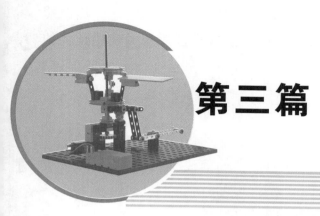

第三篇

单模态信息的
情感分析

为了从文本、音频和视频图像 3 种模态数据中综合判断人物的情感观点，多模态情感分析应运而生。随着信息技术的持续性发展，以深度学习为代表的学习型模型不断刷新着自然语言处理、音频分析、计算机视觉等诸多领域的性能指标。在此过程中，单模态内容的情感分析能力也取得了显著提升。因此，本篇主要针对 3 种不同的单模态情感分析任务分别展开详细介绍。首先，通过对现阶段国内外关于文本情感分析问题的研究，对不同文本情感分析方法进行了分类，并总结介绍了各方法所取得的成果，分析了每一类情感分析方法的优缺点。其次，在语音信息的情感分析领域，针对如何从音频文件中获取具有代表性的特征，介绍了一种基于 CQT 色谱图的音频情感分类方法和一种基于异构特征融合的音频情感分类方法，并通过大量实验证明，这类方法有效地解决了传统的音频特征提取方法的局限性,对后续的情感预测具有显著的效果提升。最后,在视觉情感分析方面,本篇提出了一种新的多任务方法——基于互注意力的多任务卷积神经网络(CMCNN),并详细地介绍了实验设置和分析结果,通过多方面的实验结果验证了该模型对视觉情感预测的作用和效果。

第7章　基于文本的情感分析

文本情感分析又称观点(意见)挖掘,指对带有情感色彩的主观性文本进行分析,挖掘其中蕴含的情感倾向,对情感态度进行划分。文本情感分析作为自然语言处理的研究热点,在舆情分析、用户画像和推荐系统中有很大的研究意义。一个典型的文本情感分析的过程如图 7.1 所示,包括原始数据获取、数据预处理、特征提取、分类器(情感分类)和情感类别输出。

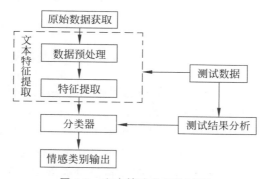

图 7.1　文本情感分析的过程

原始数据获取一般是通过网络爬虫获取相关数据,如新浪微博内容、推特语料、各大电商网站的评论等。数据预处理指进行数据清洗去除噪声,常见的方法有去除无效字符和数据、统一数据类别(如简体中文),使用分词工具进行分词处理、停用词过滤等。特征提取根据使用的方法不同,会有不同的实现方法,在依赖不同的工具获得文本的数值向量表征时,常见的方法有词频计数模型 N-gram 和词袋模型 TF-IDF,而深度学习方法的特征提取一般都是自动的。分类器输出得到文本的最终情感极性,常见的分类器方法有SVM 和 SoftMax。

根据情感分类方法实现机制的不同,将情感分析方法分为:基于情感词典的情感分析方法、基于传统机器学习的情感分析方法、基于深度学习的情感分析方法。

7.1　基于情感词典的情感分析方法

基于情感词典的情感分析方法指根据不同情感词典所提供的情感词的情感极性,来实现不同粒度下的情感极性划分,该方法的一般流程如图7.2所示,首先是将文本输入,通过对数据的预处理(包含去噪、去除无效字符等),进行分词操作;然后将情感词典中的不同类型和程度的词语放入模型中进行训练;最后根据情感判断规则将情感类型输出。现有的情感词典大部分都是人工构造。

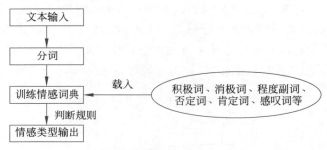

图7.2　基于情感词典的情感分析方法一般流程

Cai 等[93]通过构建一种基于特定域的情感词典,来解决情感词存在的多义问题,通过实验表明,将 SVM 和 GBDT 两种分类器叠加在一起,效果优于单一的模型。柳位平等[94]利用中文情感词建立了一个基础情感词典用于专一领域情感词识别,还在中文词语相似度计算方法的基础上提出了一种中文情感词语的情感权值的计算方法,该方法能够有效地在语料库中识别及扩展情感词集并提高情感分类效果。Rao 等[95]用 3 种剪枝策略来自动建立一个用于社会情绪检测的词汇级情感词典,此外,还提出了一种基于主题建模的方法来构建主题级词典,其中每个主题都与社会情绪相关,在预测有关新闻文章的情绪分布、识别新闻事件的社会情绪等问题上有很大的帮助。

基于情感词典的情感分类方法主要依赖情感词典的构建,但由于现阶段网络的快速发展,信息更新速度的加快,出现了许多网络新词,对于许多歇后语、成语或网络特殊用语等新词的识别并不能有很好的效果,现有的情感词典需要不断地扩充才能满足需要。情感词典中的同一情感词可能在不同时间、不同语言或不同领域中所表达的含义不同,因此基于情感词典的方法在跨领域和跨语言中的效果不是很理想,在使用情感词典进行情感分类时,往往考虑不到上下文之间的语义关系。因此,对基于情感词典的方法还需要更多的学者进行充分的研究。随着信息技术的快速发展,涌现出了越来越多的网络新词,原有的情感词典对于词形词性的变化问题不能很好解决,在情感分类时存在灵活度不高的问题,情感词典中的情感词数量也存在限制。因此,需要不断地扩充情感词典来满足对情感分析的需要,对于情感词典的扩充需要花费大量的时间和资源。为提高情感分类的准确性,有研究者对基于传统机器学习的方法进行了研究,取得了不错的结果。

7.2 基于深度学习的情感分析方法

通过对基于深度学习的情感分析方法可以进一步细分为:单一神经网络的情感分析、混合(组合、融合)神经网络的情感分析,以及引入注意力机制的情感分析和使用预训练模型的情感分析。

7.2.1 单一神经网络的情感分析

2003 年 Bengio 等[96]提出了神经网络语言模型,该语言模型使用了一个三层前馈神经网络来建模。这种方法的优势就是能从大规模的语料中学习丰富的知识,从而有效解决基于传统情感分析方法中忽略上下文语义的问题。典型的神经网络学习方法有卷积神经网络(con-volutional neural network,CNN)、递归神经网络(recurrent neural network,RNN)、长短期记忆(long short-term memory,LSTM)网络等[97]。

许多研究者通过对神经网络的研究,在情感分析的任务中取得了不错的结果。LSTM 是一种特殊类型的 RNN,在处理长序列数据和学习长期依赖性方面效果不错。Teng 等[98]提出了一种基于 LSTM 的多维话题分类模型,该模型由 LSTM 细胞网络构成,可以实现对向量、数组和高维数据的处理,实验结果表明该模型的平均精度达 91%,最高可以达到96.5%;通过对社交媒体和网络论坛中的信息进行情感分析,可以有效获取公众意见。Li 等[99]提出了一种基于 CNN 的中文微博系统意见摘要算法,该模型通过应用 CNN 自动挖掘相关特征来进行情感分析,通过一个混合排序函数计算特征间的语义关系,该方法在 4 个评价指标上(准确率、召回率、精度、AUC、ROC 曲线下与坐标轴围成的面积(area under curre,AUC))优于传统的分类方法(SVM、随机森林、逻辑回归),对微博数据的情感预测的准确性达到 86%

7.2.2 混合神经网络的情感分析

除了对单一神经网络方法的研究之外,有不少学者在考虑了不同方法的优点后将这些方法进行组合和改进,并将其用于情感分析方面。

充分考虑到循环神经网络和卷积结构的优点,罗帆等[100]利用联合循环神经网络和卷积神经网络,提出了多层网络模型 H-RNN-CNN,该模型使用两层的 RNN 对文本建模,并将其引入句子层,实现了对长文本的情感分类。除了实现对长文本的情感分类问题,也有研究者将混合神经网络方法用于短文本情感分类问题。由于深度学习概念的提出,许多研究者对其不断探索,得到了不少成果,基于深度学习的文本情感分类方法也在不断扩充。

7.2.3 引入注意力机制的情感分析

在神经网络的基础上,2006 年 Hinton 等率先提出了深度学习的概念,通过深层网络模型学习数据中的关键信息,来反映数据的特征,从而提升学习的性能。

2017 年谷歌机器翻译团队[29]提出用注意力机制代替传统 RNN 方法搭建了整个模型框架,并提出了多头注意力(multi-head attention)机制,通过在神经网络中使用这种机制,可以有效提升自然语言处理任务的性能。Yang 等[101]首次提出一种将目标层注意力和上下文层注意力交替建模的协同注意力机制,通过将目标转移到关键词的上下文表示来实现被评论对象特征的情感分析,在 SemEval2014 数据集和 Twitter 数据集上的实验表明,该方法优于传统带有注意力机制的神经网络方法。陈珂等[102]针对情感词典不能有效考虑上下文语义信息,循环神经网络获取整个句子序列信息有限,以及在反向传播时可能存在梯度消失或梯度爆炸的问题,提出了一种基于情感词典和 Transformer 的文本情感分析方法。该方法充分地利用了情感词典的特征信息,还将与情感词相关联的其他词融入该情感词中以帮助情感词更好地编码。此外,该方法对不同情感词在不同位置情况下进行了情感分类方法的研究,发现句子中的单词顺序和距离对句子中情感的影响,通过在 NLPCC2014 数据集中进行实验发现该方法比一般神经网络具有更好的分类效果。

通过在深度学习的方法中加入注意力机制,用于情感分析任务的研究,能够更好地捕获上下文相关信息、提取语义信息、防止重要信息的丢失,可以有效提高文本情感分类的准确率。现阶段的研究更多的是通过对预训练模型的微调和改进,从而更有效地提升实验的效果。

7.2.4 使用预训练模型的情感分析

预训练模型指用数据集已经训练好的模型。通过对预训练模型的微调,可以实现较好的情感分类结果,因此最新的方法大多是使用预训练模型,最新的预训练模型有 ELMo、BERT、XL-NET、ALBERT 等。

Peters 等[103]提出一种新的语言特征表示方法 ELMo,该方法使用的是一个双向的 LSTM 语言模型,由一个前向和一个后向语言模型构成,目标函数就是取这两个方向语言模型的最大似然值。与传统词向量方法相比,这种方法的优势在于每一个词只对应一个词向量。ELMo 利用预训练好的双向语言模型,然后根据具体输入从该语言模型中可以得到上下文依赖的当前词表示(对于不同上下文的同一个词的表示是不一样的),再当成特征加入到具体的 NLP 有监督模型里。相关实验表明,通过加入这种方法,实验结果平均提升了 2%。2018 年 10 月,谷歌公司提出了一种基于 BERT[31] 的新方法,它将双向的 Transformer 机制用于语言模型,充分考虑到单词的上下文语义信息。许多研究者通过对 BERT 模型的微调训练,在情感分类中取得了不错的效果。Araci 等[104] 提出了一种基于 BERT 的 FinBERT 语言模型来处理金融领域的任务,通过对 BERT 模型的微调,分类的准确率提高了 15%。Xu 等[105] 通过结合通用语言模型(ELMo 和 BERT)和特定领域的语言理解,提出 DomBERT 模型用于域内语料库和相关域语料库中的学习,在用于基于被评论对象特征的情感分析任务上的实验证明该方法的有效性以及广阔的应用前景。和传统方法相比,通过对大规模语料预训练,使用一个统一的模型或者将特征加到一些简单的模型中,在很多 NLP 任务中取得了不错的效果,说明这种方法在缓解对模型结构的依赖问题上有明显的效果。因此,可以预知未来的情感分析方法将更加专注于研究基于深度学习的方法,并且通过对预训练模型的微调,实现更好的情感分析效果。

7.3　本章小结

本章主要介绍了两种情感分析方法:基于情感词典的情感分析方法和基于深度学习的情感分析方法。

基于情感词典的情感分析方法,其优点是能有效反映文本的结构特征,易于理解,在情感词数量充足时情感分类效果明显;缺点是没有突破情感词典的限制,要对情感词典不断扩充,使得文本情感分类的准确率不高。

基于深度学习的情感分析方法,其优点是能充分利用上下文文本的语境信息;能主动学习文本特征,保留文本中词语的顺序信息,从而提取到相关词语的语义信息,来实现文本的情感分类;通过深层神经网络模型学习数据中的关键信息,来反映数据的特征,从而提升学习的性能;通过和传统方法相比,使用语言模型预训练的方法充分利用了大规模的单语语料,可以对一词多义进行建模,有效缓解对模型结构的依赖问题。其缺点是基于深度学习的方法需要大量数据支撑,不适合小规模数据集;算法训练时间取决于神经网络的深度和复杂度,一般花费时间较长;对深层网络的内部结构、理论知识、网络结构等不了解也是对研究人员的一项挑战。

第 8 章　基于语音信息的情感分析

随着移动通信技术的快速普及、互联网技术的高速发展,人们之间的交流不再仅仅局限于文本模态,越来越多的人喜欢通过音频、视频等信息来分享生活中的趣事。音频模态信息在人们日常生活中发挥着越来越重要的作用,例如,日常生活中人们经常会使用 Siri 等语音助手来辅助他们做一些任务,通过语音来操控汽车自动驾驶等,这给人们的日常生活带来了极大的便利。与文本模态不同,音频模态数据往往以音频信号的形式存在。音频情感分类的难点主要在于如何从音频文件中获取能够代表该音频文件的情感特征。

现阶段从音频文件中抽取特征的方法主要分为两类:第一类方法是从原始音频中通过深度学习的方法自动学习音频特征,这种方法往往不需要进行较复杂的预处理工作,操作起来比较简单[106];第二类方法是人为使用工具从音频文件中抽取出特征,如 openSMILE[107]、LibROSA[108]、COVAREP[109]等从音频文件中抽取出高阶音频信号特征。常用的音频信号特征有梅尔频率倒谱系数(MFCC)、过零率、响度等。

然而,以上两类方法,一方面忽略了在音频情感分类中时序信息的重要性;另一方面,由于不同类别的音频特征往往是异构的,它们通常包含了不同层面的情感信息。但以上两类方法在提取音频特征时,绝大多数工作都只使用了其中的一类特征作为音频模态的特征表示并用于后续的情感分类任务。因此,本章针对以上两方面不足,提出了基于 Constant-Q 色谱图的音频情感分类,以及基于异构特征融合的音频情感分类,并在 8.1 节与 8.2 节中进行详细介绍。

8.1　基于 Constant-Q 色谱图的音频情感分类

采用 openSMILE[107]、LibROSA[108]等工具来从音频文件中提取 MFCC、响度、过零率等统计的特征,往往忽略了音频模态中重要的时序信息。由于音频数据往往是一段连续的信号,其前后具有较强的相关性,时序信息对于音频情感分类任务是十分重要的。伴随着图像分类算法的快速发展,ResNet[36]、DenseNet[110]等算法在图像分类任务上取得了巨大成功,并得到了广泛应用。因此,本节所介绍的方法,在抽取音频特征时,首先将音频模态数据转换为对应的 Constant-Q 色谱图,然后通过利用 ResNet 网络来从中学习包含时序信息的频谱特征,最后提出了一个 CRLA(contextual residual LSTM attention)模型用于音频情感分类。

方法框图如图 8.1 所示,整个方法框架大致可分为两部分:①基于 Constant-Q 色谱

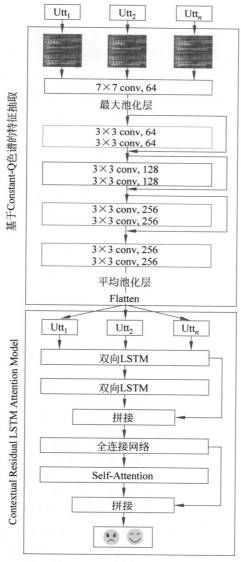

图 8.1 基于 Constant-Q 色谱图的音频情感分类研究框架图

图的特征抽取；②用于音频情感分类的 CRLA 模型。在基于 Constant-Q 色谱图的特征抽取中,首先将所有音频数据进行预处理,分别将它们按照所属视频名称进行划分,并将同一个视频的不同话语按顺序整理到一起,然后使用 LibROSA 工具来抽取每一个话语对应的 Constant-Q 色谱图。在获取所有的 Constant-Q 色谱图之后,利用 ResNet 网络来抽取对应的色谱图特征。在第二部分,提出一个 CRLA 模型。因为同一视频不同话语之间存在上下文信息,这种上下文信息往往蕴含了丰富的情感特征。因此,该模型首先将抽取的频谱特征输入到两层双向长短时记忆网络(Bi-LSTM)来学习话语间的上下文信息,除此之外,为了防止上下文信息的缺失,该模型在这两层 Bi-LSTM 上采用了残差连接。之后,该模型使用了 Self-Attention,用于从上下文信息中捕捉情感显著信息,并将捕捉到的信息输入到模型中,引导模型更好地训练,从而获取更好的情感特征表示。

8.1.1　Constant-Q 色谱图抽取

Constant-Q 色谱图是将每个话语通过 Constant-Q Transform(CQT)变换得到的,CQT 是一组类似于傅里叶变换的滤波器,但是它有几何间隔的中心频率,中心频率定义见公式(8.1):

$$f_k = f_1 \cdot 2^{\frac{k}{b}} \tag{8.1}$$

其中,f_1 为中心频率;b 决定每八度音阶的音箱数。给定一个离散时域音频信号 $x(n)$,则 CQT 变换定义见公式(8.2):

$$X^{CQ}(k,n) = \sum_{j=n-\lfloor N_{k/2} \rfloor}^{n+\lfloor N_{k/2} \rfloor} x(j) a_k^*(j-n+N_{k/2}) \tag{8.2}$$

其中,$*$ 表示复共轭;N_k 表示可变的窗口长度;$a_k^*(n)$ 表示基函数 $a_k(n)$ 的复共轭。$a_k(n)$ 定义见公式(8.3):

$$a_k(n) = \frac{1}{C}\left(\frac{n}{N_k}\right)\exp\left[i\left(2\pi n \frac{f_k}{f_s} + \Phi_k\right)\right] \tag{8.3}$$

其中,Φ_k 表示相位偏移。其中,比例因子 C 定义如公式(8.4)所示:

$$C = \sum_{l=-\lfloor N_{k/2} \rfloor}^{\lfloor N_{k/2} \rfloor} w\left(\frac{l+Nk/2}{N_k}\right) \tag{8.4}$$

为了实现上述过程,本节借助音频处理工具包 LibROSA 来完成音频文件对应 Constant-Q 色谱图的抽取。本节将连续色度帧之间的样本数设置为 512,色谱图的尺寸设置为 $120\times120\times3$,为了方便模型训练,本节对所有 Constant-Q 色谱图都进行归一化处理从而得到用于后续特征抽取的 Constant-Q 色谱图数据。

8.1.2　CRLA 模型

为了从 Constant-Q 色谱图中获取丰富的情感相关信息,提出一个 CRLA 模型,该网络执行过程分为两个阶段:Constant-Q 色谱图特征抽取阶段与上下文表征学习阶段。在特征抽取阶段,本节使用 ResNet 网络来从 Constant-Q 色谱图中学习相应的特征表示;在表征学习阶段,本节基于 ResNet 网络学习到的特征表示,构建了 CRLA 模型,该模型使用 LSTM 网络来学习话语间的上下文信息,并引入 Self-Attention 来捕捉情感显著信息并输入到网络中用于辅助情感表征的学习。

8.1.3　特征抽取网络

Constant-Q 色谱图是音频数据的一种表示形式,其中蕴含了丰富的情感信息,为了捕捉其中的情感特征,本节引入 ResNet 网络来从中学习色谱图特征。ResNet 网络是一种应用十分广泛的图片分类模型,它通过在网络中增添一个恒等映射,将当前输出直接传到下一层网络,从而很好地解决了梯度消失的问题。

如图 8.1 所示,首先 Constant-Q 色谱图会经过一个 7×7 的卷积层,紧接着会经过一个 3×3 的最大池化层,之后依次经过 16 个残差块,所有残差块的卷积核大小均为 3×3,卷积核数目从 64 递增到 512,最终通过一个全局平均池化层得到一个 512 维的向量,本节将该向量作为从 Constant-Q 色谱图中抽取出来的音频特征,用于后续分类任务。

8.1.4　上下文表征学习

从 Constant-Q 色谱图中抽取出 512 维特征向量后,为了充分利用相邻音频片段间上下文信息,本节构建了 CRLA 模型,CRLA 模型主要由 Bi-LSTM 及 Self-Attention 组成。LSTM 网络主要由 t 时刻的输入词 x_t、细胞状态 C_t、临时细胞状态 $\widetilde{C_t}$、隐藏状态 h_t、遗忘门 f_t、记忆门 i_t、输出门 o_t 组成,首先计算遗忘门,选择要遗忘的信息,见公式(8.5)。

$$f_t = \sigma(W_f \cdot [h_{t-1}, x_t] + b_f) \tag{8.5}$$

然后计算记忆门,选择要记忆的信息,同时得到临时细胞状态,见公式(8.6)和公式(8.7)。

$$i_t = \sigma(W_i \cdot [h_{t-1}, x_t] + b_i) \tag{8.6}$$

$$\widetilde{C_t} = \tanh(W_C \cdot [h_{t-1}, x_t] + b_C) \tag{8.7}$$

紧接着计算当前细胞状态,见公式(8.8)。

$$C_t = f_t \cdot C_{t-1} + i_t \cdot \widetilde{C_t} \tag{8.8}$$

最终计算输出门和当前时刻隐层状态,见公式(8.9)。

$$h_t = \sigma(W_o[h_{t-1}, x_t] + b_o) \cdot \tanh(C_t) \tag{8.9}$$

Bi-LSTM 网络由前向 LSTM 和后向 LSTM 组成,这两个 LSTM 都连接着输出层。因此,Bi-LSTM 可以提供给输出层输入序列中每一个点完整的过去和未来的上下文信息。本节采用了残差连接机制将两层 Bi-LSTM 网络学习到的上下文信息进行拼接,因为残差连接改变了网络反向传播中梯度连续相乘的表现形式,所以它有效缓解了深层网络难以训练的瓶颈问题。拼接之后,该模型通过使用全连接层来将上下文信息进行充分的融合,并采用了 Self-Attention 来捕捉音频数据中情感显著的信息。图 8.2 展示了 Self-Attention 的模型结构[29]。Self-Attention 是 Attention 的一种特殊形式,它的 Query、Key 和 Value 均为输入数据,其实质是在序列内部做 Attention,寻找序列内部的联系。假设 D_a 表示 Self-Attention 的输入,则模型中所用 Self-Attention 定义

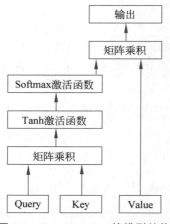

图 8.2　Self-Attention 的模型结构

见公式(8.10):

$$att(\boldsymbol{D}_a) = Softmax(Tanh(\boldsymbol{D}_a\boldsymbol{D}_a^{\mathrm{T}}))\boldsymbol{D}_a \tag{8.10}$$

在得到 Self-Attention 的输出后,本节将其与全连接层的输出进行拼接,从而将情感显著信息与上下文信息进行融合,最后将融合后的信息输入到输出层来进行情感分类。

8.1.5　实验与分析

在本节中,将展示 CRLA 模型在音频情感分类任务上的性能并证明从 Constant-Q 色谱图中抽取出的谱图特征的有效性。首先,本节将介绍实验中所用的数据集和模型评价指标。其次,本节将给出详细的实验设置。最后,本节将 CRLA 模型与当下最为先进的几种基线方法进行了模型对比,来验证 CRLA 模型在音频情感分类任务上的有效性。除此之外,本节基于 CRLA 模型及 Simple-LSTM 模型来对比从 Constant-Q 色谱图中抽取出的色谱图特征与音频情感分类中常用的特征性能。

1. 数据集和评价指标

为了验证本章所提出的 CRLA 模型的性能及从 Constant-Q 色谱图中抽取出来的色谱图特征的有效性,本章基于多模态公开数据集 MOSI[64]分别进行了模型对比实验和特征对比实验。MOSI 数据集是从 YouTube 电影评论中收集的,它包含了来自 89 位不同演讲者的 93 段视频。这些视频共包括了 2199 条对话,MOSI 数据集中每条对话的情感标签由 5 个不同的工作人员标注,情感标签的情感极性数值在[−3,+3]的连续范围内,[−3,0)中的标签将被视为消极标签,[0,3]中的标签将被视为积极标签。在数据划分时,

本章考虑说话人的独立性,并保证训练集和测试集中不会出现同一个说话人。此外,为了平衡训练集和测试集中的正负数据,最终我们将训练集、验证集、测试集划分成 52 个、10 个、31 个视频片段,它们分别包含 1284 条、229 条、686 条对话记录。

本章分别使用 Accuracy、F1 值、Precision、Recall 4 个指标来评价 CRLA 模型和从 Constant-Q 色谱图中抽取出来的色谱图特征性能。为了保证本章所得实验结果的有效性,实验中分别设置了 5 个随机种子,并将 5 轮运行结果的平均值作为最终的实验结果。

2. 实验设置

为了严谨地阐述实验细节,本部分详细介绍实验中所使用的全部参数。本章实验代码均使用 Keras 框架实现。在特征抽取阶段,学习率设置为 10^{-2},为了方便后续上下文信息抽取,从 Constant-Q 色谱图中抽取出来的色谱图特征经过零填充,最终输入 CRLA 模型中的数据维度为 $93\times63\times512$,其中 93 表示视频数目,63 表示单个视频中所包含话语的最大数目,512 为从每个 Constant-Q 色谱图中抽取出来的特征维度。在 CRLA 模型中,本章使用的 LSTM 网络中神经元数目为 150,每一个残差块后都跟随着一个神经元数目为 200 的全连接层,模型中用到的所有全连接层均使用 ReLU 激活函数并均选择 50% 的概率让神经元随机失活,实验中优化器使用 Adam,损失函数为交叉熵。

3. 模型对比实验

为了验证 CRLA 模型的性能,本节将其与先进的基线方法来做对比,用来对比的基线方法包括如下几种。

(1) Simple-GRU:使用双向 GRU 网络来学习上下文信息,通过 Flatten 层进行拉伸,并通过全连接网络来进行分类。

(2) Simple-LSTM:使用双向 LSTM 网络来学习上下文信息,通过 Flatten 层进行拉伸,并通过全连接网络来进行分类。

(3) SC-LSTM[111]:使用单向 LSTM 网络来学习上下文信息,通过 Flatten 层进行拉伸,并通过全连接网络来映射到低维空间并进行分类。

(4) BC-LSTM[111]:使用双向 GRU 网络来学习上下文信息,通过 Flatten 层进行拉伸,并通过全连接网络来映射到低维空间并进行分类。

(5) MU-SA[112]:使用双向 GRU 网络来学习上下文信息,并使用 Self-Attention 来捕捉情感显著信息,最后通过全连接网络来进行分类。

从表 8.1 中,不难看出 CRLA 模型在 4 个评价指标中有 3 个取得了最佳效果。相较于 Simple-GRU,该方法在准确率上提升了 3.03%,在 F1 值上提升了 5.32%。除此之外,相较于 MU-SA,该方法在所有评价指标上均有一定的提升。虽然 Simple-LSTM 在精确度上取得了最优结果,但是如图 8.3 所示,从混淆矩阵中可以明显看出本节提出的方法在积极与消极数据上性能更加均衡,而 Simple-LSTM 更适合处理积极数据。

表 8.1　模型对比实验结果表

模　型	Accuracy	F1	Recall	Precision
Simple-GRU	60.44	61.32	59.95	62.80
Simple-LSTM	62.16	62.72	60.89	64.73
SC-LSTM	61.02	63.21	64.01	62.68
BC-LSTM	62.30	64.51	65.57	63.60
MU-SA	62.95	66.22	69.42	63.33
CRLA（ours）	**63.47**	**66.64**	**69.81**	63.89

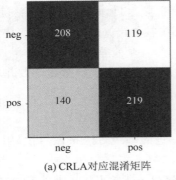
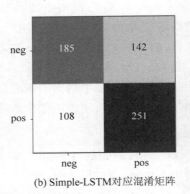

(a) CRLA对应混淆矩阵　　　　　(b) Simple-LSTM对应混淆矩阵

图 8.3　实验结果混淆矩阵

4. 特征对比实验

为了证明从 Constant-Q 色谱图中抽取出来的色谱图特征的有效性,本节在 Simple-LSTM 及所提出的 CRLA 模型上与其他音频情感分类任务中常用的特征进行了对比,用来对比的特征主要包括如下 6 种。

(1) MFCC:对音频信号进行非线性处理,可以抑制高频。

(2) 过零率(ZCR):指信号在短时间内通过零值的次数。

(3) MFCC+ZCR:梅尔倒谱系数与过零率的组合。

(4) openSMILE1582[113]:包含了 MFCC、F0 等共计 1582 维特征,用于 INTERSPEECH 2010 Paralinguistic 挑战赛的特征集。

(5) openSMILE6373[114]:包含了 MFCC、F0 等共计 6373 维特征,用于 INTERSPEECH 2013 ComParE 的特征集。

（6）STFT 色谱图特征（STFT）：通过使用 ResNet 网络从经过短时傅里叶变换得到的色谱图中抽取出来的特征。

从表 8.2 中，可以看出从 Constant-Q 色谱图中抽取出来的色谱图特征无论在 Simple-LSTM 模型上还是 CRLA 模型，性能要明显优于其他几种特征。相较于 MFCC，在 Simple-LSTM 模型上，CQT 色谱图特征在准确率上提升了 5.6％，在 F1 上提升了 6.89％；在 CRLA 模型上，CQT 色谱图特征在准确率上提升了 6.41％，在 F1 上提升了 9.64％。相较于 STFT 色谱图特征，CQT 色谱图特征也在 4 个指标中分别取得了 2.8％、2.24％、3.44％和 4.36％的性能提升。除此之外，通过横向对比 Simple-LSTM 模型与 CRLA 模型在不同特征上的效果，可以看出，CRLA 模型性能几乎在所有特征上均有明显提升，这也从另一方面展示了 CRLA 模型的有效性。

表 8.2　特征对比实验结果表

特　　征	Simple-LSTM		CRLA（ours）	
	Accuracy	F1	Accuracy	F1
MFCC	56.56	55.83	57.06	57.00
ZCR	55.74	61.00	56.79	66.82
MFCC＋ZCR	57.09	57.38	57.00	56.24
openSMILE1582	59.97	61.05	60.06	60.32
openSMILE6373	59.94	62.03	60.03	62.83
STFT	59.36	60.48	60.03	62.28
CQT（ours）	**62.16**	**62.72**	**63.47**	66.64

实验结果表明，CRLA 模型相较于其他基线模型有明显的性能提升，这也证明了本章所提出的 CRLA 模型的高效性。除此之外，在 Simple-LSTM 和 CRLA 两种模型上，Constant-Q 色谱图特征相较于其他几种广泛应用的特征得到了更好的实验结果，这也证明了 Constant-Q 色谱图特征应用于音频情感分类任务是可行的。

8.2　基于异构特征融合的音频情感分类

作为人机交互的关键技术之一，音频情感分类任务得到了越来越多研究者的关注。与文本模态不同，音频模态中所包含的情感信息往往包含在音高、能量、声音力度、响度和其他与频率相关的声音特征的变化中，音频情感分类任务则是通过说话者所说的声音信号来判断其情感状态。近几年，研究工作者提出了很多相关的工作，其中使用了很多种情感相关音频特征，如梅尔倒谱系数、过零率、响度等统计学特征及利用图像算法从频谱图中抽取出来的谱图特征。然而,先前的相关工作中,绝大多数工作都只使用了其中的一类特征作为音频模态的特征表示并用于后续的情感分类任务。由于不同类别的音频特征往往是异构的,它们通常包含了不同层面的情感信息。因此,如果将这些异构特征进行有效的融合,便可以从不同的层面获取说话者的信息,更好地还原说话者语境,捕捉到更多情感相关信息,从而提高音频情感的分类性能。

为了弥补上述方法的缺陷,本节提出了一种用于音频情感分类任务的异构特征融合框架,框架结构如图 8.4 所示。该框架主要分为两个阶段:①上下文无关特征抽取;②上下文相关表示学习。在上下文无关特征抽取阶段,本章首先需要抽取音频对应的频谱特征及统计特征。在抽取频谱特征时,本章首先利用 LibROSA 抽取出每一个音频文件对应的梅尔频谱图,为了从梅尔频谱图中抽取出高质量的频谱特征,本章提出了具有空间注意的卷积模型(residual convolutional model with spatial attention, RCMSA),受到 ResNet 等网络的启发,该网络也采用了类似的模型架构,与之不同的是,在每一个残差块(residual block)中我们都引入了 Spatial Attention 机制用于从梅尔频谱图中捕捉情感显著信息,并将该信息输入模型中,从而更好地引导模型的训练。在抽取统计特征时,本节首先利用 openSMILE 提取出 1582 维的统计特征,为了减少维度差异对不同类别特征性能的影响,本节通过利用全连接层将统计特征映射到低维;在上下文相关表示学习阶段,为了将频谱特征与统计特征进行充分的交互,本节提出了上下文异构特征融合模型(contextual heterogeneous feature fusion model, CHFFM),该网络充分利用了频谱特征和统计特征中的上下文信息,并提出了一种特征协同注意力(feature collaboration attention)来让异构特征之间进行充分的交互。除此之外,本章还提出了一种面向单类特征的基线模型上下文单特征模型(contextual single feature model, CSFM),该网络与 CHFFM 类似,与之不同的是它只有一个输入,并且使用 Self-Attention 替换了 Feature Collaboration Attention,该模型主要用来评价不同类别音频特征的性能,并用于对比来验证异构特征融合的有效性。

8.2.1 频谱特征抽取

为了获取频谱特征,本节首先对每个音频信号数据进行短时傅里叶变化来获取对应的梅尔频谱图,给定一个音频输入 x_n,短时傅里叶变化定义见式(8.11):

$$\sum_{n=-\infty}^{\infty} x(n)w(n-mR)e^{-j\omega n} \tag{8.11}$$

其中,w_n 为窗口函数;R 表示窗口随时间"跳跃"的大小。本节通过 LibROSA 特征抽取工具来抽取原始音频文件对应的梅尔频谱图。首先需要将所有音频文件采样率统一设置为 16 000,然后采用 1024 长度的快速傅里叶变换窗口并将帧与帧之间的重叠长度设置为

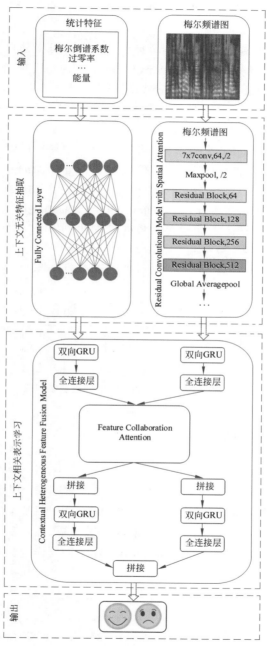

图 8.4 异构特征融合总体框架图

512,最后将频谱映射到梅尔标度,从而获取梅尔频谱图。最终所获取的梅尔频谱图的维度为 120×120×3。

在得到对应的梅尔频谱图特征后,本节提出了具有空间注意的残差卷积模型(residual convolutional model with spatial attention,RCMSA)用于从频谱图中抽取谱图特征,RCMSA 网络结构如图 8.5 所示。首先,频谱图将会进入一个卷积层和一个最大池化层,之后,它将陆续经过 4 个残差块。残差块作为该模型的核心模块,其结构如图 8.5 所示。受到前人工作的启发,该残差块采用残差连接来保持输入数据的原始结构。除此之外,该残差块引入了 Spatial-Attention 来进一步从梅尔频谱图中捕捉情感显著信息,并将这部分信息引入到模型来更好地引导频谱特征的学习过程。Spatial-Attention 定义见公式(8.12):

$$\text{Attention}(\boldsymbol{M}) = \text{Softmax}(\text{Tanh}(\text{Conv}(\boldsymbol{M}))) \tag{8.12}$$

其中,$\boldsymbol{M}$ 表示频谱图的表示向量;Conv 表示一个 1×1 的卷积层。在经过 4 个残差块之后,它将通过一个全局平均池层,最终每个频谱图被表示成一个 512 维的特征向量。

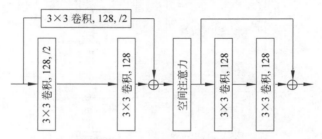

图 8.5　滤波器数目为 128 的残差块结构图

8.2.2　统计特征抽取

本章所使用的音频统计特征是通过 openSMILE 特征抽取工具提取出来的,使用的配置文件为 emobase2010,其中包含了 MFCC、帧能量、ZCR、平均穿越率等多种低级描述符。最终抽取出来的统计特征为 1582 维的特征向量,同时这 1582 维特征向量也作为特征包应用于 INTERSPEECH 2010 Paralinguistic 挑战赛[113]。在得到 1582 维特征向量后,为了减少与频谱特征在维度上的差异,本节使用了两层全连接层,来将统计特征的维度从 1582 维映射到 500 维。

8.2.3　CHFFM

在得到频谱特征与统计特征之后,为了更好地利用上下文信息,本节将数据按照视频进行分组,将同一视频的不同片段按顺序放在一起,最终用于后续上下文相关表示学习的

输入数据维度为 (V, S, F)，其中，V 表示的是视频的数目，S 表示的是视频被切分为片段的最大数目，F 表示的是特征的维度。

为了充分利用上下文信息，本节提出了 CHFFM，CHFFM 模型结构如图 8.4 所示。首先为了学习每一种特征中的上下文信息，频谱特征与统计特征将会分别经过一个双向 GRU 层。之后它们将分别经过一层全连接层，从而将它们映射到同一维度。为了让频谱特征与统计特征能够得到充分的融合，在该模型中，本节提出了一个特征协同注意力机制（Feature Collaboration Attention）。假设将频谱特征 D_m 与统计特征 D_s 输入到 Feature Collaboration Attention 中，则第一步需要计算每种特征的注意力矩阵 $\boldsymbol{M}_m$ 与 $\boldsymbol{M}_s$，计算方法如公式（8.13）和公式（8.14）所示：

$$\boldsymbol{M}_m = \boldsymbol{D}_m \boldsymbol{D}_m^{\mathrm{T}} \tag{8.13}$$

$$\boldsymbol{M}_s = \boldsymbol{D}_s \boldsymbol{D}_s^{\mathrm{T}} \tag{8.14}$$

之后将其分别通过 Tanh 函数与 Softmax 函数来计算得分 N_m 与 N_s，计算方法如式（8.15）和式（8.16）所示：

$$N_m = \mathrm{Softmax}[\mathrm{Tanh}(\boldsymbol{M}_m)] \tag{8.15}$$

$$N_s = \mathrm{Softmax}[\mathrm{Tanh}(\boldsymbol{M}_s)] \tag{8.16}$$

最后将频谱特征与统计特征的注意力得分与特征向量进行交叉相乘得到最终的输出 O_m 与 O_s，计算方法如式（8.17）和式（8.18）所示：

$$\boldsymbol{O}_m = N_m \boldsymbol{D}_s \tag{8.17}$$

$$\boldsymbol{O}_s = N_s \boldsymbol{D}_m \tag{8.18}$$

之后分别将频谱特征与统计特征的注意力输出，$\boldsymbol{O}_m$、$\boldsymbol{O}_s$ 分别与其注意力输入 $\boldsymbol{D}_m$、$\boldsymbol{D}_s$ 进行拼接，计算方法如式（8.19）和式（8.20）所示：

$$C_m = \mathrm{Concat}[D_m, O_m] \tag{8.19}$$

$$C_s = \mathrm{Concat}[D_s, O_s] \tag{8.20}$$

此时 C_m 与 C_s 中均融合了频谱特征与统计特征的信息，因此它们将会分别被输入到另外一个双向 GRU 层，用来学习异构特征融合后的上下文信息，并将学习后的信息进行拼接用于最终的情感预测。

8.2.4　CSFM

为了证明异构特征融合的必要性，本节提出了一个用于分别验证频谱特征与统计特征性能的 CSFM，CSFM 模型结构如图 8.6 所示。该模型与 CHFFM 类似，首先输入模型中的特征将进入一个双向 GRU 层来学习输入特征中的上下文信息，在经过一个全连接层之后，本节使用了 Self-Attention 来替换 Feature Collaboration Attention 用于捕捉输入特征中的重要信息。将 Self-Attention 捕捉到的情感显著信息输入到模型中后，该模型采用另外一个双向 GRU 层来捕捉更高阶的上下文信息并用于情感预测。

图 8.6　CSFM 模型结构

8.2.5　实验与分析

本节将展示所提出的 CHFFM 与 CSFM 在音频情感分类任务上的性能。首先,本节将介绍实验中所用的数据集和模型评价指标;然后,给出模型的详细实验参数设置;最后,将对比所提出的模型与当下最为先进的几种基线方法的实验效果,并进行实验结果的分析。

1. 数据集和评价指标

为了验证模型方法的有效性,本节在国际公开多模态情感数据集 MOSI[64] 及 MOUD[115] 上分别进行了对比实验。MOUD 数据集由西班牙语的产品评论视频组成,其中每个视频切分为多个视频片段,分别标记为正面、负面或中性情感。在实验中,为了和基线模型保持相同实验条件,本节去掉了中性标签。最后,在训练集和验证集中有 59 个视频(322 个话语),在测试集中有 20 个视频(116 个话语)。

本章分别使用 Accuracy、F1 值两个国际标准评价指标来对模型的性能进行评价。为了保证实验结果的有效性,实验过程中分别设置了 5 个随机种子,并将 5 次实验结果的平均值作为最终的实验结果。

2. 实验设置

为了严谨地阐述实验细节,本节详细介绍实验中所使用的全部参数。本节所有模型均使用 Keras 框架实现。在上下文无关特征抽取阶段,残差块所采用的卷积层卷积核大小均为 3×3。在上下文相关表示学习阶段,所用的双向 GRU 网络中神经元数目为 300,每个双向 GRU 网络后面都会跟随着一个神经元数目为 100 的使用 ReLU 激活函数的全连接层,并将 dropout 设置为 0.5。在这两个阶段中每个残差块中第一个和第三个卷积层步长设置为 2×2。除此之外,实验中优化器采用 Adam,损失函数为交叉熵。

3. 模型对比实验结果

为了验证本章所提出 CHFFM 模型的性能,本节将其与先进的基线方法进行了实验效果的对比,相对比的基线方法包括如下几种。① SC-LSTM[111];② BC-LSTM[111];③MU-SA[112]。相关基线已在 8.1.5 节详细介绍。

本节首先基于多模态情感数据集 MOSI 进行了实验,在基线方法上分别使用频谱特征和统计特征进行对比,实验结果如表 8.3 所示,其中,S 表示统计特征,M 表示频谱特征。从实验结果不难看出本章所提出的 CHFFM 模型在准确率和 F1 两个指标上均取得了最优结果。相较于最好的基线实验结果,CHFFM 在准确率上提升了 2.16%,在 F1 上提升了 1.59%。除此之外,本章所提出的 CSFM 模型也分别取得了在频谱特征和统计特征上的单特征最佳效果。相较于 MU-SA,CSFM 使用统计特征在准确率上提高了 0.84%,使用频谱特征在准确率上提高了 0.26%。相较于 CSFM,CHFFM 在准确率和 F1 上均有明显的提升,在准确率上提升了 1.32% 并且在 F1 上提升了 1.72%,这主要是因为 CHFFM 可以从频谱特征与统计特征中学习更加全面的情感信息,获得更丰富的情感特征,通过特征间交互,可以发挥不同特征的优点,互补缺点。

表 8.3 在 MOSI 数据集上模型对比实验结果表

模 型	特征	Accuracy	F1
SC-LSTM	S	52.71	53.96
SC-LSTM	M	56.56	52.74
BC-LSTM	S	57.35	54.56
BC-LSTM	M	55.31	48.96
MU-SA	S	57.58	53.40
MU-SA	M	56.36	52.01
CSFM(ours)	S	58.42	53.27
CSFM(ours)	M	56.62	48.29
CHFFM(ours)	**S+M**	**59.74**	**54.99**

在 MOUD 数据集上的实验结果如表 8.4 所示。与基线方法相比,CHFFM 显著提高了准确率和 F1。与 MU-SA 模型相比,CHFFM 在准确率和 F1 上分别提高了 4.14% 和 5.94%。与 BC-LSTM 模型相比,CHFFM 模型的准确率提高了 7.07%。除此之外,CSFM 也表现出了优异的性能。它不仅分别在频谱特征和统计特征上获得了最佳的单特征准确率,而且将最佳单特征 F1 值从 61.95% 提高到了 66.35%。通过比较 CHFFM 和 CSFM 的实验结果,与 MOSI 数据集的结果类似,CHFFM 相较于 CSFM 在准确率上提高了 3.97%,在 F1 值上提高了 1.54%。同时,这也证明了融合异构特征对音频情感分析的重要性。

表 8.4　在 MOUD 数据集上模型对比实验结果表

模　　型	特征	Accuracy	F1
SC-LSTM	S	61.55	59.42
SC-LSTM	M	65.69	61.70
BC-LSTM	S	58.62	52.70
BC-LSTM	M	64.31	56.04
MU-SA	S	62.93	56.93
MU-SA	M	67.24	61.95
CSFM（ours）	S	63.10	56.52
CSFM（ours）	M	67.41	66.35
CHFFM（ours）	**S＋M**	**71.38**	**67.89**

通过结合在 MOSI 和 MOUD 数据集上的实验结果,可以证实本章提出的方法相较于基线模型具有更好的音频情感分析性能。通过对 CHFFM 和 CSFM 的实验结果进行比较,也证明了融合异构特征可以学习更加全面的情感信息,捕捉更多的情感特征,从而可以提高音频情感分析的性能。除此之外,图 8.7 中显示了在 MOSI 数据集上所有模型的 5 轮实验中的最小和最大准确率。一方面,本章所提出的 CHFFM 方法在最小和最大精度上都优于其他方法,这表明了该模型的有效性。另一方面,CHFFM 的最小精度与最大精度之间的差值是最小的,这说明该模型的性能更加稳定,具有更高的鲁棒性。

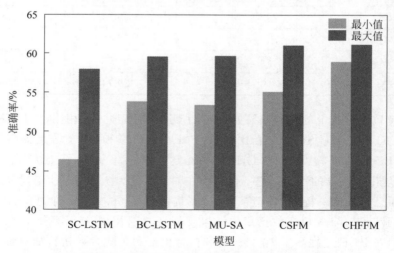

图 8.7　基于 MOSI 数据集不同模型最小和最大准确率

8.3　本章小结

　　本章主要对音频情感分类进行了相关研究。在基于 Constant-Q 色谱图的音频情感分类中,本章通过使用 ResNet 从 Constant-Q 色谱图中提取色谱图特征,设计了一种基于 Self-Attention 的 CRLA 模型用于音频情感分类任务,该模型利用 Bi-LSTM 来学习不同话语之间的上下文信息,同时通过引入 Self-Attention 来捕捉其中的情感显著信息。在国际公开标准数据集 MOSI 上,本章分别进行了模型对比实验及特征对比实验,相较于其他基线方法,本章所提出的方法均取得了最优的性能。在基于异构特征融合的情感分类中,本章提出具有空间注意和卷积模型(residual convolutional model with spatial attention)用于从梅尔频谱图中抽取上下文无关的频谱特征,并设计了 CHFFM 用于将音频模态的频谱特征与统计特征进行交互并进行情感预测。由于这些特征往往是异构的,它们包含了不同层面的信息,所以本章设计了一种 Feature Collaboration Attention,用于融合音频模态的频谱特征及统计特征,从而捕捉更丰富的情感信息。在国际公开标准数据集 MOSI 和 MOUD 上,本章使用的方法取得的音频情感分类性能均优于当前主流的基线模型。

第9章　基于人脸关键点的图片情感分析

视觉情感分析，又称人脸表情识别（facial expression recognition，FER），其目的在于从静态或者动态的人脸图片中判断人物的情绪状态。最早的相关研究可以追溯至 1971 年，Ekman 等[116]将人物的基本情绪定义为 6 大类：开心（happy）、悲伤（sad）、惊讶（surprise）、生气（angry）、恶心（disgust）和害怕（fear）。在此基础上加上无情绪倾向的中性（neutral），则构成了常见的 7 种情绪类别，如图 9.1 所示。

(a) 开心　　(b) 悲伤　　(c) 惊讶　　(d) 生气　　(e) 恶心　　(f) 害怕　　(g) 中性

图 9.1　不同类别的人脸表情图片示例[115]

早期的 FER 方法通常将手工构造的图片特征（如局部二值化模式特征[117]、梯度直方图特征[118]等）与 SVM[119]等传统分类器相结合。此类方法在光照背景均衡、人脸姿态均一的实验室环境数据上取得了不错的判别效果。但是容易受到外部因素的影响，在真实场景数据上表现较差。自 2013 年以来，多个真实场景的人脸表情数据集陆续发布，包括 FER2013[120]、SEFW2.0[121]、RAF-Basic[122]等。与此同时，众多用于提取学习型特征的深层卷积神经网络（deep convolutional neural network，DCNN）被相继提出。这两方面的变化促使研究者开始将更多的目光聚焦于真实场景下的人脸表情识别问题研究。在 2015 年，基于 DCNN 的集成模型[123]在著名的 FER 竞赛（Emotiw2015[121]）中取得了图片赛道的最佳性能。

与 FER 密切相关的一个任务是人脸识别问题，由于人脸识别的数据集规模更大，应用也更为迫切，所以在近些年发展迅猛，在诸多场景下都取得了非常高的识别准确率[124]。近几年，在人脸识别中的相关研究成果也常被用于解决 FER 问题。Ding 等[125]在人脸预训练模型的基础上，采用两阶段的训练方法提升 FER 性能。第一阶段利用大规模的人脸识别数据预训练 DCNN 网络，第二阶段利用小规模的人脸表情数据微调模型参数。实验发现相比于从零开始训练,可以取得显著的性能提升。此外,人脸识别与人脸表情识别本质上都是多分类问题,这使得研究者开始尝试引入类中心和类边缘的思想优化人脸分类的性能。其中一个典型代表是中心损失约束(center loss)[126],其通过约束类内距离,使同一类的样本特征更加聚集,同时利用 Softmax 损失使得类间距离更加分散,有效提升了人脸识别的性能。随后,Cai 等[127]将其成功应用于 FER 问题中,并在中心损失约束的基础上增加了一个角度约束关系,驱动不同类中心成垂直型分布,进一步扩大了类间距离,缩小了类内距离。Li 等[122]也在此基础上提出了一种深度局部保留(deep locality preserve)损失用于学到更具有辨识性的深度特征,可以保留不同类人脸表情的局部细节差异。

此外,有部分学者注意到人脸表情与人脸关键点周围肌肉的扭曲变化密切相关。其中,人脸关键点由人的嘴部、鼻部、眼部、脸颊这 4 个部位的若干个坐标点组成,基本刻画出人的整个脸部全貌,如图 9.2 所示。为此,部分工作将人脸关键点信息引入到人脸表情识别模型中。首先,人脸关键点可用于对齐人脸,对齐后的人脸可以有效缩小数据偏差,加快深度学习模型的收敛和提升模型性能,目前主流的 FER 模型都会将人脸对齐作为数据预处理的一个必要步骤[128]。其次,人脸关键点坐标可被当作人脸特征之一,这种方法在视频级的 FER 问题中尤为重要,通过关键点随时间的变化特点判断人脸部区域的扭动情况,进而辅助分析出人脸的表情变化[129-130]。

图 9.2　人脸关键点示例

结合人脸关键点的上述特点和本章的研究目的,此处将人脸关键点检测(facial landmark detection,FLD)作为 FER 的辅助任务,采用多任务学习的方式同时学习 FLD 和 FER 任务。在多任务学习方式上,本章将基于交叉连接网络 CSN[43],探索性地实现一种新的多任务参数共享网络——基于互注意力的多任务卷积神经网络(co-attentive multi-task convolutional neural network,CMCNN)。9.1 节将详细介绍此网络模型的设计细节。

9.1　CMCNN

9.1.1　设计思想

在传统的 CSN 模型中,将不同任务各通道之间的特征直接进行线性运算,经验性地假设它们之间成一一对应关系。但是,经过不同卷积核处理后的各通道特征之间的关联并不明确,简单的线性运算可能错误地突出非必要特征或消除重要特征。因此,有必要设计一种子结构学习两个任务不同通道特征之间的关联性。为此,CMCNN 在图片的通道维度和空间维度上分别设计一种互注意力结构,用于优化不同任务的特征共享过程,如图 9.3 所示。

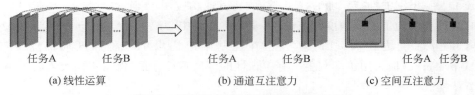

图 9.3　不同任务之间的通道特征关系图

9.1.2　模型整体框图

如图 9.4 所示,CMCNN 采用了两个形式一致的 BaseDCNN 结构作为 FER 和 FLD 单任务的骨干网络。BaseDCNN 结构的内部细节见表 9.1,其由 6 个卷积模块构成,每个卷积模块中包含一个卷积层(Conv),一个批标准化层(Bn),一个 ReLU 激活层(ReLU),以及一个可选的最大池化层(MP),表中省略了批标准化层和 ReLU 激活层。图 9.4 的上半部分是 CMCNN 的整体宏观结构。在两层相邻的卷积模块之间包含一个本章所提

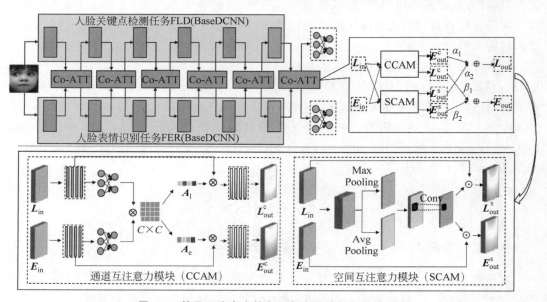

图 9.4　基于互注意力的多任务卷积神经网络模型图

表 9.1 FER 和 FLD 单任务模型的 BaseDCNN 结构

层级	1	2	3	4	5	6	7	8	9
类型	Conv	MP	Conv	MP	Conv	Conv	MP	Conv	Conv
卷积核大小	3	2	3	2	3	3	2	3	3
输出通道数	64	—	96	—	128	128	—	256	256
步长	1	2	1	2	1	1	2	1	1
填充长度	1	0	1	0	1	1	0	1	1

出的互注意力模块(co-attention module,Co-ATT)。Co-ATT 以 $\boldsymbol{L}_{\text{in}}$ 和 $\boldsymbol{R}_{\text{in}}$ 作为输入,为上一层卷积模块的输出,以 L_{out} 和 R_{out} 作为输出,当作下一层卷积模块的输入。其内部包含两个子模块:通道互注意力模块(channel co-attention module,CCAM)和空间互注意力模块(spatial co-attention module,SCAM)。图 9.4 的下半部分是 CCAM 和 SCAM 的展开形式,在 9.1.3 和 9.1.4 两节中将介绍这两个子模块的内部细节。然后,采用类似 CSN 中的交叉连接机制,联合这两个子模块的结果当作 Co-ATT 模块的输出。其目的在于降低特征的冗余性,同时扩大特征之间的共享性:

$$
\begin{bmatrix} \boldsymbol{L}_{\text{out}} & — \\ — & \boldsymbol{E}_{\text{out}} \end{bmatrix} = \begin{bmatrix} \alpha_1 & \alpha_2 \\ \beta_1 & \beta_2 \end{bmatrix} \times \begin{bmatrix} \boldsymbol{E}_{\text{out}}^c & \boldsymbol{L}_{\text{out}}^c \\ \boldsymbol{L}_{\text{out}}^s & \boldsymbol{E}_{\text{out}}^s \end{bmatrix}
\tag{9.1}
$$

其中,α_1、α_2、β_1 和 β_2 是学习型参数。

经过 BaseDCNN 提取脸部特征之后,多层的全连接网络被分别用作 FER 的情感分类任务和 FLD 的关键点位置回归任务。

9.1.3 CCAM

通常,卷积模块的输出包含多个独立的通道特征,这些特征对于最终的结果产生不同的作用。因此,在共享不同任务的通道特征之前有必要给不同的通道特征赋予不同的权重,这正是 CCAM 的核心作用。为了后续的介绍方便,此处假设 C、H 和 W 分别表示通道数量、每个通道特征图的高度和宽度。

图 9.4 的左下部分展示了 CCAM 的内部细节。假设来自 FLD 和 FER 任务的输入数据分别是 $L_{\text{in}} \in \mathbf{R}^{C \times H \times W}$ 和 $E_{\text{in}} \in \mathbf{R}^{C \times H \times W}$。首先,利用两层全连接网络实现特征的非线性转换及特征降维:

$$
\hat{L}_{\text{in}} = f(\hat{L}_{\text{in}}; W_l); \quad \hat{L}_{\text{in}} = f(\hat{E}_{\text{in}}; W_e)
\tag{9.2}
$$

其中,$\hat{L}_{\text{in}}, \hat{E}_{\text{in}}$ 是 L 和 E 沿着空间维度展开后的结果;$\boldsymbol{F}_l, \boldsymbol{F}_e \in \mathbf{R}^{C \times D}$;$D = \delta H \times W, 0 < \delta < 1$。

受到自注意力机制的启发,通过叉积运算计算不同通道特征之间的初始注意力权重:

$$S = \frac{\boldsymbol{F}_e \boldsymbol{F}_l^{\mathrm{T}}}{\sqrt{D}} \in \mathbf{R}^{C \times C} \tag{9.3}$$

然后,沿着不同维度进行分数归一化将得到带有不同任务偏好的注意力结果。在实现上,沿着 S 中第一个维度(矩阵的行方向)计算可得到带有 FER 任务偏好的注意力:

$$S_{ij}^e = \frac{\exp(S_{ij})}{\sum\limits_{k=1}^{C} \exp(S_{kj})}; \quad A_e = \sum_{j=1}^{C} S_{\cdot j}^e \tag{9.4}$$

其中,$S_{\cdot j}^e \in \mathbf{R}^C$ 是 S 中的第 j 列。

类似地,沿着 S 中第二个维度(矩阵列方向)计算可得到带有 FLD 任务偏好的注意力:

$$S_{ij}^l = \frac{\exp(S_{ij})}{\sum\limits_{k=1}^{C} \exp(S_{ik})}; \quad A_l = \sum_{i=1}^{C} S_{i\cdot}^l. \tag{9.5}$$

其中,$S_{i\cdot}^l \in \mathbf{R}^C$ 是 S 中的第 i 行。

最后,将得到的通道注意力 A_e 和 A_l 应用到原始的特征输入中得到 CCAM 模块的输出结果:

$$E_{\mathrm{out}}^c = A_e \odot E_{\mathrm{in}}; \quad L_{\mathrm{out}}^c = A_l \odot L_{\mathrm{in}} \tag{9.6}$$

其中,$\odot$ 表示像素积运算;$E_{\mathrm{out}}^c, L_{\mathrm{out}}^c \in \mathbf{R}^{C \times H \times W}$。

9.1.4　SCAM

不同于 CCAM 模块,SCAM 聚焦于特征的空间维度中各个局部区域之间的关联性。图 9.4 的右下部分展示了 SCAM 模块的详细结构。首先,沿着通道轴拼接输入特征 L_{in} 和 E_{in},联合最大池化和平均池化两种降维操作突出空间区域的局部细节信息[131]:

$$F_{\max} = \mathrm{MaxPool}([L_{\mathrm{in}}; E_{\mathrm{in}}]); \quad F_{\mathrm{avg}} = \mathrm{AvgPool}([L_{\mathrm{in}}; E_{\mathrm{in}}]) \tag{9.7}$$

其中,$F_{\max}, F_{\mathrm{avg}} \in \mathbf{R}^{1 \times H \times W}$。

然后,沿着通道轴拼接 $F_{\max}$ 和 F_{avg} 特征,结合卷积运算得到共享的空间注意力图:

$$A_s = \sigma([F_{\max}; F_{\mathrm{avg}}] \otimes W_s) \tag{9.8}$$

其中,$\otimes$ 表示核参数为 $W_s \in \mathbf{R}^{1 \times 7 \times 7}$ 的卷积操作;σ 是 sigmoid 激活变换。

最终,将 A_s 应用到原始输入 L_{in} 和 E_{in} 中得到 SCAM 模块的输出:

$$E_{\mathrm{out}}^s = A_s \odot E_{\mathrm{in}}; \quad L_{\mathrm{out}}^s = A_s \odot L_{\mathrm{in}} \tag{9.9}$$

其中,$\odot$ 表示像素积运算;$E_{\mathrm{out}}^c, L_{\mathrm{out}}^c \in \mathbf{R}^{C \times H \times W}$。

9.1.5　多任务优化目标

在任务定义上,FLD 是回归型任务,然而 FER 是典型的多分类任务。因此,这两个任务需要采用不同的损失约束。对于 FLD 任务,使用翼状损失(wing loss)[132]作为优化目标:

$$L_{\text{FLD}} = \begin{cases} \omega \ln(1 + x/\varepsilon), & \text{如果 } x < \omega \\ x - M, & \text{其他} \end{cases} \tag{9.10}$$

其中,$x = |y_l - \hat{y}_i|$;ω 和 ε 是两个超参数;ω 限定了非线性部分的变化范围为 $(-\omega, \omega)$,ε 限制了非线性区域的曲率大小。$M = \omega - \omega \ln(1 + \omega/\varepsilon)$ 是一个常数。在实验中,$\omega = 10$,$\varepsilon = 2$。

对于 FER 任务,使用标准的交叉熵损失(cross entropy loss)作为优化目标:

$$L_{\text{FER}} = -\big[y_e \log \hat{y}_e + (1 - y_e) \log (1 - \hat{y}_e)\big] \tag{9.11}$$

其中,y_e 和 $\hat{y}_e$ 分别是真实值和预测值。

最后,整体的多任务优化目标是:

$$L = L_{\text{FER}} + \lambda \cdot L_{\text{FLD}} \tag{9.12}$$

其中,λ 是一个超参数,用于控制 L_{FLD} 的权重。

9.2　实　验　设　置

9.2.1　基准数据集

1. RAF 数据集

RAF 数据集[122]包含 29 672 张真实场景的人脸图片。在这个数据集中,人工标注了 7 类基本的人脸表情或者复合表情。复合表情指同一种人脸图片体现多种不同的情绪,在本章中仅使用了带基本表情标注的 16 379 张图片。其中,12 771 张图片用于训练,3608 张图片用于验证和测试。

2. SFEW2 数据集

SFEW2 数据集[133]是使用最广泛的真实场景下的人脸表情数据集。它包含了 1721 张有效的人脸图片,其中,958 张用于训练,436 张用于验证,327 张用于测试。每张图片都含有表情 7 分类标签。由于 SFEW2 是一个竞赛数据集,测试集被竞赛组织方保留,且无法提交模型用于测试。因此,遵从文献[134]中的设定,本章中仅汇报验证集上的实验结果。

3. CK＋数据集

CK＋数据集[134]由从 118 个主题中收集的 327 个短视频序列组成。所有视频都由志愿者在实验环境下表演生成,视频中人脸表情从中性演化到特定的情绪类别,并维持一段时间。遵从文献[134]中的设定,每个视频序列中的最后三帧图片被用作图片级的表情识别数据。最终,所采用的 CK＋ 数据集中包含 981 张带表情的人脸图片。

4. Oulu 数据集

Oulu 数据集[135]包含从 80 个主题中收集的 2281 个视频。其中,仅有 480 个在正常光线中拍摄的视频被用到后续实验中。与 CK＋类似,对于每个视频,最后的三帧表情丰富的图片被收集用作图片级表情识别。最终,Oulu 数据集中包含 1440 张带表情的人脸图片。

上述 4 个数据集中,人脸表情和关键点标注结果统计如表 9.2 所示。

表 9.2　原始数据集中人脸表情和关键点标注结果统计表

数　据　集	RAF	SFEW2	CK＋	Oulu
表情类别	Happy	Happy	Happy	Happy
	Neutral	Neutral	Contempt	Sad
	Sad	Sad	Sad	
	Disgust	Disgust	Disgust	Disgust
	Fear	Fear	Fear	Fear
	Surprise	Surprise	Surprise	Surprise
	Angry	Angry	Angry	Angry
关键点数量	5 或 37	NA	68	NA

9.2.2　数据预处理

1. 人脸关键点标注

从表 9.2 中可以看出,各个数据集的人脸关键点标注结果差异较大。为了简化实验过程,此处借助成熟的 FLD 工具为所有数据集做统一的关键点标注。本章在实现上,选择了 OpenFace 2.0 工具包[136]获取所有数据集中 68 个人脸关键点位置。

2. 人脸检测和对齐

人脸检测和对齐是表情识别中至关重要的一个环节。除了 RAF 数据集之外,其他 3

个数据集中均没有提供对齐的人脸数据。因此,对于 SFEW2,CK＋和 Oulu 数据集,利用 MTCNN[137]算法进行人脸定位和检测。检测完的人脸图片被缩放至 100×100 的大小。然后,基于三点仿射变换对齐人脸,其中的三点分别指左眼、右眼和嘴唇的位置中心。

3. 数据增强

足够的训练样本可以有效缓解过拟合问题。在不引入外部数据的前提下,本章采用在线的数据增强方法,包括水平或者垂直方向上的镜像变换,旋转变换(旋转角度被控制在±10°之间)。值得注意的是,此过程中需要对人脸和关键点的坐标进行同步转换。

9.2.3　基线方法

在此项工作中,将 CMCNN 模型与下述三个多任务基线方法进行比较。所有的多任务方法都使用同样的 baseDCNN(见表 9.1)作为单任务骨干网络。

HPS　硬参数共享方法 HPS 是一类简单且直观的多任务实现。它采用底层参数完全共享而顶层参数完全分离的结构设计。在本章实现中,两个任务共享同一个 baseDCNN 网络,在最后一个卷积模块后被分离用于实现不同的任务目标。

CSN　交叉连接网络[43]是一种软参数共享方法,其利用交叉连接单元实现不同任务特征的线性融合和共享。在本章实现中,交叉连接单元被加入到每两个相邻网络层之间,包括卷积层和全连接层。

PS-MCNN　部分共享的多任务卷积神经网络 PS-MCNN[138]也是一种软参数共享实现。它在两个单任务骨干网络之间增加了一个额外的共享通道,利用此共享通道实现不同任务网络之间的特征传递和连接。

9.2.4　评价指标

在 FER 任务中,由于数据集中存在严重的类别不均衡现象,因此,除了一般准确率(accuracy)之外,还使用了 Macro F1 指标(F1):

$$\text{accuracy} = \frac{\sum_{i=1}^{N} I(y_i = \hat{y}_i)}{N} \tag{9.13}$$

$$F_{1,\text{macro}} = 2 \frac{\text{recall}_{\text{macro}} \times \text{precision}_{\text{macro}}}{\text{recall}_{\text{macro}} + \text{precision}_{\text{macro}}} \tag{9.14}$$

$$\text{precision}_{\text{macro}} = \frac{\sum_{i=1}^{C} \text{precision}_{C_i}}{C}, \quad \text{recall}_{\text{macro}} = \frac{\sum_{i=1}^{C} \text{recall}_{C_i}}{C} \tag{9.15}$$

$$precision_{c_i} = \frac{TP_{c_i}}{TP_{c_i} + FP_{c_i}}, \quad recall_{c_i} = \frac{TP_{c_i}}{TP_{c_i} + FN_{c_i}} \tag{9.16}$$

其中,N 是样本总量;$I(\cdot)$ 是指示函数,内部条件为真时值为 1,否则为 0;C 是类别数量,C_i 是第 i 个类别的标识。

在 FLD 任务中,使用正规化方均根差(normalized root mean square error,NRMSE)作为评价指标:

$$NRMSE = \frac{1}{M} \sum_{i=1}^{M} \frac{1}{q} \sum_{j=1}^{q} \frac{\sqrt{(x_i^j - \hat{x}_i^j)^2 + (y_i^j - \hat{y}_i^j)^2}}{d_i} \tag{9.17}$$

其中,M 代表训练样本总数;q 是人脸关键点个数;x_i^j 和 y_i^j 是预测坐标;$\hat{x}_i^j$ 和 $\hat{y}_i^j$ 是标签值;d_i 是第 i 个样本的两眼中心距离。NRMSE 越小,代表预测结果越精确。

9.2.5 训练策略和参数设置

1. 训练/测试策略

由于 CK+和 Oulu 没有官方提供的数据集划分设置,因此在这两个数据集上采用十折交叉验证进行效果评价[127]。首先,根据视频主题将所有数据划分为 10 个子集,使得在任意 2 个子集上都不会出现重复的主题。然后在每折实验中,8 个子集用于训练,一个用于验证,另一个用于测试。

2. 超参数设置

所有的方法都使用 Adam 作为优化器,初始学习率被设置为 0.01。每训练 10 个轮次,学习率衰减到原来的 1/10。权重系数为 0.005 的 L2 正则化项被用于约束模型参数。当验证集上的性能在 8 个轮次中没有增加时,便终止整个训练过程。在验证集上表现最佳的模型被用于获取测试集上的结果。为了减弱对比的随机性,每组实验在 5 个随机种子(1,12,123,1234,12345)下进行训练和测试,将 5 轮的平均值用作最终的实验效果。

9.3　实验结果和分析

9.3.1　与基线方法的结果对比

在此部分,将 CMCNN 和 3 个多任务基线模型的实验结果进行对比和分析。此外,单任务基线模型的结果也被列出作为参考。实验结果如表 9.3 和表 9.4 所示。

表 9.3　RAF 和 SFEW2 数据集上的实验结果对比表

模　　型	RAF			SFEW2		
	Accuracy	F1	NRMSE	Accuracy	F1	NRMSE
BaseDCNN(FER)	82.73	74.83	—	32.98	29.82	—
BaseDCNN（FER）	—	—	3.73	—	—	22.3
HPS	83.02	75.21	3.88	35.32	32.33	40.36
CSN	85.10	77.50	4.07	34.03	30.34	35.03
PS-MCNN	84.67	77.12	3.81	35.32	30.92	49.79
CMCNN	85.22	77.97	3.71	37.95	34.95	27.81

表 9.4　CK＋和 Oulu 数据集上的实验结果对比表

模　　型	CK＋			Oulu		
	Accuracy	F1	NRMSE	Accuracy	F1	NRMSE
BaseDCNN（FER）	82.73	93.64	—	83.46	83.46	—
BaseDCNN（FER）	—	—	6.37	—	—	3.32
HPS	94.31	92.21	29.35	80.74	80.64	10.12
CSN	95.59	93.74	23.82	83.54	83.46	9.61
PS-MCNN	96.16	94.42	48.73	83.49	83.41	8.19
CMCNN	96.71	95.48	14.87	85.04	85.35	4.64

1. FER 任务

首先,对比多任务方法和单任务方法的实验结果。在 4 个数据集上,所有的多任务模型都取得了显著的性能提升。这说明 FLD 任务的引入确实可以显著增强人脸表情的识别效果。值得注意的是,模型中所使用的人脸关键点是用算法工具自动标注的,无须人工参与。其次,比较 CMCNN 和其他三个多任务基线模型之间的结果,可以看出 CMCNN 同样取得了更好的效果。特别地,CMCNN 的结果明显优于 CSN 模型,验证了所提出的 CCAM 和 SCAM 模块能够辅助模型学到更有效的任务共享特征。

2. FLD 任务

在 FLD 的实验结果上,多任务模型的性能却低于单任务基线模型。这种现象的产生可能是因为,相比于 FER 任务,FLD 任务有更多的输出单元,更容易产生欠拟合问题。而多任务模型更为复杂,当数据集规模较小时,FER 任务的特征会对 FLD 任务产生负向干扰,导致性能产生明显下滑。因此,两个更大数据集(RAF 和 Oulu)上的效果差距明显小于其他两个更小的数据集(CK＋和 SFEW2)。此外,在多任务基线方法进行比较时,CMCNN 实现了最好的效果。

9.3.2 迁移效果验证

提升模型的鲁棒性是多任务学习最突出的一个优势。为此,在此部分设计了 3 组对比实验,用于验证模型在不同数据场景下的迁移学习能力。

(1) Real & Lab:表示模型在真实场景数据集下进行训练或测试,或在实验室场景数据集下进行测试或训练。

(2) Real & Real:表示训练和测试都在真实场景数据集下进行,但是用于训练和测试的数据集不是同一。

(3) Lab & Lab:表示训练和测试都在实验室场景数据集下进行,但是用于训练和测试的数据集不是同一个。每组实验中包含两轮相互验证,即两轮实验中训练集和测试集互换。由于 Oulu 中的情绪类别比其他数据集少一种(见表 9.2),因此去除了 RAF 和 SFEW2 中的中性情绪以及 CK＋中的生气情绪。所有实验结果在单任务基线模型 BaseDCNN 和所提出的多任务模型 CMCNN 之间对比。

实验结果如表 9.5 所示。首先,在所有的迁移场景中,相比于单任务基线模型,所提出的模型都取得了显著的性能提升。这充分表明多任务方法学到的特征具有更好的通用性以及能够学到更具有迁移能力的特征。其次,比较在 Real & Lab 中的结果,可以发现用真实场景数据预训练的模型效果优于用实验室场景数据预训练的模型。最后,在 Real & Real 和 Lab & Lab 中的结果均表明在更大的数据集下训练的模型有更好的迁移能力。以上结果与经验期望相符。

表 9.5　不同数据场景下的迁移能力测试

类　　别	训练集	验证集	测试集	模　型	Accuracy	F1
Real & Lab	RAF	RAF	CK＋	BaseDCNN	64.90	54.63
	(12 771)	(3068)	(981)	CMCNN	**71.72**	**64.16**
	CK＋	CK＋	RAF	BaseDCNN	35.10	24.00
	(784)	(197)	(15 839)	CMCNN	**37.86**	**26.68**
Real & Real	RAF	RAF	SFEW2	BaseDCNN	40.87	29.85
	(12 771)	(3068)	(1394)	CMCNN	**41.95**	**30.27**
	SFEW2	SFEW2	RAF	BaseDCNN	32.29	20.2
	(958)	(436)	(15 839)	CMCNN	**34.41**	**21.13**

续表

类　别	训练集	验证集	测试集	模　型	Accuracy	F1
Lab & Lab	CK+	CK+	Oulu	BaseDCNN	48.04	36.04
	(784)	(197)	(1440)	CMCNN	**54.54**	**42.96**
	Oulu	Oulu	CK+	BaseDCNN	75.04	62.12
	(1152)	(288)	(981)	CMCNN	**78.21**	**66.39**

9.3.3　特征可视化

此部分的目的在于进一步对比单任务和多任务模型学到的人脸特征分布性差异。为此,利用 t-SNE[139]将最后一层卷积模块的输出降到两维后进行可视化。可视化结果如图 9.5 所示,图中用不同的颜色标记不同情感类别的特征。对比之下,CMCNN 得到的同一类特征之间更加密集,并且离群点的数量也明显少于 DCNN。这表明 CMCNN 可以得到类内更加密集、类间更加分散的表情特征。

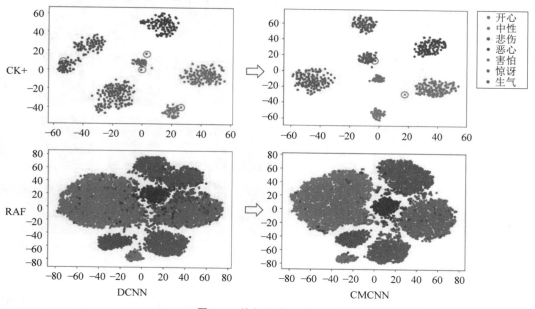

图 9.5　特征降维可视化图

9.3.4 模块化分析

此部分的目的在于探索 CCAM 和 SCAM 两个模块对 CMCNN 整体模型的贡献程度，后续所有的实验都只在 RAF 数据集的 FER 任务上进行。

从图 9.4 中可以看出，超参数 $\beta=[\beta_1,\beta_2]$ 直接控制 CCAM 和 SCAM 对于 FER 任务的贡献权重。由于模型中含有多个 Co-ATT 模块，为了简化，此处假设 β_1 和 β_2 是所有 Co-ATT 模块的均值。特别地，当指定 β_1 或者 β_2 为某个常数时，意味着对所有模块的 β 都赋予了此常数：

$$\beta_1=\frac{1}{6}\sum_{k=1}^{6}\beta_1^k,\quad \beta_2=\frac{1}{6}\sum_{k=1}^{6}\beta_2^k \tag{9.18}$$

首先，将 0.5 作为 β_1 和 β_2 的初始值。随着模型不断地迭代训练，记录保留 β_1 和 β_2 的更新过程，将结果绘制在图 9.6 中。从图中可以看出，在若干次迭代之后，β_1 和 β_2 的值分别收敛于 0.61 和 0.43 附近。这表明 CCAM 在 Co-ATT 中的权重更大，对结果增益的贡献度也更大。

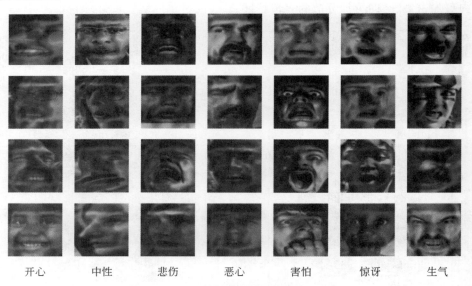

| 开心 | 中性 | 悲伤 | 恶心 | 害怕 | 惊讶 | 生气 |

图 9.6　SCAM 模块注意力的可视化结果

其次，通过给 β_1 和 β_2 赋予不同的固定数值（即让它们不随网络更新而发生变化），更细致地比较 CCAM 和 SCAM 对 FER 结果的影响程度，实验结果如表 9.6 所示。对比发现，当 β_1 的权重增大时，更容易得到较好的实验结果。这与图 9.7 所取得的结论一致。

表 9.6   不同 β 值所取得的实验结果对比表

(β_1,β_2)	Accuracy	F1
$(1.0,0.0)$	84.28	**77.68**
$(0.0,1.0)$	83.83	76.55
$(0.2,0.8)$	83.91	76.61
$(0.8,0.2)$	**84.77**	77.25
$(0.5,0.5)$	83.82	77.57

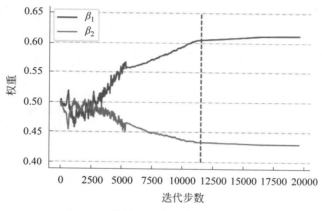

图 9.7   参数 β_1 和 β_2 的更新曲线图

最后,为了验证 SCAM 模块的作用,此部分结合热力图的表现形式,可视化最后一层 Co-ATT 模块中 SCAM 输出的注意力区域图。如图 9.6 所示,红色的区域代表模块所聚焦的区域。从图中可以看出,在不同的人物表情下,SCAM 仍然可以注意到嘴巴、眼睛和其他的脸部扭曲区域。并且,即使存在头部扭曲和手部遮挡的情况下,也能获得合理的注意力区域。

综上分析可知,SCAM 和 CCAM 两个模块对模型都会产生正向效果。对比之下,CCAM 模块对整体效果的增益更加明显,但是在加入 SCAM 模块之后,会取得进一步的效果提升。

9.4 本章小结

本章聚焦于视觉单模态情感分析,在人脸表情识别主任务的基础上引入人脸关键点检测子任务。基于此,本章尝试了多种不同的多任务参数共享策略,并在 CSN 模型的基础上提出了一种新的多任务方法——基于互注意力的多任务卷积神经网络 CMCNN。此网络在共享特征的通道和空间维度上分别加入了任务间的互注意力机制。然后,详细介绍了实验设置和结果分析,通过多方面的实验结果验证了所提出模块的作用和效果。作为一个相对独立的研究内容,本章为后续的研究工作奠定了一定的科学实验基础。

本篇主要针对 3 种不同的单模态情感分析任务分别进行了详细介绍。

首先,通过对现阶段国内外关于文本情感分析问题的研究,对不同文本情感分析方法进行了分类,并总结介绍了各方法所取得的成果,以及分析了每一类情感分析方法的优缺点。

其次,在语音信息的情感分析领域,文章针对如何从音频文件中获取具有代表性的特征,介绍了一种基于 CQT 色谱图的音频情感分类方法,以及一种基于异构特征融合的音频情感分类。并通过大量实验证明,这类方法有效解决了传统的音频特征提取方法的局限性,对后续的情感预测具有显著的效果提升。

最后,在视觉情感分析方面,本章提出了一种新的多任务方法——CMCNN,并详细介绍了实验设置和结果分析,通过多方面的实验结果验证了该模型对视觉情感预测的作用和效果。

第四篇

跨模态信息的情感分析

　　本篇聚焦于文本和音频两个模态,从表征、融合及协同学习 3 个挑战方面,进行了深入探究。本篇首先探讨了对文本和音频模态数据进行特征学习表示的方法,根据文本和音频模态的特点,探讨了分别使用基于迁移学习的文本特征表示方法和基于引入时序特征的音频特征表示方法,并对这些方法进行调优得到较强的模态特征表示。在获得各自模态有效特征表示之后,再基于多层次信息互补的融合方法研究模态间的信息融合方法,使文本与音频结合的跨模态情绪识别性能超过单一模态。其次,在利用上述两项工作成果的前提下,在协同学习层面上使用基于生成式多任务网络的情绪识别方法,使模型不但可以解决模态缺失问题,还具有更强的鲁棒性和可迁移性。最后,在音频和文本跨模态融合层面,面向非对齐序列和对齐序列分别提出了一种跨模态情感分类方法。面向非对齐序列的跨模态情感分类方法可以直接从非对齐的音频与文本模态数据中学习融合表示，并分别利用音频和文本单模态特征表示来对融合表示进行调节；面向对齐序列的跨模态情感分类方法通过引入音频模态信息来辅助文本动态调整单词权重，从而更好地微调预训练语言模型，得到更好的单词级别的特征表示。

第 10 章　跨模态特征表示方法

　　人们使用视频媒体来表达自己的情绪已经成为一种趋势。在人机交互过程中,计算机可以体会并理解人的喜怒哀乐具有非常重要的意义。这可以帮助人类在特定场景中赋予计算机像人类一样的观察、理解能力。根据统计,越来越多的应用程序支持视频发布,如 YouTube、Facebook、推特和抖音等,每天都有数百万个视频通过这些应用程序发布到互联网上。据中国互联网络信息中心发布的第 48 次《中国互联网络发展状况统计报告》显示,截至 2021 年 6 月,我国网络视频用户规模达 9.44 亿,较 2020 年 12 月增长 1707 万,互联网普及率达到了 71.6%,网民使用手机上网的比例更是高达 99.6%,其中使用手机网络购物的用户规模达到了 8.12 亿,占手机网民的 80.3%。以哔哩哔哩的视频 UP 主的"开箱推荐"模式为例,针对特定商品的推荐视频不计其数,UP 主在视频中所表达的主观情绪对商品的销量及评价有重要的导向作用。这些视频包含大量信息,对于这些信息中的情绪识别往往涉及多种模态信息的融合。

　　在这些多模态信息中,文本信息随着 NLP 技术的发展在情绪识别任务上已经取得了很好的效果。文本模态常通过语义信息,使用词嵌入的方式来把握一句话的情绪,但是仅仅通过语义信息来把握情绪是不完整的。音频模态信息更加容易获取,并且它们可以跨越语种的限制。声调的起伏、响度的高低、说话的快慢甚至是说话中的停顿,都包含了大量可以作为判断情绪的特征。而且,在某些情绪(如愤怒和惊奇)中,音频模态比文本模态具有更加明显的情绪特征。当人们在表达这些情绪时,他们说的话往往伴随着剧烈的声音和语调变化。传统处理音频信息的方法,往往是通过 ASR 技术将语音转换成文字,再对其进行情绪分析,这种将语音情绪识别又转换为 NLP 领域的情绪识别方法。不仅有更加繁重的资源消耗,还忽略了音频信息中本身包含的丰富的情绪特征。跨模态的研究可以更好地解决情绪识别问题。

　　如图 10.1 所示,本章针对文本与音频两种模态信息分别采用不同的特征提取方法。针对文本模态信息,本章采用了 BERT 预训练模型,通过使用情绪识别的下游分类任务对整个预训练模型微调(fine-tuning)得到文本模态的特征表示。由于文本模态的特征表示方法已经相对成熟。因此,本章的研究重点放在目前探索较少的音频模态。在音频模态内,本章从不同角度通过特征工程的方法提取了音频模态特征,以及进行了音频模态内的特征融合来得到更加丰富、有效的音频模态情绪表示特征。本章通过在各模态各自表征上的性能改进,得到了更加有效的单模态特征,进而为多模态数据的融合打下了坚实的基础,最终这种有效的单模态表示特征会提升整体情绪识别的准确率。

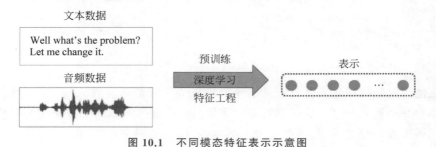

图 10.1   不同模态特征表示示意图

10.1   文本模态特征表示方法

本节首先使用了传统的 word2vec 与 GloVe[90] 工具,从已有的词表之中获取了每个单词 300 维的词向量,该词向量可以度量词与词之间的语义关系以及彼此之间的联系。其中,word2vec 方法主要包含了两种语言模型:连续词袋模型(continuous bag of words,CBOW)和跳字模型(skip-gram)。前者的基本原理为输入已知的上下文,利用负采样和层次级的 Softmax 函数来进行训练,预测位置单词的嵌入表示。后者与 CBOW 相反,是已知当前的词语嵌入来预测其上下文单词的嵌入表示。GloVe 方法解决了 word2vec 没有有效利用每个词语在一个集合中出现词频的缺陷。该方法基于结合了全局词汇共同出现的统计学信息与局部上下文窗口的方法,所得到的词嵌入表示性能得到了进一步的提升。

在迁移学习的基础之上,文本采用了在文本 NLP 领域取得了显著成就的 BERT 预训练模型,该模型在 11 个 NLP 任务上实现了最先进的技术改进,在 SQuAD v1.1 问答数据测试集的 F1 值为 93.2%(指标提升了 1.5%),甚至比人类的表现还要高出 2.0%。文本使用 BERT 预训练模型结合情绪识别的下游任务来提取文本的特征表示。针对多模态数据的特点,本章没有对整个预训练模型进行端到端的参数微调(fine-tuning),而是直接获得预训练模型的上下文嵌入,这是由预训练模型的隐含层生成的每个输入 token 的固定上下文表示形式。在情绪分类任务上,这可以得到和在整个模型进行端到端参数微调相近的实验结果,还可以缓解大多数内存不足的问题。

BERT 基于 Transformer 模型在海量的数据上,通过一个自监督任务,该任务随机地对输入中的一些标记进行掩码,其目标是仅根据上下文预测掩码单词的原始词汇表 ID,在所有层中对上下文进行联合调节来预先训练词向量的深层双向表示,由于是基于 Transformer 的模型结构,该掩码标记是可以融合上下文的,避免长输入中出现的遗漏问题,并且可以准确把握输入样本中所有词与词之间的语义关系与内在联系。如图 10.2 所示,通过抽取出模型最后一层的分类标签(class label)嵌入可以得到整个句子的表示特征,而抽取出模型中最后训练完成的词嵌入($T_1, T_2, \cdots, T_N$)可以得到每个单词的表示特征。

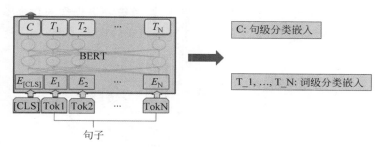

图 10.2 基于迁移学习的文本特征表示方法

10.2 音频模态特征表示方法

本节首先采用特征工程方法分别提取音频信息的统计学特征与时间序列特征,并在此基础上用人工深度神经网络模型进行模态内的融合,提出了一种层次化粒度和特征模型(hierarchical grained and feature model,HGFM)。根据实验室环境下的数据(来源于影视作品的视频数据),预测说话者当时的情绪状态,基于音频模态信息的情绪识别总体流程,如图 10.3 所示。

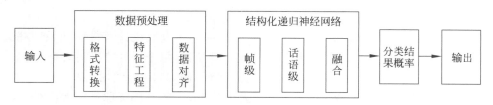

图 10.3 音频模态情绪识别总体流程图

正如机器学习方法应用在图形学、地质学等领域一样,这个工作往往需要相关的专业知识。本章通过对语音信号特点的研究以及相关论文的调研,由于语音数据容易受到数据自身格式、数据不一致性、数据非结构化等问题的侵扰,在进行高阶特征提取和分类预测工作前,还必须对其进行数据预处理工作。

10.2.1　格式转换

首先是数字化工作,该过程指将语音原始数据转换为计算机可以处理的形式。对于不同格式的音频数据,首先统一将音频数据转换为 wav 格式,使用 ffmep 工具对各种格式的音频数据进行统一编码处理,对于单双声道不同的数据,将双声道数据融合,以避免信息丢失。再对不同音频数据进行采样频率统一、声道统一等操作的数据清理与数据归约技术。最后一段音频就可以表示为一个由浮点数组成的矩阵,如图 10.4 所示。

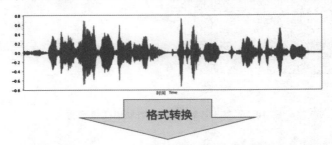

图 10.4　音频格式转换示意图

10.2.2　特征工程

提取音频数据的基本特征有两种常见方法。一种是提取统计学特征,例如,Zhou 等利用 openSMILE[107] 工具包提取音频数据的统计性特征,每个语音片段都会获得 1582 个统计音频特征。另一种是提取含有时序信息的特征,例如,Li 等使用 LibROSA[108] 语音工具包。从原始输入语音中以 25ms 帧窗口大小和 10ms 帧间隔提取音频局部特征,最终提取 41 维音频时间序列特征。

本节基于特征工程的思想及上述方法的调研,对于每一条原始音频数据,本节使用两种音频特征提取工具分别对其进行特征工程处理。首先使用 openSMILE 工具包提取 1582 个统计音频特征(A_i^o),再使用 LibROSA 工具包提取原始音频数据的 33 维帧级时

间序列特征 (A_j^i)，最后对不同长度的特征进行填充补齐。

在提取时间序列特征时，利用 LibROSA 工具包使用窗口函数将长短不一的音频分割成大小相同的音频片段。本节采用 25ms 的帧窗口大小，10ms 的帧间隔和 22 050 的采样率。然后提取 20 维 MFCC，1 维对数基频(log F0)和 12 维恒定 Q 变换(CQT)是时间序列中原始输入音频数据的局部特征。其中，MFCC 是一种在自动语音和说话人识别中广泛使用的特征，声道的形状可以从语音短时功率谱的包络中显示出来，而 MFCC 就是一种可以准确描述这个包络形状的特征，直观上是音色的一种度量。log F0 表示过零率，指在每帧中，语音信号通过零点(从正变为负或从负变为正)的次数。这个特征已在语音识别和音乐信息检索领域得到了广泛使用，是可以对敲击声音进行分类的一种关键特征。CQT 则可以更好地对和弦、和声、节奏等音乐的特性进行表示。本节将这 3 种不同的局部特征在相同的时间轴上进行拼接，总共提取了 33 维帧级音频时间序列上的特征。

在提取统计学特征时，通过 openSMILE 的 INTERSPEECH 2010 超级语言挑战赛配置文件提取了语音数据的统计学特征。该数据集包含的 1582 个特征是由 34 个低级描述符(LLD)和 34 个相应的 delta 作为 68 个 LLD 轮廓值，在此基础上应用 21 个函数得到 1428 个特征。另外，对 4 个基于音高的 LLD 及其 4 个 delta 系数应用了 19 个函数得到 152 个特征，最后附加音高(伪音节)的数量和总数输入的持续时间(2 个特征)。其中，34 个低级描述符(LLD)的名称如表 10.1 所示。

表 10.1　openSMILE 特征说明表

特 征 名 称	特 征 意 义
pcm_loudness	归一化强度提高到 0.3 的幂的响度
mfcc	梅尔频率倒谱系数 0～14
logMelFreqBand	梅尔频带的对数功率 0～7(分布范围内从 0～8kHz)
lspFreq	从 8 个 LPC 系数计算出的 8 个线谱对频率
F0finEnv	平滑的基频轮廓线
voicingFinalUnclipped	最终基频候选的发声概率

10.2.3　数据对齐

由于每条音频数据样本在时间序列上的长度无法保持统一，这非常不利于在使用深度学习神经网络时进行批量处理，因此本节介绍了数据对齐的方法。其目的是统计出构建模型时所需要的训练数据的全部长度并对其进行固定长度的对齐处理。

首先，使用训练所用数据长度的 3 倍均值加方差作为标准长度。对于超过这一长度的奇异值数据进行剔除。然后对于不足该长度的数据进行补齐操作,常用的补齐操作有使用 0 值补齐,使用符合正态分布的随机值补齐,以及使用重复片段补齐。本章中为了最大程度降低数据结构造成的偏差,使用了 0 值补齐作为最终的数据补齐方法。通过在所有递归神经网络中都使用了 mask 机制对 0 值进行了掩模操作,使得在网络传播过程中,这些值不会产生参数更新,也不会影响最终结果。

通过上面介绍的数字化方法和数据预处理方法对数据进行预处理后可以形成高质量的实验数据集,能用来进行下一步的高阶特征提取和模型的训练工作。

10.2.4 高阶特征提取

本节使用的深度学习方法以循环神经网络为核心,简单介绍 GRU[140] 模块的原理。对于本章方法中所使用的递归神经网络模型,使用双向门控循环单元作为基本模块,其典型结构示意如图 10.5 所示。

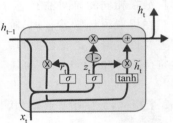

图 10.5　典型的递归神经网络结构图

相比较于已经取得了广泛应用的 LSTM,GRU 只含有两个门控结构,且在超参数全部调优的情况下,与 LSTM 性能相当,但是 GRU 结构更为简单,训练样本较少,易实现。其中主要的两点改变如下。

(1) 将 LSTM 网络中的输入门和遗忘门合并,通过两个动态的参数来控制前面的记忆信息的数据量有多少能够保留到当前。

(2) 直接在隐藏单元中利用门控进行线性的参数自更新。

利用这种结构对时间序列特征进行帧级与语句级不同层级的建模得到高阶特征。在进行高阶特征提取时,本节基于 GRU 模块的特点与音频数据的特点,使用一种 HGFM 的实现方法。其中该模型包含如下两个模块。

(1) 帧级模块:提取音频帧级特征,并通过双向 GRU 网络以语音的方式学习前后的帧信息。

(2) 话语级模块:通过双向 GRU 网络使用融合了统计特征的帧级层次输出,学习包含上下文信息的最终话语表示。

在帧级模块,本节利用了双向 GRU 网络提取包含帧级信息的特征向量,固定每个 A_j^l 的帧窗口数(跳长)。以 A_j^l 作为输入,学习两个方向 h_k 的帧级嵌入,计算方法见式(10.1)和式(10.2)。

$$h_k = \mathrm{GRU}(A_j^l, h_{k-1}) \tag{10.1}$$

$$h_k = \mathrm{GRU}(A_j^l, h_{k+1}) \tag{10.2}$$

式(10.1)和式(10.2)中分别计算了两个方向隐状态的自我注意力。然后连接帧级嵌入向量 $\boldsymbol{f}_{\mathrm{emb}}$、$\boldsymbol{h}_k^{\mathrm{r}}$、$\boldsymbol{h}_k^{\mathrm{l}}$ 和两个方向的 h_j，其中 $\boldsymbol{f}_{\mathrm{emb}} \in \boldsymbol{A}_j^L$。话语级嵌入 $\boldsymbol{u}_{\mathrm{emb}}$ 是通过对上下文框架嵌入进行最大池化而获得的。计算方法由式(10.3)~式(10.5)所示。公式中 $\otimes$ 代表张量积，T 代表转置操作。

$$\boldsymbol{h}_k^{\mathrm{r}} = \mathrm{Softmax}(\boldsymbol{h}_k \otimes \boldsymbol{h}_k^{\mathrm{T}}) \otimes \boldsymbol{h}_k \tag{10.3}$$

$$\boldsymbol{h}_k^{\mathrm{l}} = \mathrm{Softmax}(\boldsymbol{h}_k \otimes \boldsymbol{h}_k^{\mathrm{T}}) \otimes \boldsymbol{h}_k \tag{10.4}$$

$$\boldsymbol{u}_{\mathrm{emb}} = \mathrm{maxpool}(\mathrm{concat}[\boldsymbol{f}_{\mathrm{emb}}, \boldsymbol{h}_k^{\mathrm{r}}, \boldsymbol{h}_k, \boldsymbol{h}_k^{\mathrm{l}}, \boldsymbol{h}_k]) \tag{10.5}$$

在话语级模块，本节使用帧级模块的输出特征，再次通过双向 RGU 网络来学习包含一段对话上下文信息的音频情绪特征向量 $\boldsymbol{A}_j$，计算公式如式(10.6)所示。

$$\boldsymbol{A}_j = \mathrm{GRU}(\boldsymbol{u}_{\mathrm{emb}}, (\boldsymbol{h}_{k-1}, \boldsymbol{h}_{k+1})) \tag{10.6}$$

10.2.5　融合特征

本节主要是对音频数据的不同信息融合的关键步骤，也就是对于不同的特征进行有效融合，使其可以互惠互利，最大程度地涵盖一条音频数据中有关情绪的特征信息。使用一个特征间的注意力机制来注意在这些特征中引起强烈唤醒情绪的重要部分。具体结构如图 10.6 所示。

基于上述高阶特征，进一步融合统计学特征构建情绪识别模型。通过特征工程与层次化的递归神经网络，本章从不同角度得到了关于原始语音数据的时间序列上的高阶特征与统计学特征。前者能够更好地把握一段语音中包含前后信息的变化过程，后者则可以

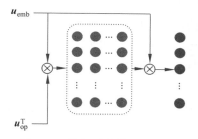

图 10.6　特征融合模型结构图

更好地把握一段语音中更加共性的特点。因此，在模型中融合这两种特征进行分类是很有意义的，也能够得到更好的结果。

利用具有 tanh 激活函数的完全连接层来控制统计特征维度，得到经过非线性变换后的高阶统计学特征 $\boldsymbol{u}_{\mathrm{op}}$，之后将隐藏状态的数量 GRU 与线性变换中的隐藏层神经元数设置为相同数量，以确保高阶特征的输出尺寸大小相同。其中，$\boldsymbol{u}_{\mathrm{O}} \in \boldsymbol{A}_j^O$，并且 $\boldsymbol{u}_{\mathrm{op}}$ 和 $\boldsymbol{u}_{\mathrm{emb}} \in \mathbf{R}^{1 \times d}$，它们具有相同的维度尺寸 d。$\boldsymbol{u}_{\mathrm{op}}$ 的计算方法如式(10.7)所示。

$$\boldsymbol{u}_{\mathrm{op}} = \tanh(\boldsymbol{W}_w \cdot \boldsymbol{u}_{\mathrm{O}} + \boldsymbol{b}_w) \tag{10.7}$$

由于高阶统计学特征 $\boldsymbol{u}_{\mathrm{op}}$ 缺少时间信息，同一语句两个片段之间的依赖关系难以捕捉。这些特征有时仅用于检测具有高唤醒的情绪，如愤怒和厌恶。合并时间序列上的高阶特征有助于得到可以表达更丰富和潜在情绪的特征。因此，使用一个特征间的注意力机制来注意到这些特征中引起强烈的唤醒情绪的重要部分。融合特征 $\boldsymbol{u}_{\mathrm{F}}$ 的计算方法如

公式(10.8)所示。

$$u_F = \text{Softmax}(u_{emb} \otimes u_{op}^T) \otimes u_{emb} \tag{10.8}$$

此时在层次化的递归神经网络中,使用融合特征 u_F 作为话语级模块的输入特征,如公式(10.9)所示。

$$A_j = \text{GRU}(u_F, (h_{k-1}, h_{k+1})) \tag{10.9}$$

最后使用 Softmax 激活函数将这组实向量转换为概率,以交叉熵损失为目标函数,通过目标函数 loss 来优化整体框架。loss 的计算方法如公式(10.10)和公式(10.11)所示。

$$E_j^{pred} = \text{Softmax}(W_{ER} \cdot A_j + b_{ER}) \tag{10.10}$$

$$\text{loss} = -\sum_k y_k \log E_j^{predA} \tag{10.11}$$

得到数据预处理及由特征工程提取的不同特征后,本章的方法是将每种特征在层次化递归神经网络中的不同阶段进行输入。算法整体框图如图 10.7 所示。其中,左下最外层虚线框表示使用 openSMILE 提取音频数据统计学特征在经过全连接层提取高阶特征的过程。内层虚线框表示通过固定时间窗口(长度为 hop_lenth)提取时序性特征的过程。concat 表示在时间维度进行拼接的处理,模型左侧的拼接表示将音频由特征工程得到的基本特征在时间维度上进行拼接,模型右侧的拼接表示将两种基本特征的高阶特征在通过神经网络控制在相同维度后的表示向量上进行拼接。左侧下方的输入数据的黑色箭头表示时间的流动方向,右侧上方的输入数据的最后黑色箭头表示对话过程的说话语言顺

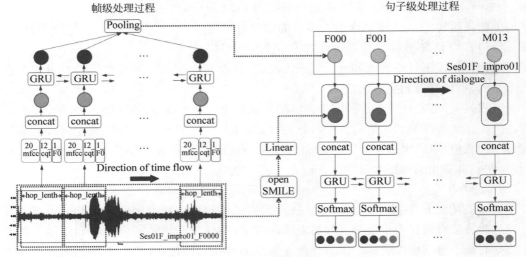

图 10.7　层次化递归神经网络结构图

序流动方向。在帧级(frame-level)结构的处理过程中,每一个固定窗口的音频基本特征经过神经网络学习的高阶表示特征通过最大池化(Pooling)处理来获取每一个句子(输入样本)的高阶表示。在句子级(utterance-level)处理过程中,以一整段包含若干句子的输入集合作为输入,分别预测了每个句子的情绪类别。结构图右下方 4 个小球组成的模块表示最终在 4 种情绪中模型所分别预测的概率值。

10.3　实验与分析

在本节中,将展示 HGFM 在音频情绪识别任务上的性能并证明融合特征的有效性。首先,本节将介绍实验中所用的数据集和模型评价指标。其次,给出详细的实验设置。最后,本节将 HGFM 模型与当下最为先进的几种基线方法进行了模型对比。

10.3.1　数据集和评价指标

本章的实验数据主要基于多种不同情绪的语音样本。这两类数据分别为交互式情绪二元运动捕捉英文数据集(IEMOCAP)、多模态多方对话英文数据集(MELD)。IEMOCAP 在实验室环境下模拟真实场景所录制。MELD 的主要来源是影视作品。这些语音样本数据中都包含了丰富的情绪样本。

上述两类数据一共有 1684 个由至少两人说话构成的一段对话,这些数据中包含不同年龄阶段、不同性别的对话。数据共包含约 19 539 个实例,其中有 13 430 条数据用于现阶段建模,剩余数据用于对模型的测试与完善。在这一阶段中,所使用的 13 430 条数据中,有 3441 条为 IEMOCAP 数据,9989 条为 MELD 数据。本章需要基于这 13 430 条数据通过特征工程提取两种特征并构建预测模型。表 10.2 列出了每个数据集的详细的情绪类别数量。由于 MELD 数据集的分布不平衡,本节在实验过程中为每个情绪类别设置了权重。

表 10.2　IEMOCAP 和 MELD 数据集统计表

数据集	情绪类别/条						
	开心	生气	沮丧	中性	惊喜	恐惧	厌恶
IEMOCAP	1636	1103	1084	1708	—	—	—
MELD	2308	1607	1002	6436	1636	358	361

因为情绪识别是多分类任务,本节采用了加权准确率 WA,未加权准确率 UWA 和 F1 值三个评价指标来评价模型的性能。其中,对于多分类的任务,加权准确率和 F1 值可

以更加公平判断分类结果的整体性能,而不加权准确率则可以更好的反映分类结构在各个类别上的效果。较高的不加权准确率可能是由于某一个类别的极好性能所导致。因此同时使用这 3 个评价指标,可以帮助更全面的分析实验结果,验证模型的性能。

10.3.2　实验设置

本章采用 PyTorch 框架实现了上述所设计的模型。训练过程中的参数设置:训练迭代次数为 200,并且当验证集的 loss 值连续 10 轮不再降低时作为提前终止模型训练迭代的条件。通过网格搜参的方法,进行神经网络中的参数设置:将输出高阶特征最后一个全连接层的维度参数 d 设置为 100,双向 GRU 的隐层状态的维度设置为 300。最后作为分类层前的全连接层包含 100 个神经元。因为音频模态在模型中是通过模态间注意力机制融合的,每个音频特征模型的隐藏状态尺寸设置为 100。所有 GRU 模块的层数设置为 1。超参数的设置采用 Adam 作为优化器,将学习率设置为 0.0001,dropout 率设置为 0.5,每个神经元的激活函数均为 tanh 函数。除此之外,网络中的权值及偏置则由模型训练得到。训练后的权值保存在数据文件中,供其他步骤多次使用。在每个迭代过程开始时,随机调整训练集,以保证实验结果与训练过程的有效性。最后神经网络的输出层数据需要进行归一化处理,以符合实际数据范围。经过 Softmax 函数,神经网络的最终输出 1×4 矩阵取值在 0~1。选取 4 个情绪概率的最大值作为最终分类预测概率。所有实验结果采用 10 次实验的平均结果。

10.3.3　实验结果

在 IEOMCAP 和 MELD 数据集上比较了 4 个基线。如表 10.3 所示,本章提出的 HGFM 模型在 3 个评价指标上均优于最新方法。HGFM ∗ 表示仅利用时序性特征 $\mathbf{A}_i^L$ 作为输入进行预测,HGFM 表示使用融合特征进行预测。其中,在两个数据集上的两类评价指标上,本章所提出的模型都取得了不同程度的性能提升,尤其是在 IEMOCAP 数据集上 UWA 得到了显著改善,实现了 4.4% 的改善。基于以上实验结果,本节进行了进一步的实验分析,首先从不同模型的对比实验角度分析整体模型带来的性能提升原因,然后观察各个情绪的准确率,最后从不同输入特征的对比实验分析了不同的输入特征对于模型性能提升的影响。

1. 模型对比实验

(1)通过分层粒度设计,本章所提出的模型可以更有效地学习音频数据中的情绪识别特征。实验结果准确性的提高有效地证明了这一点。

(2)如预期的那样,表 10.3 所示的实验结果表明,组合特征的性能优于单个特征。如表 10.4 所示,尽管就各种情绪的表现而言,本章所提出的模型中只有中性情绪才能达到最佳表现。但是通过融合的层次特征,模型对每种情绪的预测准确性变得更加平衡,这也是整体表现提高的关键。

表 10.3 整体情绪识别性能表

模　　型	IEMOCAP		MELD	
	WA	UWA	WA	F1
RNN(ICASSP2017)	63.5	58.8	38.4	20.6
BC-LSTM(ACL2017)	57.1	58.1	39.1	17.2
MDNN(AAAI2018)	61.8	62.7	34.0	16.9
DialogueRNN(AAAI2019)	65.8	66.1	41.8	22.7
HGFM * (Our Method)	62.6	68.2	41.4	19.9
HGFM(Our Method)	**66.6**	**70.5**	**42.3**	20.3

注:加粗的数据表示取得的最高性能指标,实验结果均为音频模态的情绪识别实验结果。

表 10.4 IEMOCAP 四分类各种情绪类别的性能表

模　　型	Angry	Happy	Sadness	Neutral
BC-LSTM(ACL2017)	58.37	60.45	61.35	52.31
DialogueRNN(AAAI2019)	88.24	51.69	**84.90**	47.40
HGFM * (Our Method)	**87.98**	38.53	75.80	**70.54**
HGFM(Our Method)	87.84	**54.37**	72.51	67.36

注:加粗的数据表示取得的最高性能指标,实验结果的评价指标为准确率。

2. 特征对比实验

在图 10.8 中可以从视觉上更清楚地看到这一点。可以看出音频数据对于情绪表达

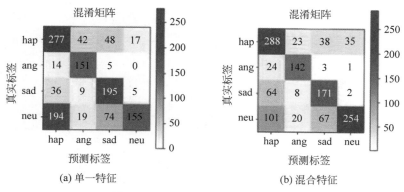

(a) 单一特征　　　　　　　　　　　(b) 混合特征

图 10.8　使用不同特征的混淆矩阵

的方式似乎更加主观,在开心(happy)这一类别中,通过融合特征之后,在预测开心这一情绪类别正确的数量得到了明显的提升,混淆矩阵的正确对角线也更加明显,在不同情绪的预测上变得更加均衡。人们可以使用相对平静的声音来表达快乐。本章所提出的方法通过融合统计学特征和具有时序信息的时序特征,在捕获这些更隐式的信息方面有一定作用。

10.4　不足和展望

本章使用不同的方法分别研究了音频与文本模态的特征表示方法。其中,对于文本模态仅仅使用了当前主流的预训练特征表示学习模型。在未来工作中,希望针对文本模态也可以实现更有效、更有创新价值的表示特征提取方法。同时在这一阶段,仅仅是保证了单模态的特征学习表示的有效性,还没有进行不同模态内的融合。这一部分工作将在第 11 章展开。进一步将本篇的研究内容由"表征"到"融合"进行更深一层的推进。

10.5　本 章 小 结

本章介绍了多模态特征提取的方法,分别基于迁移学习提取了文本模态的特征,以及基于引入时序特征的音频特征提取方法,重点解决了音频模态的有效特征提取。本章建立了 HGFM,并在国际公开多模态数据集 IEMOCAP 和 MELD 上分别进行了模型对比实验与模态内特征的消融实验。大量实验证明了这种新的模型对于在情绪识别任务上提取音频特征表示的有效性。不同粒度(帧级与语句级)的结构可帮助捕获时序数据中更多细微的线索,而结构化特征则可帮助本章所提出的模型从原始音频数据中获得更完整的表示。

第 11 章　基于多层次信息互补的融合方法

物理上,情绪通常是通过组合多模态信息进行表达的[2]。在表达不同的情绪时,每个模态的信息往往具有不同的比例。例如,惊奇和愤怒往往包含较少的文本模态信息,而音频模态信息在识别这两种情绪方面更为重要和有效。针对多模态情绪识别的问题,本章着重对文本和音频两种模态进行了情绪识别研究。

在 Zhang 等的综述工作中,融合不同模态信息是多模态领域中的一项关键技术[141]。提取不同模态特征并寻找互补信息进行融合是解决模态信息缺失、提高多模态情绪识别性能的关键。已有的表示方法通常分为联合表示和协调表示。联合表示的最简单的例子是各种模态特征的直接组合。Akhtar 等[59]提出了一个深度多任务学习框架,该框架共同执行情感(Sentiment)和情绪(Emotion)分析。

但是,这些代表性的融合方法在很大程度上依赖于有效的特征输入。如果没有某些模态特征信息,也无法完成识别任务。同时,多任务联合学习子任务大多通过损失函数直接相互交互,缺乏进一步捕获子任务之间相关信息的方法。

为了应对这些挑战,本章没有使用统一的框架来学习不同模态信息的特征表示,而是针对不同的模态构建了不同的神经网络模型来学习特征表示,以更有效地利用丰富的模态资源。重点讨论了一种使用辅助模态来监督训练的多任务情绪识别模型,该模型可以拟合出辅助模态(资源丰富监督训练的模态,如文本模态)对应的目标模态(资源贫乏需要进行预测的模态,如音频模态)的情绪识别特征向量。通过最大化目标模态与辅助模态的相似性,提高情绪识别任务的性能。

将本书第一篇的多模态特征表示方法探讨作为基础,应用于这一章。在文本模态中,使用 word2vec 预训练词典进行嵌入并透过双向递归神经网络以获取包含上下文信息的高阶特征仍然是一种主流且有效的方法。Jiao 等使用分层门控递归单元网络专注于在话语级别探索文本模态的特征表示[142]。在音频模态中,本章将现有基于特征工程的特征表示分为两种:局部特征和全局特征。局部特征包括语音片段在内的信号是稳定的。全局特征是通过测量多个统计数据(如平均、局部特征的偏差)来计算的。同时考虑这两种特征的原因是全局特征缺少时间信息,并且在两个片段之间缺乏依存关系。根据不同特征的特点,本章使用深度学习方法将它们融合在一起,这可以帮助获得更有效的音频模态表示信息。

在分类任务设置上:情感分类分支包含用于分类的 Softmax 层,而对于情绪分类,每种情绪分别使用 Sigmoid 层。Xia 等[143]提出了一个解决情绪诱因提取(ECPE)任务的两步框架,该框架首先执行独立的情绪提取或者诱因提取,然后进行情绪-诱因配对和过滤。为了进一步获得任务之间可以相互促进的信息,本章提出了一种计算音频和文本模态之间的相似度作为辅助任务的方法,以便一个任务的预测值将直接参与另一个任务。

11.1　方　　法

给定一组对话 $D=[d_1,d_2,\cdots,d_L]$,其中,L 表示对话的数量。$d_i=[u_{i,1},u_{i,2},\cdots,u_{i,N_i}]$,其中,$N_i$ 是每一段对话中句子的数量。在每个句子中,由文本模态数据 $\boldsymbol{T}$、音频数据 $\boldsymbol{A}$ 和情绪类别 $\boldsymbol{E}$ 组成。对于第 i 个对话中的第 j 个句子:$u_{i,j}=\{(\boldsymbol{T}_j,\boldsymbol{A}_j,\boldsymbol{E}_j)\}_{j=1}^{N_i}$,其中,$\boldsymbol{E}_j$ 表示每个句子所表示的情绪类型,如愤怒、开心、悲伤和中性。本章针对这两个模态的特征表示模块将学习到的表征向量控制在同一维度。$\boldsymbol{T}_j\in\mathbf{R}^{n\times m}$ 和 $\boldsymbol{A}_j\in\mathbf{R}^{n\times m}$ 分别表示每个句子的文本和音频模态样本。

本章旨在通过计算模态之间的距离来推断情绪,同时拟合另一个模态的特征矩阵。因此,本章有 3 个任务。前两个任务,分别计算在文本和音频模态的情绪预测向量和生成模态向量。在第三个任务中通过这两两成对的不同模态向量,例如,生成的文本模态向量与音频模态向量的融合后再次预测情绪值。表达式如式(11.1)～式(11.3)所示。根据任务与问题定义,介绍了用于多模态情绪分类的多任务神经网络的通用框架。

$$f_{\text{emotion}}^{\boldsymbol{T}}(\boldsymbol{T}_j)\Rightarrow\boldsymbol{E}_j^{\text{pred}T},\boldsymbol{A}_j^{\text{pred}} \tag{11.1}$$

$$f_{\text{emotion}}^{\boldsymbol{A}}(\boldsymbol{A}_j)\Rightarrow\boldsymbol{E}_j^{\text{pred}A},\boldsymbol{T}_j^{\text{pred}} \tag{11.2}$$

$$f_{\text{distance}}(\boldsymbol{T}_j^{\text{pred}},\boldsymbol{A}_j),(\boldsymbol{A}_j^{\text{pred}},\boldsymbol{T}_j)\Rightarrow\boldsymbol{E}_j^{\text{pred}T},\boldsymbol{E}_j^{\text{pred}A} \tag{11.3}$$

本节基于 Poria 等的句子级上下文 LSTM 网络进行了进一步的改进[111]。本章的总体框架如图 11.1 所示,其主要改进包括两方面:①模态表示模块,利用局部特征和全局特征融合提取音频句子层特征,并通过双向提取文本句子层特征方向 GRU 模型;②多任务学习模块,计算模态特征向量相似任务与情绪识别任务的互惠互利。在以下文中将提供有关这两个方面的更多详细信息。其中虚线框用于计算真实模态和预测模态之间的距离。

11.1.1　模态表示模块

根据不同模态的特征,除了在模态中使用不同的特征融合以进一步增强模态表示的

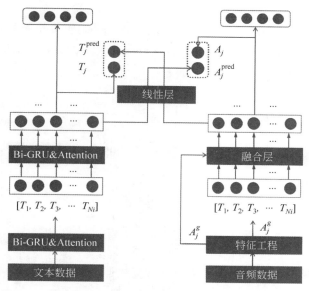

图 11.1　模态相似性和情绪识别多任务（MSER）总体架构图

鲁棒性和有效性外，本章还采用了不同的方法来提取不同模态的情绪特征。

（1）文本特征提取与句子级方法类似，利用双向 GRU 网络模型来提取包含单词级上下文信息的特征向量。对于每一个 $\boldsymbol{T}_j = (w_1, w_2, \cdots, w_{M_k})$，其中，$M_k$ 是每一个句子 T_j 的单词数量。当 T_j 作为输入时，本章使用 GRU 网络双向学习句子级的嵌入表示，计算方法如式（11.4）和式（11.5）所示。

$$\boldsymbol{h}_k = \text{GRU}(\boldsymbol{T}_j, \boldsymbol{h}_{k-1}) \tag{11.4}$$

$$\boldsymbol{h}_k = \text{GRU}(\boldsymbol{T}_j, \boldsymbol{h}_{k+1}) \tag{11.5}$$

基于 Jiao 等的方法。计算每一方向的隐状态自注意力值，然后与单词级的嵌入进行拼接[142]。本节通过对上下文单词进行最大池化处理到句子级的嵌入表示。再利用一个带有 tanh 激活函数的全连接层将文本模态的最终输出维度控制在 d 维。计算方法如下式（11.6）～式（11.9）所示。式中，$\otimes$ 代表张量积；T 代表转置。

$$\boldsymbol{h}_k^r = \text{Softmax}(\boldsymbol{h}_k \otimes \boldsymbol{h}_k^{\text{T}}) \otimes \boldsymbol{h}_k \tag{11.6}$$

$$\boldsymbol{h}_k^l = \text{Softmax}(\boldsymbol{h}_k \otimes \boldsymbol{h}_k^{\text{T}}) \otimes \boldsymbol{h}_k \tag{11.7}$$

$$\boldsymbol{u}_{\text{emb}} = \text{maxpool}(\text{concat}[\boldsymbol{w}_{\text{emb}}, \boldsymbol{h}_k^r, \boldsymbol{h}_k, \boldsymbol{h}_k^l, \boldsymbol{h}_k]) \tag{11.8}$$

$$\boldsymbol{u}_T = \tanh(\boldsymbol{W}_w \cdot \boldsymbol{u}_{\text{emb}} + \boldsymbol{b}_w) \tag{11.9}$$

在话语级模块，使用帧级模块的输出特征，再次通过双向 GRU 网络来学习包含一段对话上下文文本信息的情绪特征向量 $\boldsymbol{T}_j$，计算公式如式（11.10）所示。

$$\boldsymbol{T}_j = \mathrm{GRU}(\boldsymbol{u}_T, (\boldsymbol{h}_{k-1}, \boldsymbol{h}_{k+1})) \tag{11.10}$$

（2）音频特征提取与文本模态不同，人类几乎不可能使用相同的信号特征在现实世界中复制相同的单词。因此，本节的研究针对的是句子级的方法，如图 11.2 所示。

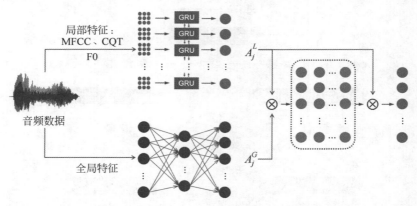

图 11.2 音频模态全局特征和局部特征融合神经网络的结构

对于音频信号中的局部特征与全局特征，本节采取了不同的提取方式。其中对于包含时序信息的局部特征表示，本节在完整的时间段内分别提取音频数据不同的数字化特征，如 MFCC、F0 等；对于全局特征表示，使用了 openSMILE 特征提取工具。对于不同长度的音频信号都可以在统计学方法的基础上提取相同维度的特征。受 Slizovskaia[144] 等的工作启发，使用神经网络可以有效地处理原始音频数据。但是与 Badshah[145] 不同的工作是，本节的方法是仅提取它们的高阶特征，分别在线性网络（linear network）上使用双向 GRU 网络和 ReLU 激活函数，并将它们控制在相同的尺寸 d 上。对于每一个 $\boldsymbol{A}_j$，$\boldsymbol{A}_j = (\boldsymbol{A}_j^l, \boldsymbol{A}_j^g)$，其中，$\boldsymbol{A}_j^l \in \mathbf{R}^{d_o \times d_1}$，$\boldsymbol{A}_j^g \in \mathbf{R}^{d_2}$。计算方法如式（11.11）与式（11.12）所示。

$$\boldsymbol{A}_j^L = \mathrm{GRU}(\boldsymbol{A}_j^l, (\boldsymbol{h}_{k-1}, \boldsymbol{h}_{k+1})) \tag{11.11}$$

$$\boldsymbol{A}_j^G = \mathrm{ReLU}(\boldsymbol{W}_d \cdot \boldsymbol{A}_j^g + \boldsymbol{b}_d) \tag{11.12}$$

本章将 GRU 的隐藏状态数设置为与线性转换中的隐藏层神经元数相同。其中，$\boldsymbol{A}_j^l$ 和 $\boldsymbol{A}_j^G$ 经过神经网络学习后，各自具有相同的维度 d。由于统计性的全局特征缺少时间信息和两个时间片段之间的依赖信息。它们在用于检测高唤醒的情绪效果较好，如愤怒和厌恶。当融合了包含时序信息的局部特征之后可以学习出更丰富和潜在情绪的特征向量。因此，本章使用在第 10 章提到的方法，对音频模态使用了模态内的注意力机制。通过这样的方法在局部高阶特征中学习这些可以引起强烈的唤醒情绪的特征表示向量。计算公式如式（11.13）所示。

$$\boldsymbol{u}_A = \mathrm{Softmax}(\boldsymbol{A}_j^l \otimes \boldsymbol{u}_j^{gT}) \otimes \boldsymbol{A}_j^l \tag{11.13}$$

11.1.2　模态相似度和情绪识别多任务

本章提出的多任务是在使用一种模态进行情绪识别的同时生成另一种模态的特征向量。使用一种具有生成预测特征向量的方法,然后探索计算特征向量相似度的方法,最后研究了使用该任务与情绪识别任务相互作用的方法。

在 11.1.1 节中,通过神经网络将两种模态的特征向量控制在相同维度。获得这两种模态的高阶向量后,训练了一个具有相同尺寸的矩阵,以将另一个模态与具有 ReLU 激活函数的全连接层连接起来,如图 11.1 所示。计算方法如式(11.14)和式(11.15)所示。

$$A_j^{\text{pred}} = \text{ReLU}(W_{\text{pre}} \cdot T_j + b_{\text{pre}}) \tag{11.14}$$

$$T_j^{\text{pred}} = \text{ReLU}(W_{\text{pre}} \cdot A_j + b_{\text{pre}}) \tag{11.15}$$

音频模态的高阶特征 A_j 被当成标签来监督由文本模态生成的音频预测特征 A_j^{pred} 的训练过程。对于每一个 A_j 和 A_j^{pred} 其中,$A_j = (A_{j,1}, A_{j,2}, \cdots, A_{j,d})$,$A_j^{\text{pred}} = [A_{j,1}^{\text{pred}}, A_{j,2}^{\text{pred}}, \cdots, A_{j,d}^{\text{pred}}] \in \mathbf{R}^{1 \times d}$。利用余弦相似度(cosine similarity)来计算这两者的距离。对于文本模态,也使用了相同的方法。其中,计算相似度的公式如式(11.16)和式(11.17)所示。

$$\text{similarity} = \frac{\sum_{i=1}^{N_i} A_{j,i} A_{j,i}^{\text{pred}}}{\sqrt{\sum_i^{N_i} A_{j,i}^2} \sqrt{\sum_i^{N_i} A_{j,i}^{\text{pred2}}}} \tag{11.16}$$

$$\text{distance} = 1 - \text{similarity} \tag{11.17}$$

其中,式(11.17)中 similarity $\in [-1,1]$,distance $\in [0,2]$。这个距离拟合得越小,生成模态之间的适应性效果就越好。

在情绪识别任务中,将最高隐藏层神经元的数量设置为情绪类型的数量,并使用 Softmax 激活函数将这组真实向量转换为概率。最后,将交叉熵损失作为目标函数。也将相同的功能用于文本形式。情绪识别任务的损失函数的计算方法如式(11.18)与式(11.19)所示。

$$E_j^{\text{predA}} = \text{Softmax}(W_{\text{ER}} \cdot A_j + b_{\text{ER}}) \tag{11.18}$$

$$\text{loss}_A = -\sum_k y_k \log E_j^{\text{predA}} \tag{11.19}$$

通过该余弦距离和交叉熵,构造了整个模型的目标函数。通过对以下目标函数来优化框架,该框架可以同时训练模态相似性任务参数和情绪识别任务参数。目标函数的计算方法如式(11.20)~式(11.22)所示。

$$L_A = (1-\lambda) \cdot \text{loss}_A + \lambda \cdot \text{distance}_A \tag{11.20}$$

$$L_T = (1-\lambda) \cdot \text{loss}_T + \lambda \cdot \text{distance}_T \tag{11.21}$$

$$L_A = (1-\mu) \cdot L_A + \mu \cdot L_T \tag{11.22}$$

其中,式(11.22)中权值 λ、$\mu \in [0,1]$ 用来调节不同任务对于整体框架的影响。特殊情况下,当 $\lambda=0$ 时,整个框架中就只有情绪识别任务;当 $\lambda=1$ 时,整个框架中只有模态生成任务。当 $\mu=0$ 时,只有音频模态被训练,当 $\mu=1$ 时,只有文本模态被训练。

11.2 实验与分析

11.2.1 数据集

本章的实验是在两个多模态情绪数据集 IEMOCAP 与 CMU-MOSI 上进行的。其中,IEMOCAP 数据集与第 10 章一样使用了 4 种情绪类型标签,而 CMU-MOSI 数据集则是积极与消极的二级性情感分类数据集。表 11.1 和表 11.2 列出了每个数据集的详细统计数量情况。

表 11.1　IEMOCAP 数据集的句子统计数量

句子数量/条			情绪/条			
训练	验证	测试	开心	生气	悲伤	中性
3441	849	1241	1636	1103	1084	1708

表 11.2　CMU-MOSI 数据集的句子统计数量

句子数量/条			情绪/条	
训练	验证	测试	积极	消极
1328	234	637	1176	1023

IEMOCAP 数据集[65]包含以下标签:愤怒、开心、悲伤、中性、兴奋、沮丧、恐惧、惊奇等。详细信息见第二篇相关内容的介绍,在此不再赘述。

CMU-MOSI 数据集[64]仅考虑两类情绪:积极和消极。每个话语标签由 5 个注释器在 +3(强阳性)至 -3(强阴性)之间得分。本实验将这 5 个注释的平均值作为情绪极性。然后,将情绪极性得分大于或等于 0 的那些视为积极,将其他的视为消极。本实验将前 62 个独立的视频片段用作训练和验证集,其余的用作测试集。本实验得到的训练,验证和测试集分别包含 52、10 和 31 个对话片段。

11.2.2 数据预处理

基于第 10 章的工作,进行了类似的数据预处理工作,但文本数据,在这里使用了

word2vec 方法用于与其他基线模型进行公平的对比。以下是两个模态的预处理工作的简单回顾。

文本数据：参照 Jiao 等的工作[142]。将所有文本内容拆分为对应的标记，将所有单词都小写并保留非字母数字，例如："?"和"!"，并根据提取的单词和符号构建字典。本篇采用了公开可用的 300 维 word2vec 向量，这些向量在谷歌新闻的 1000 亿个词上进行了预训练，以此来代表词向量。

音频数据：分别利用 LibROSA 和 openSMILE 工具包提取音频特征。20 维 MFCC，1 维对数基频和 12 维恒定 Q 变换是时间序列中原始输入音频数据的局部特征。使用 25ms 的帧窗口大小，10ms 的帧间隔和 22 050 的采样率。总共提取了 33 维帧级音频局部特征。本章通过 INTERSPEECH 2010 超级语言挑战赛提取了音频的全局特征。本章实验获得了 1 582 个音频全局性的统计特征。

11.2.3　评价指标

在 IEMOCAP 数据集中采用了 2 个评价指标：加权准确性（WA）和未加权准确性（UWA）。由于 CMU-MOSI 数据集上的二极性分类。本节采取了 UWA 和 F1-测量值（F1-measure）作为评测指标。具体如式（11.23）～式（11.25）所示。其中，式（11.23）与式（11.24）中的 c 表示需要进行分类的类别，p_c 表示当前情绪 c 所占所有类别的比例，a_c 表示在当前情绪 c 下分类正确的样本数量。式（11.25）中的 Recall 表示召回率，该指标表示在当前情绪 c 下正确被分类的样本占当前所有应该被分类的情绪样本的比例。

$$WA = \sum_{c=1}^{|c|} p_c \cdot a_c \tag{11.23}$$

$$UWA = \frac{1}{|c|} \sum_{c=1}^{|c|} a_c \tag{11.24}$$

$$F1\text{-measure} = \frac{2 \cdot UWA \cdot Recall}{UWA + Recall} \tag{11.25}$$

11.2.4　训练细节和参数设置

本实验采用 PyTorch 框架来实现整体的模态相似性和情绪识别多任务模型。在每个训练时期开始时随机打乱训练集。在提取文本和声音模态特征的过程中，通过网格搜参的方法，本章将最后一个维度参数 d 设置为 100。当在句子级别上进行上下文信息学习时，双向 GRU 的隐藏状态的维度设置为 300。最后一个完全连接层包含 100 个神经元。音频模态的不同特征是在模态内进行拼接的,每个音频特征模型的隐藏状态尺寸设置为 50。所有 GRU 模块的层数设置为 1。采用 Adam 函数[146]作为优化器,将学习率设置为 0.0001。终止训练的条件是验证集的 loss 值连续 10 轮不再下降。

由于在多分类的数据集中各个样本可能会存在样本分布不均匀的情况,如表 11.1 所示。在 IEMOCAP 数据集的中性情绪数量要比悲伤情绪多 600 条左右,如何让模型在训练过程中更加关注类别较少的情绪样本对于提升模型整体的分类性能有着重要的意义。参考 Jiao 等的方法[142],本节在进行训练时引入了一个损失函数的损失权重(loss weight)。将损失权重赋值为 $\omega(c_j)$ 与 c_j 每一类训练话语的情绪数量与整体样本数量的反比,用 I_c 表示,为少数类别分配更大的损失权重,以缓解数据失衡问题。不同之处在于,添加一个常数 α 调整平滑度的分布。具体实现方法如式(11.26)所示。

$$\frac{1}{\omega(c)} = \frac{I_c^{\alpha}}{\sum_{c'=1}^{|c|} I_{c'}^{\alpha}} \tag{11.26}$$

11.2.5　对比基线

本章将提出的模型的各个模块分别与以下一些当前最新的基线模型进行比较。

(1) BC-LSTM 可以包含句子级双向上下文信息 LSTM,使用 CNN 提取的多模态特征。

(2) MDNN[147]半监督的多路径生成神经网络,通过 openSMILE 提取音频特征。

(3) HiGRU[142]是一个分层的 GRU 框架,文本模态特征由较低级别的 GRU 提取。

(4) HFFN[148]使用双向 LSTM,直接连接不同的局部交互作用,并将两个级别的注意力机制与 CNN 提取的多模态特征整合在一起。

11.2.6　实验分析

(1) 使用辅助模态监督训练的情绪,识别神经网络的性能,分析在 IEOMCAP 和 MOSI 数据集上比较了 4 个基线。如表 11.3 所示,本章首先分别在文本与音频两个单模态上进行了实验。本章所提出的 MESR 模型在 4 个评价指标上均优于当前基线方法。音频模态 UWA 在 IEMOCAP 数据集上有显著改善。文本模态的 WA 和 UWA 均也有所改善。分别实现了 0.5% 和 0.7% 的提升。在 CMU-MOSI 数据集上,文本和音频模态的 F1 值分别比最好的基线模型分别提高了 0.7% 和 0.3%。基于以上实验结果,分析如下。

表 11.3　IEMOCAP 和 CMU-MOSI 数据集的性能表

方　　法	模态	IEMOCAP		CMU-MOSI	
		WA	UWA	F1	UWA
BC-LSTM	T	73.6	74.7	77.6	78.1
	A	57.1	58.1	59.3	60.3
MDNN	T	65.8	66.9	68.9	69.4
	A	61.8	62.7	50.2	49.8
HiGRU	T	82.1	80.6	72.8	72.8
	A	57.8	62.1	48.7	48.1
HFFN	T	81.5	NA	78.5	78.6
	A	57.8	NA	48.3	48.1
MSER (Our method)	T	82.6	81.3	79.2	79.3
	A	59.2	65.4	50.5	51.5

注：带下画线的结果是由推导得出的,而 NA 表示该结果无法从原始论文中获得,黑体表示取得的最高性能指标,T 表示文本模态,A 表示音频模态。

　　在文本模态上,该模型对提高精度有一定的作用。MOSI 数据集是一种情感二分类任务,但是在该数据集上两种模态的 F1 分数已得到改善,表明本章所提出的模型在基于情感极性的分类实验结果上获得了更加平衡的识别结果,这避免了大多数预测都只具有一种情感类型情况下的尴尬,验证使用 MESR 模型可有效地提升准确性。另外,由于在 IEMOCAP 数据集上音频模态上的改进效果比文本模态更胜一筹,这不但表明了文本模态对音频模态更有帮助。也表明了本章所提出的融合方法的有效性。实现了利用文本模态的高阶特征通过一个相似度任务来改善音频模态的高阶特征的方法。音频模态由于其本身的特点,在情绪识别任务上的难度较高,本章基于多层次信息互补的融合方法虽然还没有第 10 章中使用单独音频模态的性能更高,但是本章探索的是模态之间的融合性能。基于这样的实验,后续融合文本模态特征之后,模型取得了更好的性能改进。

　　文本模态在 IEMOCAP 数据集的所有模态上的性能都有所提高,但在 MOSI 数据集上却没有显著提高。这是由于从 YouTube 抓取的 MOSI 数据集是从实际情况中获得的数据,而 IEMOCAP 数据集是基于演员的表演在实验室条件下获取的数据,MOSI 数据集中各个样本所表达的情绪可能更加细微,难以捕捉。因此,模型还需要对更多句子隐藏情绪特征识别的改进。

　　(2) 融合模态特征的实验分析如表 11.4 所示,本章所提出的 MSER 模型在融合文本与音频两种模态上相较于已有的基线模型取得了显著的提升。由于在单情绪类别上的实验结果在很多基线模型的论文中无法直接获得,因此主要对比在整体性能上的效果。无论是 WA 还是 UWA,都取得了更好的效果。在 WA 上所取得的 1.9% WA 提升。证明本章的融合方法是真正有效的,不但可以预测更多的情绪,而且还可以更加均衡地预测每种情绪类别。

表 11.4　融合模态在 IEMOCAP 数据集实验结果

方　　法	情　　　绪				整　　体	
	生气	开心	悲伤	中性	WA	UWA
BC-LSTM	77.2	79.1	78.1	69.1	75.6	75.9
MDNN	NA	NA	NA	NA	75.2	76.7
HFFN	NA	NA	NA	NA	80.4	NA
MSER	82.4	88.0	81.6	76.0	**82.3**	**82.0**

注:带下画线的结果是由推导得出的,而 NA 表示该结果无法从原始论文中获得,黑体表示取得的最高性能指标。

　　本章使用非端到端技术来实现原始输入模态和预测生成模态的融合,作为最终的性能检测方法。MSER 模型训练后分别获得的预测生成模态(A^{pred}, T^{pred}),预测生成模态用于替换模型测试阶段中的原始输入模态之一(T 或者 A)。融合实验($A^{pred}+T$, $T^{pred}+A$)的结果如图 11.3 所示,通过混淆矩阵可以更加直观地发现:音频模态在融合预测生成的文本模态特征向量后,预测性能得到了明显的改善。

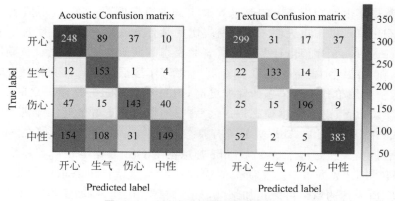

图 11.3　文本与音频模态的混淆矩阵

（3）多任务设置的加权分析。本章通过为情绪识别任务和模态相似性任务的目标函数设置权重，分析了不同任务对于最终情绪识别任务性能的影响。正如在 11.1.2 节中式（11.20）～式（11.22）中提到的，MSER 模型通过两个任务权重参数来调节模型中不同的模块及不同的任务为整体性能所带来的影响，通过权重参数 λ 来进行调节。

其次，将文本模态和音频模态情绪识别任务的目标函数权重 μ 设置为 0.5，然后利用不同的情绪识别和模态相似性任务权重 λ 分析对整体框架的影响。如图 11.4 所示，使用的权重设置为 0.1～0.5，其中水平轴代表权重 λ，垂直轴代表情绪识别任务的 UWA。可以观察到，当权重 λ 为 0.3 时，文本模态和音频模态的情绪识别性能最佳。

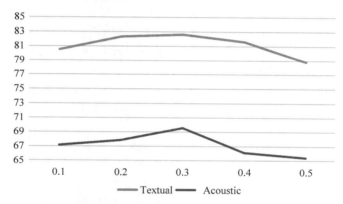

图 11.4　模型对不同任务权重设置的性能改变曲线

根据上述实验结果，设置计算出的模态相似度并影响目标函数的任务可以促进情绪识别任务的性能改善。但是，情绪识别任务仍应设置为权重较大的主要任务。需要使情绪识别任务上的参数更新对整个框架具有更大的影响。但是这种方法的最大优点是文本模态数据资源丰富。当仅有音频模态但缺少文本模态信息时，通过文本模态构建模型的方法则更为实用。通过实验结果表明，计算模态之间的相似度，利用这种方法来拟合其他模态的情绪分类的特征向量是非常有价值的。这使得在融合方式中能够以一种真正有效的方式利用不同模态之间的补充信息。

11.3　不足与展望

本章通过设置模态相似度和情绪识别多任务来解决跨模态情绪识别的一些缺陷。使用非端到端方法实施了最终任务。大量实验证明了这种新的任务设定方法对情绪识别的有效性。通过使用来自另一种模态的知识来帮助对一种模态进行建模。当前在多模态数据相关性的更有效利用方面,尚未构建出端到端模型。在第 12 章,将基于使用辅助模态的端到端方法,通过生成式的多任务网络,实现在某些模态缺失情况下提高单模态分类性能的方法。

11.4 本 章 小 结

本章为了解决多模态数据中数据样本不平衡的问题,利用资源丰富的文本模态知识对资源贫乏的音频模态进行建模,构建了一种利用辅助模态间相似度监督训练的情绪识别神经网络。首先,使用以双向 GRU 为核心的神经网络结构分别学习文本与音频模态的初始特征向量,再使用 Softmax 函数进行情绪识别预测,同时使用一个全连接层生成两个模态对应的目标特征向量,该目标特征向量通过计算彼此之间相似度来辅助监督训练,以此提升了情绪识别的性能。结果表明,该神经网络可以在 IEMOCAP 数据集上进行情绪四分类,实现了 82.6% 的 WA 和 81.3% 的 UWA。实现了一种有效的模态融合方法。研究结果为跨模态情感分析领域信息互补的特征融合方法及其辅助建模提供了参考与方法依据。

第 12 章　生成式多任务网络的情绪识别

　　多模态信息融合与深度学习技术的结合在情绪识别任务中取得了重大进展。然而，不同的模态对情绪识别有不同的贡献，并且在实际应用场景中多模态信息并非总是同时存在。因此，本章的目标是完成在第 11 章提及过的问题，通过利用具有较好性能的模态（如文本）中的知识来对性能差的模态（如音频）进行建模。本章提出了一种生成式多任务网络（generative multi-task network，GMN）来识别情绪并生成另一种模态表示。本章的方法着重于生成关于情绪识别的模态特征的高阶表示，而不考虑模态之间的内在语义关系。整个框架的培训过程包括两个步骤。第一步，通过 GRU 模块提取包含上下文信息的模态表示，并利用情绪分类任务和鉴别任务来监督特征表示学习过程。第二步，使用生成模块来获取其他模态的高阶表示，然后将该高阶表示与第一步获得的模态表示融合到同一个向量空间，再进行情绪分类任务。鉴别任务依然监督生成高阶特征表示。在测试过程中只需要执行第二步，并只输入一种模态数据即可做出最终的情绪预测。实验结果表明，本章的方法在国际公开多模态 IEMOCAP 和 MELD 数据集上相较于当前已有的较优基线模型能够有更好的性能。

　　表示融合任务的挑战是如何组合多模态数据的异质性的。在前述工作的基础上，在本章又进行了最新的调研工作。Baltrusaitis 等在多模态领域探索如何利用多种模态的互补性和冗余性已经有了一定的基础[5]。Zadeh 等提出了 Tensor Fusion Network（TFN），该模型可对模态内和模态间的动力学进行建模[4]。Ghosal 等提出了多模态多话语双模态注意力（MMMU-BA）框架，该框架将注意力集中在多模态多话语表示上，并尝试学习其中的贡献特征[112]。Zadeh 等进一步提出了多注意力循环网络（MARN），用于理解类交流。主要优势是来自于使用神经网络组件，通过时间序列上的信息发现模态之间的交互并将它们存储在循环组件的混合内存中[149]。Zadeh 等又在此基础之上提出了基于多视图顺序学习的记忆融合网络（MFN），该网络明确说明了神经网络体系结构中的两种模态之间的交互作用，并通过时间序列的循环神经网络对其进行连续建模[9]。Choi 等提出了一种使用卷积注意力机制的网络来学习语音和文本数据之间隐藏表示的方法[150]。Barezi 等提出了一种减少模态冗余的融合（MRRF）方法，用于理解和调制每个模态在多模态推理任务中的相对贡献[151]。Mai 等[148]提出了用于多模态融合的分层特征融合网络（HFFN）。其思想是：与其在整体级别上直接融合特征，不如进行分层融合，这样就可以考虑局部和全局交互来全面解释多模态嵌入。

但是，这些方法在很大程度上取决于有效的输入功能，并且没有很好的概括性与可解释性，有时，仅当融合两种模态时，性能甚至会下降。因此，本章利用多任务学习框架来进行模态之间的融合。为每个模态设置了一个鉴别任务，用来监督其是什么模态，同时融合了两个模态的情绪识别相关的高阶向量来执行情绪识别任务。实验表明，在学习不同模块之间的差异时，这种结构更通用、更有效。

当缺少某些模态信息后，这些方法也将无法使用。本章将介绍一些用于模态生成的现有方法。Pham 等提出了一种通过在模态之间进行翻译实现鲁棒性更强的特征表示学习方法。基于从源模态到目标模态的转换，提供了一种仅使用源模态作为输入来学习联合表示的方法。Aguilar 等用多模态模型和两种注意力机制进行实验，以评价文本信息为多模态融合中为性能提升可以提供的程度。然后，利用多视图学习和对比损失函数将语义信息从多模态模型引入音频信息网络。从翻译的角度来看，这些方法会产生额外的计算模块，这些模块通常计算和时间成本高昂且不稳定。

为了解决这些问题，本章提出了一种生成式多任务网络（GMN）。本章方法的一个关键点是只生成高阶表示，而不考虑语义关系，这使得模型更具针对性。本章首先通过情绪多任务框架（emotional multi-task network，EMN）分别识别出两种模态及其组合的高阶表示情绪向量。在此基础上，将鉴别任务结合到 EMN。使用每个模态的判别标签和情绪标签来同时监督对高阶表示的研究，这有助于模型了解每个模态的差异。然后，使用一种模态的表示来生成另一种模态表示，并使用区分标签来监督生成的模态。最后，仅将单一模态及其生成的表示用于最终的情绪预测。这样就实现了一个端到端的解决缺失模态问题的方法。实验结果表明，所生成的模态表示特征可以有效地帮助另一种模态的情绪识别。多模态对话交互示例图如图 12.1 所示。

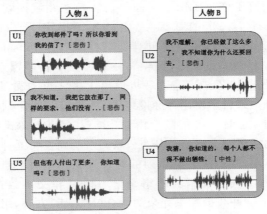

图 12.1　多模态对话交互示例图

12.1　方　　法

本节将介绍所提出的 GMN 模型,其模型结构如图 12.2 所示。该模型主要包含两个模块:首先,使用 EMN 模块提取文本和声音模态表示并将它们融合以分别用于情绪识别;然后,将鉴别器和生成器添加到 EMN 模块构成 GMN 模型。其中,以 IEMOCAP 数据集中的 Ses01F impro01 F005 样本作为输入示例。

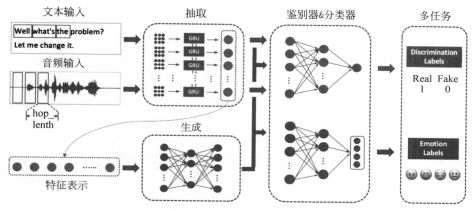

图 12.2　GMN 模型结构图

12.1.1　情绪多任务网络

通过第 10 章提到的特征表示方法。本节同样分别提取了文本和音频模态的句子级表示特征 u_{emb}^{T} 和 u_{emb}^{A},在 EMN 模块将其拼接起来,再通过双向 GRU 来学习一段对话中的上下文语句之间的信息。EMN 模型结构图如图 12.3 所示。具体计算公式如式(12.1)和式(12.2)所示。

$$u_{\mathrm{emb}}^{F} = \mathrm{concat}(u_{\mathrm{emb}}^{T}, u_{\mathrm{emb}}^{A}) \tag{12.1}$$

$$M_{j} = \mathrm{GRU}(u_{\mathrm{emb}}, (h_{k-1}, h_{k+1})) \tag{12.2}$$

式(12.2)中 $u_{\mathrm{emb}} = u_{\mathrm{emb}}^{F}, u_{\mathrm{emb}}^{T}, u_{\mathrm{emb}}^{A}$。再利用 SoftMax 激活函数将这组实向量转换为概率。然后将交叉熵损失作为目标函数。具体计算方法如式(12.3)和式(12.4)所示。

$$E_{M_{j}}^{\mathrm{pred}} = \mathrm{Softmax}(W_{\mathrm{ER}} \cdot M_{j} + b_{\mathrm{ER}}) \tag{12.3}$$

$$\mathrm{loss}^{E} = -\sum_{k}^{N_{i}} y_{k}^{E} \log E_{M_{j}}^{\mathrm{pred}} \tag{12.4}$$

最后,将融合模态,文本模态与音频模态的损失函数相加。整个 EMN 的框架的损失

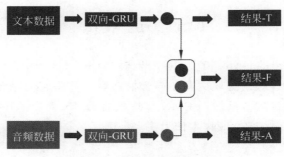

图 12.3　EMN 模型结构图

函数如下式(12.5)所示。

$$loss_{EMN} = loss_T^E + loss_A^E + loss_F^E \qquad (12.5)$$

12.1.2　生成式多任务模块

受到 Goodfellow 等的生成对抗网络(GAN)的启发[152]，GMN 的训练过程分为两个步骤。在第二步中，本节进行模态特征表示的生成和最终的情绪预测。训练过程的伪代码如下所示：

Algorithm 1　GMN Algorithm

Input：M_j

Output：E_M^{pred}, D_M^{pred}

Label：y^E, y^D

Step 1：

1：$M_j = T_j, A_j$

2：**for** batch：$[1, N_i]$ **do**

3：　　　$E_T, E_A \leftarrow$ Extractor(M_j)

4：　　　$E_F \leftarrow$ Concat$([E_T, E_A])$

5：$E_T^{pred}, E_A^{pred}, E_F^{pred} \leftarrow$ Classifier(E_T, E_A, E_F)

6：　　　$D_T^{pred}, D_A^{pred} \leftarrow$ Discriminator(E_T, E_A)

7：$loss_{el} \leftarrow$ CrossEntropyLoss(E_M^{pred}, y^E)

8：　　　$loss_{dl} \leftarrow$ BCELoss(D_M^{pred}, y^D)

9：　　　Backwardloss$(loss_{el} + loss_{dl})$

10：**end for**

Step 2：

1：　$M_j = A_j$

2：**for** batch：$[1, N_i]$ **do**

3：　　　$E_A \leftarrow$ Extractor(M_j)

4：　　　$E_G \leftarrow \text{Generator}(E_A)$

5：　　　$E_F \leftarrow \text{Concat}([E_G, E_A])$

6：　　　$E_F^{\text{pred}} \leftarrow \text{Classifier}(E_F)$

7：　　　$D_G^{\text{pred}} \leftarrow \text{Discriminator}(E_G)$

8：　　　$\text{loss}_{e2} \leftarrow \text{CrossEntropyLoss}(E_M^{\text{pred}}, y^E)$

9：　　　$\text{loss}_{d2} \leftarrow \text{BCELoss}(D_G^{\text{pred}}, y^D)$

10：　　$\text{Backwardloss}(\text{loss}_{e2} + \text{loss}_{d2})$

11：　　$E_M^{\text{pred}} \leftarrow E_F^{\text{pred}}$

12：**end for**

13：**return** E_M^{pred}

基于 EMN，本节添加了模态识别任务。提取到的模态高阶表示由鉴别器区分，该鉴别器由具有 ReLU 和 Sigmoid 激活函数全连接层组成。需要生成的模态，使用真实标签（Real_Label：1）进行监督训练，而原始输入模态使用假标签（Fake_Label：0）进行监督训练。通过和已经存在 EMN 的情绪识别的损失函数连接。本节需要优化在第一步中更新如下损失函数，如式（12.6）～式（12.10）所示。其中式（12.10）是第一阶段的最终损失函数。

$$D_{M_j} = \text{ReLU}(W_{\text{dis}} \cdot u_{\text{emb}} + b_{\text{dis}}) \tag{12.6}$$

$$D_{M_j}^{\text{pred}} = \text{Sigmoid}(D_{M_j}) \tag{12.7}$$

$$x_n = D_{T_j}^{\text{pred}}, D_{A_j}^{\text{pred}}; \quad y_D = 0, 1 \tag{12.8}$$

$$\text{loss}^D = -[y_D \cdot \log x_n + (1 - y_D) \cdot \log(1 - x_n)] \tag{12.9}$$

$$\text{loss}^{S1} = \text{loss}^E + \text{loss}^D \tag{12.10}$$

在第二步中，使用生成器从主要模态获取生成的模态，并使用真实标签（Real_Label：1）监督生成的模态。同时，将两种方式融合以执行情绪识别任务。值得注意的是，在此步骤中，模型不会更新鉴别器的参数。这使模型在测试过程中只能使用一个单一的模态和一个受过训练的辨别器来完成情绪预测任务。此时，$x_n = D_{T_j}^{\text{pred}}$ 或 $D_{A_j}^{\text{pred}}$；$y_D = 1$。之后通过上述的两个损失函数完成最终框架的损失函数。如式（12.11）所示。

$$\text{loss}^{S2} = \text{loss}_{\text{Single}}^E + \text{loss}_{\text{Single}}^D \tag{12.11}$$

12.2　实验与分析

本节将评价所提出的 GMN 在公开多模态情绪分类数据集 IEMOCAP 和 MELD 的多模态情绪分类性能。

12.2.1　数据集

为了验证模型方法的有效性，本节在国际公开多模态情绪数据集 IEMOCAP 及

MELD 分别进行了对比实验。这两个数据集都是包含至少 2 个说话人的对话数据集,进行实验时每个数据集的具体划分的对话与语句数量如表 12.1 所示。

表 12.1　IEMOCAP 与 MELD 数据集的句子统计数量

数　据　集	对话片段/语句数量/条		
	训练集	验证集	测试集
IEMOCAP_4	96/3441	24/849	31/1241
IEMOCAP_6	96/4525	24/1233	31/1622
MELD	1039/9989	114/1109	280/2610

为了与提到的现有技术进行比较,将一共具有 5 个独立小节的数据中的前四节作为训练集合,最后一节作为测试集合。验证集是从划分后的训练集中以 8∶2 的比例提取的;同时,选择一个对话框作为批处理。根据以上条件,得到的训练、验证和测试集分别包含 96、24 和 31 组对话。本节对 IEMOCAP 数据集分别进行了 4 分类和 6 分类实验。将幸福和兴奋类别合并为幸福类别。

MELD 多模态 EmotionLines 数据集(The Multimodal EmotionLines Dataset)在第 4 章已有介绍,在此不再赘述。

12.2.2　数据预处理

同样借鉴于第 10 章所提到的各个模态的表征提取方法,在本节对于文本模态的数据,在 IEMOCAP 数据集上依然采用了 word2vec 的生成词嵌入的方法。而在 MELD 数据集上采用 BERT 预训练模型获取了每个词的 1024 维嵌入表示。其目的是为了公平地与其他基线模型进行比较。从而排除由于模态表征的性能差异对整体模型产生的影响。

在文本模态,除了使用 word2vec 生成词向量外,还使用了 BERT 预训练语言模型,BERT 是当前最先进的文本预训练模型。在许多文本任务中取得了重大进展。在本章中,使用 BERT 提取固定的文本特征向量。而不是端到端地微调整个预训练模型,仅使用预训练的上下文嵌入,它们是用预训练模型的隐藏层生成每个输入 token 的固定上下文表示。通过这种方式,不仅可以缓解大多数内存不足的问题,而且还可以获得比 word2vec 更强大的嵌入表征性能。

在音频模态,与之前提到的方法相同,利用 LibROSA 工具包提取音频特征,特征提取方法已在 11.2.2 节中介绍。

12.2.3　基线模型

（1）BC-LSTM。一种双向的上下文 LSTM,通过使用语句级输入的方法从相邻话语中捕获上下文内容。

（2）CMN[146]。一种对话式记忆网络,使用两个不同的 GRU,从对话历史中提取两个说话人发言的上下文信息,以当前话语作为对两个不同内存网络的查询,获得话语的最终表示。

（3）DialogueRNN[153]。一种基于对话的循环神经网络,该网络使用两个 GRU 来跟踪对话中的各个说话者状态和全局上下文。一个 GRU 用于通过会话跟踪情绪状态。

（4）DialogueGCN[154]。一种对话图卷积网络。利用对话者的自我依赖和说话者的相似度来为情绪识别建模会话上下文。CMN、dialogueRNN 和 dialogueGCN 均是以对话为基础的模型。

（5）HiGRU-sf[142]。一种分层 GRU 框架,上下文单词/话语嵌入通过将注意力输出与单个单词/话语嵌入和隐藏状态融合来学习的模型。

（6）HFFN[148]。一种包含注意力机制的双向跳跃连接 LSTM 网络,可直接连接较远的本地交互,并集成了两个层次的注意力机制。

12.2.4　评价指标以及重要参数设置

与 11.2.3 节相同,本章使用了 WA、UWA 和 F1-测量值作为评测指标。采用 PyTorch 框架来实现本章所提出的生成式多任务网络框架。在每轮训练开始,都会随机调整打乱训练集。在文本和音频模态特征提取过程中,通过网格搜参的方法,将最后一维参数 d 设置为 100。对于双向 GRU,隐藏状态的维数设置为 300。在情绪识别任务中使用的学习率是 0.000 25,模态判别任务的学习率为 0.0003。所有 GRU 模块的层数设置为 1。

12.2.5　情绪分类实验结果

如表 12.2 所示,本章提出的 EMN 模型在两种评价指标上均优于最新方法。在所有情绪的总体加权精度中,IEMOCAP 数据集有显著改善,达到 1.14%。与其他最先进的基准相比,MELD 数据集上的文本模态的 F1 值可进一步提高 2.91%。同时在中性和生气两种情绪上,EMN 模型也实现了较好的改善。虽然没有在所有的情绪上都取得显著的性能提升,但是通过整体的平均准确率的提升可知该模型所得到的分类结果是更加均衡的。

表 12.2　在 IEMOCAP-6 和 MELD 数据集上文本模态的实验结果

方　　法	IEMOCAP-6							MELD
	开心	悲伤	中性	愤怒	兴奋	沮丧	平均	平均
	WA							F1
BC-LSTM	29.71	57.14	54.17	57.06	51.17	67.19	55.21	56.44
CMN	25.00	55.92	52.86	61.76	55.52	**71.13**	56.56	—
DialogueRNN	25.69	75.10	58.59	64.17	**80.27**	61.15	63.40	57.03
DialogueGCN	**40.62**	**89.14**	61.92	67.53	65.46	64.18	65.25	58.10
EMN	32.86	76.94	**63.74**	**70.30**	74.50	66.73	**66.39**	**61.01**

注：F1 表示 F1 测量值；黑体表示最佳性能。

本章选取了不同的数据集和基线模型进行比较。在 IEMOCAP-4 分类数据集上，通过观察现有的基线模型性能发现，在 HFFN 模型中文本与音频模态融合甚至还不如单独使用文本模态，说明有些模型并没有很好地把握到模态之间的融合方法。错误的融合方式甚至会降低模型的性能。而如预期的那样，从表 12.3 所示的实验结果证明了生成模态的性能优于单个模态。其中，对比在测试集合上只使用音频和文本的模态。GMN 的性能均比 EMN 更好。这是非常令人满意的结果。通过分别监督两种模态高阶表示的多任务学习，本章使用一种简单的方法实现了一种非常有效的融合方法。

表 12.3　IEMOCAP 数据集情绪分类实验结果表

方法	模态	生气	开心	悲伤	中性	UWA
BC-LSTM	T+A+V	76.06	78.97	76.23	67.44	73.60
CMN	T+A+V	89.88	81.75	77.73	67.32	77.60
HFFN	T+A	—	—	—	—	80.40
HFFN	T	—	—	—	—	81.50
HiGRU-sf	T	74.78	89.65	80.50	77.58	82.10
EMN	A	82.82	56.13	73.06	61.30	64.70
GMN	A→T	87.06	57.24	71.02	72.66	68.80
EMN	T	71.76	**90.72**	68.16	**78.91**	80.00
GMN	T→A	70.00	90.50	78.78	77.86	81.50

注：其中 T 表示文本，A 表示音频，V 表示视频，UWA 表示不加权准确率，T→A 表示由文本生成音频，A→T 表示由音频生成文本。黑体表示最优性能。

12.2.6　实验分析

首先,分析 EMN 模型在 3 个方面所带来性能改善的原因。可以看出,本章的模型对提高准确性和 F1 分数有一定的影响,无论是单一文本形式还是文本和声音融合形式都可以取得更好的效果。F1 分数的提高表明本章模型的分类更加平衡,这使本章提高的准确性具有重要的意义。由于 MELD 数据集是复杂的情绪多分类,在训练集上,中性情绪为 4710 条,而恐惧和厌恶的数据分别为 268 条和 271 条。本章的方法不仅可以对更多正确的样本进行分类,而且可以了解少量类别样本的特征,从而避免大多数预测都带有一种情绪的情况,提高了准确性。这表明本章的模型具有更强的鲁棒性。

其次,实验结果显示 EMN 模型改善了情绪识别任务在 IEMOCAP 和 MELD 数据集的整体性能。IEMOCAP 数据集侧重于参与者情绪的多模态情感数据集,MELD 数据集基于电视连续剧 *Friends* 片段而生成的多模态情感数据集。这两个数据集是在不同的情景下构建的。其中,MELD 数据集包含许多讽刺和隐喻表达,这使得情绪识别更加复杂。上述实验初步证明了模型更具通用性和可移植性。

最后,如表 12.2 所示。使用多任务机制不仅有助于提高单个模态的性能,还可以更有效地融合模态。作为挑战,本章之前曾提到:有时文本与音频的融合并不能很好地补充模态之间的信息。在 IEFNCAP-4(4 分类)上,HFFN 模型在融合了音频模态信息之后,性能下降了 1.1%。在 EMN 框架下,本章的融合方法取得了很大进步,准确率提高了 4%,说明本章提出的融合方法非常有效。

因此,后续需要研究的目标是如何在没有某种模态数据的情况下学习另一种模态的高阶表示,并提高模型的性能。首先,训练一个可以识别不同模态的鉴别器,然后,使用鉴别符和模态标签控制生成的模态表示向量。这是一个非常轻量级的过程,不会给整个框架带来太多的训练参数和资源占用限制。

通过比较表 12.3 中的实验结果,GMN 在音频和文本模态方面实现了这一目标。在单一文本模态下,准确性提高了 1.5%,单一音频模态则提高了 4.1%。其中,在基于音频模态的性能提升是非常有意义的。通过图 12.4 可以观察到,在文本模态融合了生成的音频模态后并没有得到比较明显的性能改善;而相反,音频模态在得到了生成的文本模态后有了很显著的提升。它是没有利用 ASR 技术实现的这一改善。可以证明不同模态在情绪识别上的高阶向量之间的相关性是有效的。

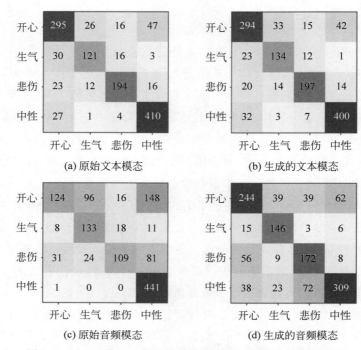

图 12.4　IEMOCAP-4 数据集情绪识别中不同模态的混淆矩阵

12.3　不足与展望

本章提出了一种 GMN,目的是解决多模态情绪识别中模态缺失的挑战。本章已经有效地利用了两种模态之间的差异和互补性,这正是本章使用多模态信息进行情绪识别的初衷。所以本章的工作很有启发性。本章使用生成网络中用一种模态信息的知识来模拟另外一种模态的特征的方法,这种方法有效地利用了多模态数据的关联性。在将来的研究工作中,可以进一步考虑模态之间的更多因素,如说话者信息、对话信息,建立模型以产生更有效和更强大的高阶表示。

12.4　本章小结

本章提出了一种利用不同模态作为先验知识的 GMN,实现了有效的性能改善。即使音频模态的性能远不及多模态数据中的文本模态,但是音频信息实际上包含许多重要的情绪识别功能。与以前仅使用单一音频的所有最新基准相比,使用 GMN 生成和融合单一音频模态已取得了很大的进步,这是很有前景的一项工作。在实际情况下,由于多媒体技术的飞速发展,本章获取音频模态的信息变得更加容易,而且文本模态的信息常常不会同时存在。通过 ASR 获得的文本信息需要占用更多的资源,并且准确性难以令人满意。因此,本章的工作仅着重于情绪识别的高阶表示,这非常实用。与 CMN、对话 RNN和对话 GCN 相比,本章的模型仅考虑上下文信息,并没有从对话或说话者的角度进行建模。这证明了本章的方法还有很大的提升空间。

第 13 章 面向非对齐序列的跨模态情感分类

　　情感在人类交互中扮演着重要的角色。情感分类作为人机交互的关键技术之一，已经成功应用到很多场景，如人机对话、自动驾驶等。伴随着移动互联网的普及，网络社交平台成为人们日常生活中不可缺少的一部分。因此，人们每天都会产生大量的多模态数据，其中不仅包含文本，而且还有视频、音频等非语言数据。文本模态是人类日常生活中不可或缺的一种模态。文本模态通过单词、短语及关系来表达情感，但是仅文本模态所能容纳的信息有限，而且容易受噪声影响。很多情况下仅靠文本模态很难做出准确的情感预测。音频模态往往伴随着文本模态出现，音频模态的情感通过音调、能量、声音力度和响度的变化来表达。文本和音频的交互可以提供更全面的信息，捕捉更多的情感特征。图 13.1 为音频和文本模态间交互的一个示例。Get out of here 这句话的情感是模棱两可的，若仅仅根据这些单词来判断这句话的情感是非常困难的，与之类似，大声说话在不同情况下也可以表达多种情感。但是如果大声地说 Get out of here，则可以比较轻松地认定说话者的情感为消极，如果在说 Get out of here 时伴随着笑声，则会认为此时说话者的情感为积极。

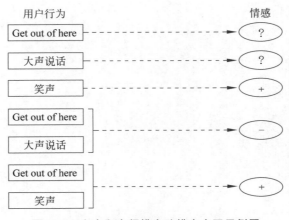

图 13.1　文本和音频模态跨模态交互示例图

现阶段多模态融合的工作主要基于对齐的多模态数据,然而现实世界中多模态数据往往是非对齐的,如果手工进行对齐将花费大量的人力和物力。为了解决这个难点,本章提出一种自适应融合表征学习模式(self-adjusting fusion representation learning model,SA-FRLM),该模型可以直接从非对齐的文本音频模态数据中学习鲁棒的融合表示。

13.1　SA-FRLM

　　本节将介绍所提出的 SA-FRLM,其模型结构如图 13.2 所示。该模型主要包含 3 个模块。

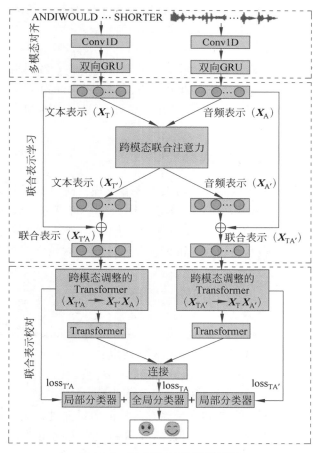

图 13.2　SA-FRLM 模型结构图

（1）多模态对齐模块。将文本和音频模态特征表示进行对齐。

（2）融合表示初始化模块。通过跨模态联合注意力（crossmodal collaboration attention）将文本和音频模态进行交互并得到初始化的融合表示向量。

（3）自调节模块。通过跨模态调整的 Transformer（crossmodal adjustment）transformer 分别使用文本和音频模态的单模态特征来对融合表示向量进行调整。

13.1.1　多模态对齐模块

由于本章所提出的模型是面向非对齐的文本和音频模态数据，因此在得到文本和音频模态特征 T 和 A 后，它们将通过该对齐模块来进行物理上的对齐。首先，它们将分别通过一个 1D 的卷积层，通过设置不同的卷积核的大小以及步长长度将文本和音频模态的特征向量控制到同一维度，计算过程如式（13.1）所示：

$$\text{Conv}_{(T,A)} = \text{Conv1D}((T,A), k_{(T,A)}, s_{(T,A)}) \tag{13.1}$$

其中，$k_{(T,A)}$ 表示文本和音频卷积核的大小；$s_{(T,A)}$ 表示文本和音频对应步长的大小。之后为了方便后续融合表示学习，将对齐后的文本和音频表示向量分别通过一个双向 GRU，来学习不同模态时序上的信息，并得到用于融合表示学习的文本和音频模态对应的表示向量 X_T 和 X_A。

13.1.2　融合表示初始化模块

融合表示初始化模块的目的是为了将文本和音频模态进行交互并得到初始化的融合表示向量。受到 MMMU-BA[112] 的启发，本模块引入一个跨模态协调注意力（crossmodal collaboration attention）将文本和音频模态进行交互并得到初始化的融合表示向量。给定文本和音频模态对应的表示向量 X_T 和 X_A，首先计算一对融合矩阵 M_{TA} 和 M_{AT}，计算过程如式（13.2）和式（13.3）所示：

$$M_{TA} = X_T X_A^T \tag{13.2}$$

$$M_{AT} = X_A X_T^T \tag{13.3}$$

之后分别让 M_{TA} 和 M_{AT} 经过 tanh 函数，然后通过 Softmax 函数来计算注意力分数矩阵 S_{TA} 和 S_{AT}，计算过程如式（13.4）和式（13.5）所示：

$$S_{TA} = \text{Softmax}(\tanh(M_{TA})) \tag{13.4}$$

$$S_{AT} = \text{Softmax}(\tanh(M_{AT})) \tag{13.5}$$

然后将注意力矩阵分别与文本和音频模态的特征向量先进行矩阵乘法，再进行点乘，从而聚焦于文本与音频模态内较重要的信息，并得到注意力输出 $X_{T'}$ 与 $X_{A'}$，计算过程如式（13.6）和式（13.7）所示：

$$X_{T'} = S_{TA} X_A \odot X_T \tag{13.6}$$

$$\boldsymbol{X}_{\mathrm{A'}} = \boldsymbol{S}_{\mathrm{AT}}\boldsymbol{X}_{\mathrm{T}} \odot \boldsymbol{X}_{\mathrm{A}} \tag{13.7}$$

最后分别将 $\boldsymbol{X}_{\mathrm{T}}$ 与 $\boldsymbol{X}_{\mathrm{A'}}$, $\boldsymbol{X}_{\mathrm{T'}}$ 与 X_{A} 进行相加从而得到两个初始化的融合表示向量 $\boldsymbol{X}_{\mathrm{TA'}}$ 与 $\boldsymbol{X}_{\mathrm{T'A}}$,计算过程如式(13.8)和式(13.9)所示:

$$\boldsymbol{X}_{\mathrm{TA'}} = w_{\mathrm{T}}\boldsymbol{X}_{\mathrm{T}} + w_{\mathrm{A'}}\boldsymbol{X}_{\mathrm{A'}} + \boldsymbol{b}_{\mathrm{TA'}} \tag{13.8}$$

$$\boldsymbol{X}_{\mathrm{T'A}} = w_{\mathrm{T'}}\boldsymbol{X}_{\mathrm{T'}} + w_{\mathrm{A}}\boldsymbol{X}_{\mathrm{A}} + \boldsymbol{b}_{\mathrm{T'A}} \tag{13.9}$$

13.1.3 自调节模块

得到两个初始化的融合表示向量 $\boldsymbol{X}_{\mathrm{TA'}}$ 与 $\boldsymbol{X}_{\mathrm{T'A}}$ 之后,基于之前提出的 Crossmodal Transformer[30],本节提出一个模态调整的 Transformer,其模型结构如图 13.3 所示。它可以利用文本与音频模态特征来对融合表示向量进行动态调整,从而得到一个更好的融合表示。每个模态调整的 Transformer 由 $2N$ 个 Crossmodal block 组成。

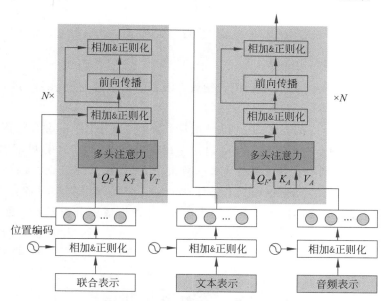

图 13.3 跨模态调整的 Transformer 模型结构图

本节以融合表示向量 $\boldsymbol{X}_{\mathrm{TA'}}$,文本表示向量 $\boldsymbol{X}_{\mathrm{T}}$ 和音频表示向量 $\boldsymbol{X}_{\mathrm{A'}}$ 为例,跟随先前的工作,该模块增添了位置编码,并将它与输入的 3 个向量分别进行相加并进行正则化:

$$E_{\langle \mathrm{TA'},\mathrm{T},\mathrm{A'} \rangle} = \mathrm{LN}(\mathrm{PE}_{\langle \mathrm{TA'},\mathrm{T},\mathrm{A'} \rangle} + X_{\langle \mathrm{TA'},\mathrm{T},\mathrm{A'} \rangle}) \tag{13.10}$$

其中,LN 表示 Layer Normlization;$\mathrm{PE}_{\langle \mathrm{TA'},\mathrm{T},\mathrm{A'} \rangle}$ 为对应的位置编码。之后该模块首先使用 N 个 Crossmodal blocks[30] 来利用文本表示向量 $\boldsymbol{E}_{\mathrm{T}}$ 调整融合表示向量 $\boldsymbol{E}_{\mathrm{TA'}}$。Crossmodal block 是由 Multi-Head Attention 和前馈网络组成,并且它每 2 层均采用了

残差连接和层标准化。第 i 个 Crossmodal block 中的 Multi-Head Attention 的 Query、Key 和 Value 定义为 $\hat{Q}_{TA'}^{[i]} = LN(\hat{O}_{TA'}^{[i-1]})$，$\hat{K}_{TA'}^{[i]} = \hat{V}_{TA'}^{[i]} = LN(E_T)$，其中，$i = 1, 2, \cdots, N$，$\hat{O}_{TA'}^{[i-1]}$ 为第 $i-1$ 个 Crossmodal block 的输出。之后，Multi-Head Attention 的计算见式(13.11)和式(13.12)：

$$\hat{Q}_{TA'}^{[1]} = LN(E_{TA'}) \tag{13.11}$$

$$MH_{TA'}^{[i]} = Softmax\left(\frac{\hat{Q}_{TA'}^{[i]}(\hat{K}_{TA'}^{[i]})^{T}}{\sqrt{d}}\right)\hat{V}_{TA'}^{[i]} \tag{13.12}$$

第 i 个 Crossmodal block 的输出见式(13.13)和式(13.14)：

$$\hat{M}_{TA'}^{[i]} = LN(MH_{TA'}^{[i]} + \hat{O}_{TA'}^{[i-1]}) \tag{13.13}$$

$$\hat{O}_{TA'}^{[i]} = FL(LN(\hat{M}_{TA'}^{[i]})) + \hat{M}_{TA'}^{[i]} \tag{13.14}$$

其中，FL 表示前馈反馈网络。基于前 N 个 Crossmodal block 的输出 $\hat{O}_{TA'}^{[i]}$，该模块又使用额外的 N 个 Crossmodal block 来利用音频模态表示 $E_{A'}$ 对融合表示 $\hat{O}_{TA'}^{[i]}$ 进行调整，并得到最终的调节后的融合表示 $O_{TA'}^{[n]}$。

得到调节后的融合特征表示 $O_{TA'}^{[n]}$ 和 $O_{T'A}^{[n]}$ 后，为了充分考虑不同融合特征表示的独立性，该模块将这两种融合特征表示分别通过一个局部分类器，用于计算局部损失 $loss_{TA'}$ 和 $loss_{T'A}$，从而分别对不同融合特征进行调整。除此之外，该模块还分别将调整的融合特征表示 $O_{TA'}^{[n]}$ 和 $O_{T'A}^{[n]}$ 通过一个 Self-Attention Transformer[155] 来分别学习各自的时序信息，然后拼接起来通过全局分类器计算全局损失 $loss_{TA}$ 并做出情感分类预测。最终整个模型的损失函数定义见式(13.15)：

$$Loss = loss_{TA'} + loss_{T'A} + loss_{TA} \tag{13.15}$$

13.2　实验与分析

本节将评价所提出的 SA-FRLM 在公开多模态情感分类数据集 CMU-MOSI 和 CMU-MOSEI 的跨模态情感分类性能。本节将从以下几个方面对实验展开介绍。首先，13.2.1 节将展示数据集及实验设置。然后，13.2.2 节将介绍单模态特征抽取及评价指标。然后，紧接着，13.2.3 节将介绍实验过程中用于对比的基线模型。13.2.4 节将展示跨模态情感分类实验结果。13.2.5 节将探讨 Crossmodal block 的数目对实验的影响。最后，13.2.6 节对实验进行定性分析。

13.2.1　数据集及实验设置

为了验证模型方法的有效性,本节在国际公开多模态情感数据集 MOSI[64] 及 MOSEI[10] 分别进行了对比实验。MOSEI 数据集与 MOSI 数据集类似,也是从 YouTube 采集的电影评论视频片段,与之不同的是,MOSEI 数据集的规模要更大一些,它一共包含 23 454 条视频片段,每个片段被标记在 [−3,3] 的范围中,其中 −3 表示强消极、−2 表示消极、−1 表示弱消极、0 表示中性、1 表示弱积极、2 表示积极、3 表示强积极。

在 SA-FRLM 中,1D-CNN 的输出信道数被设置为 50。在双向 GRU 层中有 50 个单元,在 SA-FRLM 中使用的全连接层有 200 个单元,dropout 设置为 0.3。在训练过程中,batch 的大小和 epoch 的数目分别设置为 12 和 20。此外,本节使用了学习率为 0.001 的 Adam 优化器并配合使用 L1 损失函数。

13.2.2　单模态特征抽取及评价指标

在文本模态,本章使用预训练 GloVe 词向量将单词序列编码为 300 维的单词向量。在音频模态,本章使用 COVAREP[109] 特征抽取工具来抽取音频特征,每段音频文件被表示为一个 74 维的特征向量,其中包含 12 个 MFCC、音高跟踪和清音/浊音分割特征、声门源参数、峰值斜率参数和最大弥散系数等。

本章分别使用七分类准确率 Acc_7、二分类准确率 Acc_2、F1 值、平均绝对误差(mean absolutemor,MAE)和皮尔森相关系数(pearson correlation,Corr)5 个国际标准评价指标来对模型的性能进行评价。为了保证实验结果的有效性,实验过程中共设置了 5 个随机种子,并将 5 次实验结果的平均结果作为最终的实验结果。

13.2.3　基线模型

EF-LSTM:早期融合长短期记忆网络(early fusion LSTM,EF-LSTM)通过将多模态输入进行拼接,并使用单个 LSTM 学习上下文信息。

LF-LSTM:晚期融合长短期记忆网络(late fusion LSTM,LF-LSTM)利用单个 LSTM 模型学习每个模态的上下文信息,并将输出连接起来进行预测。

MCTN[156]:多模态循环翻译网络(multimodal cyclic translation network,MCTN)目的是通过在不同的模态之间进行转换来学习鲁棒的联合表示,它的性能优于仅使用文本模态。

RAVEN[26]:循环注意力编码网络(recurrent attended variation embedding network,RAVEN)对非言语字词序列的细粒度结构进行建模,并基于非语言线索动态地改变单词的表示,在 2 个公开的数据集上实现了多模态情感分析和情感识别的竞争性表现。

MulT[30]：多模态 Transformer(multimodal Transformer,MulT)利用方向性成对多模态注意力机制来处理不同时间步的多模态序列之间的相互作用，并潜在地将数据从一个模态适应到另一个模态，这是目前最先进的方法。

13.2.4 跨模态情感分类实验结果

表 13.1 展示了在 MOSI 数据集上的实验结果。不难看出，本章所提出的 SA-FRLM 只使用了非对齐的文本和音频模态数据并相较于大多数使用文本、音频、视频 3 种模态的基线模型有明显的性能提升。在二分类情感分析任务上，本章所提出的 SA-FRLM 在 Acc-2 和 F_1 均取得了 81.1% 的实验结果，相较于大多数基线模型，有 3.5%～8.4% 和 3.3%～8.0% 的性能提升。与此同时，在 Acc-7、MAE[l] 和 Corr[h] 上，SA-FRLM 均取得了很优异的实验效果。然而相较于使用三种模态的 MulT，本章所提出的 SA-FRLM 没有较大的性能提升，这是因为本章所提出的方法和 MulT 均是基于 Transformer 模型的，为了更合理地进行对比，在 MulT 模型上只使用文本和音频模态数据，实验结果表明，本章所提出的方法在所有评价指标上均优于 MulT。

表 13.1　MOSI 数据集跨模态情感分类实验结果表

模 型	模 态	Acc-7	Acc-2	F_1	MAE[l]	Corr[h]
EF-LSTM	T＋A＋V	31.000	73.600	74.500	1.078	0.542
LF-LSTM	T＋A＋V	33.700	77.600	77.800	0.988	0.624
MCTN	T＋A＋V	32.700	75.900	76.400	0.991	0.613
RAVEN	T＋A＋V	31.700	72.700	73.100	1.076	0.544
MulT	T＋A＋V	39.100	81.100	81.000	0.889	0.686
MulT(our run)	T＋A	34.900	79.200	79.100	0.991	0.667
SA-FRLM	T＋A	**35.600**	**81.100**	**81.100**	**0.908**	**0.699**

表 13.2 展示了在 MOSEI 数据集上的实验结果，其中 T 表示文本，A 表示音频，V 表示视频。与 MOSI 数据集实验结果类似，本章所提出的 SA-FRLM 只使用了非对齐的文本和音频模态数据并相较于大多数使用文本、音频、视频三种模态的基线模型有明显的性能提升。在二分类任务上，本章所提出的 SA-FRLM 在 Acc-2 和 F_1 分别取得了 80.7% 和 81.2% 的实验结果，相较于大多数基线模型，有 1.4%～5.3% 和 1.5%～5.5% 的性能提升。在相同的实验条件下（只使用文本和音频模态数据），SA-FRLM 相较于 MulT 在 Acc-2

和 F_1 上分别提升了 0.6% 和 0.7%,在 MAE 和 Corr 上分别取得了 0.021 和 0.017 的性能提升,在 Acc-7 上取得了 1.0% 的性能提升。

表 13.2　MOSEI 数据集跨模态情感分类实验结果表

模　型	模　态	Acc-7	Acc-2	F_1	MAE	Corr
EF-LSTM	T+A+V	33.700	75.300	75.200	1.023	0.608
LF-LSTM	T+A+V	32.800	76.400	75.700	0.912	0.668
MCTN	T+A+V	34.100	77.400	77.300	0.965	0.632
RAVEN	T+A+V	34.700	77.100	77.000	0.968	0.625
MulT	T+A+V	40.000	83.000	82.800	0.871	0.698
MulT(our run)	T+A	48.900	80.100	80.500	0.627	0.656
SA-FRLM	T+A	49.900	80.700	81.200	0.606	0.673

13.2.5　Crossmodal block 的数目对实验的影响

由于 Crossmodal block 是本节所提出的 SA-FRLM 的核心单元,因此它的数目是影响模型性能的主要超参数之一。图 13.4 展示了本章所提出的 SA-FRLM 在不同数目 Crossmodal block 下的二分类准确率,可以看出当 Crossmodal block 的数目在 4~10 时,准确率是逐步增加的,并在 10 取得了最优结果。之后因为伴随着数目的增加,模型的复杂度也逐渐变大,泛化能力越来越差,因此准确率也开始逐渐降低。

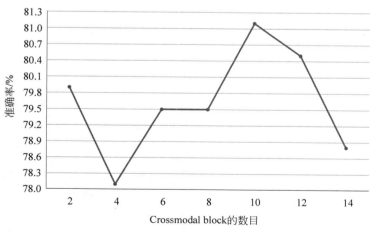

图 13.4　在 MOSI 数据集上,SA-FRLM 在不同数量的 Crossmodal block 下的二分类准确率

13.2.6 定性分析

通过与 MulT 的比较,本节分析了所提出的 SA-FRLM 的影响。如表 13.3 所示,本节从 CMU-MOSI 数据集中选取了 4 个示例,每个例子都由文本和音频信息组成。表 13.3 展示了每个例子的真实标签,以及本章所提出的模型和 MulT 的预测概率。在例 1 中,文本具有强消极性,说话人的语气表现为弱积极性。例 1 对应的真值标签是 -1.0。与 MulT 模型相比,SA-FRLM 得到了更加准确的预测概率 -1.15。然而,受音频模态的影响,MulT 的预测概率为 0.33。在例 2 中,文本和音频信息都表现出强烈的负面情绪。虽然 SA-FRLM 和 MulT 都成功地预测了情绪,但 SA-FRLM 预测的概率更接近真实标签。在例 3 中,说话人所说的句子情感是非常积极的。相反,音频信息表现出强烈的负向性。借助于文本和音频模态之间的模态间交互作用,SA-FRLM 能够做出正确的预测。但是,MulT 似乎更注重文本情态,这导致了它做出错误的情感判断。例 3 也证明了 SA-FRLM 可以在考虑音频模态信息的情况下对情感强度进行适当的修正。在例 4 中,与例 2 类似。

表 13.3　CMU-MOSI 实验示例

例子	文本＋音频	真实标签	SA-FRLM(ours)	MulT
1	"Although I do agree that the look could have been changed to fit actual sabre tooths like with the right hair." ＋平和的语气	-1.00	-1.15	0.33
2	"I can't do it." ＋沮丧失望的语气	-1.60	-1.81	-0.73
3	"Hi, I'm Pretty, I have supposed to know things walk off the screen." ＋讽刺的语气	-0.80	-1.05	0.51
4	"Umm, yeah, it's better than the third one absolutely." ＋断断续续的语气	1.60	1.50	2.42

从例 1 和例 3 可以看出,SA-FRLM 可以更好地分配不同模式的权重。这主要是因为 SA-FRLM 不仅充分利用了不同模态之间的相互作用,而且最大限度地保存了不同单模态的原始特性。在例 2 和例 4 中,与 MulT 相比,SA-FRLM 的预测概率更接近实际标签。主要原因是 SA-FRLM 通过结合不同模态的单模态信息来动态调整融合表示。因此,调整后的融合表示更具鲁棒性,能更好地表示未对齐文本和音频序列的信息。

13.3　不足与展望

本章基于 Transformer 模型,提出了可以直接从非对齐的文本和音频序列学习融合表示的 SA-FRLM,虽然相较于其他基线模型,SA-FRLM 在国际公开数据集 MOSI 和 MOSEI 上表现出了更优秀的情感分类性能,但是目前还存在着一些缺点和不足。本章旨在根据现存的问题对未来工作进行合理的展望。本章在进行多模态对齐时,只是简单地进行了物理对齐,后续可以考虑使用对抗生成网络,通过生成模态表示来更好地实现模态对齐。

13.4　本 章 小 结

本章提出了一种可以直接从非对齐的文本和音频序列上学习融合表示的 SA-FRLM。不同于之前的工作,本章不但充分利用了模态间的交互,而且最大化地保存了不同模态的特性。作为 SA-FRLM 的核心模块,跨模态调整的 Transformer 通过利用文本和音频单模态表示来对融合表示进行调节,从而使得融合表示能够更好地表达非对齐文本和音频数据中的情感信息。本章在 MOSI 及 MOSEI 数据集上进行了实验,实验结果表明该模型相较于基线模型在所有评价指标上均取得了明显的性能提升。同时本章也进行了定性分析,证明了 SA-FRLM 能够考虑音频模态信息对情感预测概率进行适当地调节,并且调节后的融合表示可以得到更准确的情感分类结果。

第 14 章　面向对齐序列的跨模态情感分类

　　随着互联网技术的快速发展,通信技术的不断进步,Facebook、YouTube 等社交平台得到了广泛的应用,人们普遍喜欢通过社交平台来向他人展示自己的生活以及对于某些事情的观点。因此,每天都会产生大量具有丰富情感信息的多模态数据。文本是我们日常生活中的一种重要的模态,它通过词语、短语和关系来表达情感。然而,文本模态所包含的信息是有限的。在一些情况下,仅仅通过文本信息很难准确判断情感,如歧义、反语等情况。日常生活中,文本模态往往伴随着音频模态,音频模态中包含的情感信息往往是通过声音特征的变化来表现的,如音调、能量、声音力度、响度和其他与频率相关的特征。将文本模态和音频模态进行融合往往可以更真实地还原说话者的状态,从而获取更全面的信息,捕捉到更多的情感特征。图 14.1 是音频模态和文本模态交互的一个例子。"But you know he did it"这些单词所表达的情感是模棱两可的,它可以在不同语境下表达不同的情感。仅仅根据这些单词来准确地判断这句话的情感是非常困难的。然而在引入这句话相应的音频信息后,由于说话者的声音听起来非常低沉,并且伴随着抽泣声,因此不难预测出这句话所表达的情感是消极的。

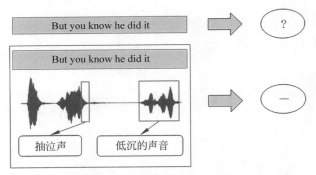

图 14.1　文本和音频模态跨模态交互示例图

　　本章基于预训练的 BERT 模型[31],提出了一个面向音频模态和文本模态的 cross

modal BERT 模型（CM-BERT）。该模型通过利用预训练 BERT 来获取文本序列的特征向量，并引入单词层级对齐的音频模态特征来辅助文本模态更好地对预训练 BERT 模型进行微调。其中，Masked Multimodal Attention 作为该模型的核心模块，它利用音频模态和文本模态的跨模态交互作用来动态地对文本序列中每个单词的权重进行调整，从而得到更好的表示向量，提升情感分类性能。

14.1　问 题 定 义

给定一个文本序列 $T = (T_1, T_2, \cdots, T_n)$，其中，$n$ 表示文本序列中单词的个数。因为预训练 BERT 模型 Embedding 层会在文本序列前引入一个特殊的分类嵌入 Special Classifier token（[CLS]），因此经过 Embedding 层后输入的原始文本序列会变成 $X_T = [E_{[CLS]}, E_1, E_2, \cdots, E_n]$。为了与文本模态序列长度保持一致，本章在单词级对齐的音频特征序列之前添加一个零向量，因此音频特征表示为 $X_A = [A_{[CLS]}, A_1, A_2, \cdots, A_n]$，其中，$A_{[CLS]}$ 为零向量。本章所提出的方法的目的是为了利用 X_T 和 X_A 之间的交互作用来动态调整文本序列中每个单词的权重，从而可以更好地对预训练 BERT 模型进行微调，学习到更好的表示向量，从而提升跨模态情感分类性能。

14.2　音频特征抽取与对齐

受到 Zadeh[67] 的启发，本节使用 COVAREP[109] 特征抽取工具来抽取音频特征，经过工具抽取后，每个音频文件将会被表示为一个 74 维的特征向量，其中包含 12 个 MFCC、音高跟踪和浊音/清音分割特征、声门源参数、峰值斜率参数和最大弥散系数。为了与文本模态保持一致，本节对音频模态进行了单词层级的对齐，通过使用 P2FA[157] 来获得文本序列中每个单词所对应的时间步长，然后在相应单词的时间步长对音频特征进行平均并使用零向量填充音频特征序列从而与文本模态的序列长度一致。

14.3　CM-BERT 模型

本章基于预训练的 BERT 模型[31]，提出了一个面向音频模态和文本模态的 CM-BERT 模型，其模型结构如图 14.2 所示。CM-BERT 面向文本、音频两种模态数据，一方面，它采用了预训练的 BERT 模型来将文本数据转换成相应的文本表示向量；另一方面，通过使用 COVAREP 及 P2FA 可以获取和文本模态在单词层级对齐的音频特征。之后为了消除不同模态特征维度的影响，它利用 1 维卷积层将不同模态的特征映射到同一维度,同时也将映射后的特征向量进行相应的放缩。

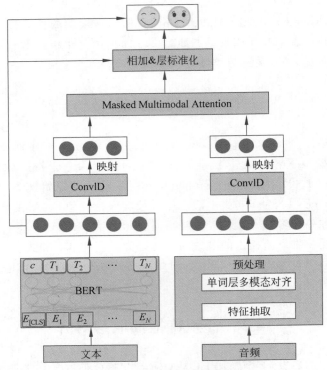

图 14.2　CM-BERT 模型结构图

14.3.1　预训练 BERT 模型

为了得到文本模态的特征表示,本章使用了预训练的 BERT 模型来对文本数据进行特征表示学习。BERT 模型是由 Jacob Devlin 等提出的,因为该模型在 NLP 领域的 11 个方向大幅刷新了精度,因此得到了广泛的使用[27,158-163]。BERT 模型最大的特点是抛弃了传统的 RNN 和 CNN,它通过 Attention 机制将任意位置的两个单词的距离转换成 1,从而有效地解决了 NLP 中棘手的长期依赖问题。

当把文本输入 BERT 模型后,首先需要对其进行编码。BERT 对文本进行编码时,会分别计算单词嵌入、位置嵌入及分割嵌入,并将它们进行相加作为最终的文本输入表示。之后文本输入表示将进入 BERT 模型的核心组成模块：Transformer。Transformer 是一个 encoder-decoder 结构,它由若干编码器和解码器堆叠形成[29]如图 14.2 所示,图中左侧部分为编码器,它由 Multi-Head Attention 和全连接层组成,用于将输入语料转换成特征向量。右侧部分是解码器,其输入为编码器的输出及已经预测的结果,它由 Masked Multi-Head Attention、Multi-Head Attention 和一个全连接组成。因为预训练 BERT 模型采用自监督学习方法在海量数据中进行了训练,因此,它可以更好地对单词进行特征表示。因此,本节将 BERT 模型最后一层全连接层的输出作为文本模态的特征表示,用于后续的模态交互以及情感分类。

14.3.2　时序卷积层

给定文本特征表示 X_A 和音频特征表示 X_T,为确保输入序列的每个元素对其邻域元素都有足够的感知,本节将文本和音频的特征表示分别输入到一个 1 维的时序卷积层中,计算过程见式(14.1):

$$\{\hat{X}_T, \hat{X}_A\} = \text{Conv1D}(\{X_T, X_A\}, k_{\langle T,A\rangle}) \tag{14.1}$$

其中,$k_{\langle T,A\rangle}$ 表示用于文本和音频模态的卷积核的大小,因为文本的特征表示维度远大于音频的特征表示,在训练的过程中,$\hat{X}_T$ 相较于 $\hat{X}_A$ 会越来越大,为了防止点积增长幅度过大,将 Softmax 函数的结果推到极小的梯度区域。本节对 $\hat{X}_T$ 和 $\hat{X}_A$ 进行了映射,映射过程见式(14.2)和式(14.3):

$$\hat{X}'_T = \frac{\hat{X}_T}{\sqrt{\|\hat{X}_T\|_2}} \tag{14.2}$$

$$\hat{X}'_A = \frac{\hat{X}_A}{\sqrt{\|\hat{X}_A\|_2}} \tag{14.3}$$

在得到 $X_T, \hat{X}'_T, \hat{X}'_A$ 之后,为了让文本模态和音频模态得到充分的交互,它们将被输入到 Masked Multimodal Attention 中。

14.3.3　Masked Multimodal Attention

Masked Multimodal Attention 作为 CM-BERT 模型的核心,其目的是引入音频模态的信息来帮助文本模态动态调整单词的权重,并对预训练的 BERT 模型进行微调,其模型结构如图 14.3 所示。首先,分别计算文本和音频模态下每个单词的权重,文本模态中的 Query 和 Key 定义为:$Q_T = K_T = \hat{X}'_T$,其中,$\hat{X}'_T$ 为映射后的文本特征表示。音频模态中的 Query 和 Key 定义为:$Q_A = K_A = \hat{X}'_A$,其中,$\hat{X}'_A$ 为映射后的单词层级对齐的音频特征表示。之后,文本模态的注意力矩阵 $\boldsymbol{\alpha}_T$ 和音频模态的注意力矩阵 $\boldsymbol{\beta}_A$ 定义见式(14.4)和式(14.5):

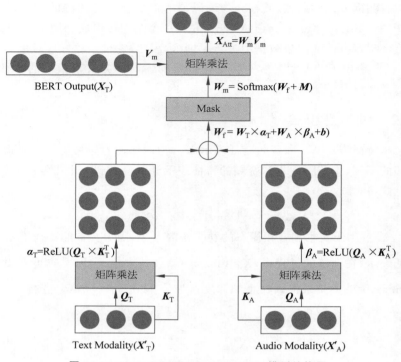

图 14.3　**Masked Multimodal Attention** 模型结构图

$$\boldsymbol{\alpha}_{\mathrm{T}} = \mathrm{ReLU}(Q_{\mathrm{T}} K_{\mathrm{T}}^{\mathrm{T}}) \tag{14.4}$$

$$\boldsymbol{\beta}_{\mathrm{A}} = \mathrm{ReLU}(Q_{\mathrm{A}} K_{\mathrm{A}}^{\mathrm{T}}) \tag{14.5}$$

为了能够让文本与音频模态更好地交互,并对单词权重进行动态调整,将文本与音频模态的注意力矩阵 $\boldsymbol{\alpha}_{\mathrm{T}}$ 和 $\boldsymbol{\beta}_{\mathrm{A}}$ 进行加权求和,并得到加权融合注意力矩阵 W_f:

$$W_f = w_{\mathrm{T}} * \boldsymbol{\alpha}_{\mathrm{T}} + w_{\mathrm{A}} * \boldsymbol{\beta}_{\mathrm{A}} + \boldsymbol{b} \tag{14.6}$$

其中,w_{T} 和 w_{A} 分别表示文本和音频模态的权重,$\boldsymbol{b}$ 表示偏差。为了减少填充序列的影响,本节引入了一个 mask 矩阵 $\boldsymbol{M}$,其中,用 0 表示单词所对应的位置,用 $-\infty$ 表示填充的位置,这样经过 Softmax 之后,填充序列所得到的权重趋向于 0。因此,多模态注意力矩阵 W_{m} 定义见式(14.7):

$$W_{\mathrm{m}} = \mathrm{Softmax}(W_f + \boldsymbol{M}) \tag{14.7}$$

在得到多模态注意力矩阵 W_{m} 之后,将它与 Masked Multimodal Attention 的 Key 相乘,从而得到最终的输出结果 X_{Att}:

$$X_{\mathrm{Att}} = W_{\mathrm{m}} V_{\mathrm{m}} \tag{14.8}$$

其中 $\boldsymbol{V}_{\mathrm{m}}$ 为 BERT 最后一层编码器的输出结果，$\boldsymbol{V}_{\mathrm{m}} = \boldsymbol{X}_{\mathrm{T}}$。

14.4 实验与分析

在本部分中，将展示所提出的 CM-BERT 模型在情感分类任务上的性能。首先，本节将介绍实验中所用的数据集和模型评估指标。其次，本节给出模型的详细实验设置。之后，本节将 CM-BERT 模型与当下最为先进的几种基线方法进行了模型对比。除此之外本节对 Masked Multimodal Attention 进行了可视化展示，从而证明该方法引入音频模态后可以有效地辅助文本模态动态调节句子中单词的权重。

14.4.1 数据集和评价指标

为了验证模型方法的有效性，本节在国际公开多模态情感数据集 MOSI[64] 及 MOSEI[10] 分别进行了对比实验。

本章分别使用与 13.2.2 节中相同的评价指标。

14.4.2 实验设置

为了严谨地阐述实验细节，本节详细介绍了实验中所使用的全部参数。本章所有模型均使用 PyTorch 框架实现。CM-BERT 中所使用的预训练 BERT 为 BERT_{base} 版本，它由 12 个 Transformer 层组成，全连接层神经元数目为 768。为了防止过度拟合，将编码器层的学习率设置为 0.01，并将其余层的学习率设置为 2×10^{-5}。为了获得更好的性能，冻结了编码层的参数。在训练过程中，batch 的大小设置为 32，epoch 的数目设置为 3，优化器使用 Adam，损失函数设置的为交叉熵。

14.4.3 跨模态情感分类实验结果

为了验证模型的有效性，本节首先在 MOSI 数据集与多种多模态模型进行了对比，用于对比的基线模型如下所示。

EF-LSTM：MCTN、MuIT 已在 13.2.3 节中详细介绍。

LMF[8]：低秩多模态融合（low-rank multimodal fusion，LMF）是一种利用低秩张量使多模态有效融合的方法。它不仅大大降低了计算复杂度，而且显著提高了性能。

MFN[9]：记忆融合网络（memory fusion network，MFN）主要由 LSTM、Delta-memory Attention、Multi-view Gated Memory 组成，它明确地解释了神经结构中的相互作用，并对它们进行了时序建模。

MARN[149]：多注意力循环网络（Multi-attention recurrent network，MARN）可以利

用 Multi-attention 和 Long-short Term Hybrid Memory 来发现和存储不同模式之间的交互作用。

RMFN[164]：循环多阶段融合网络（recurrent multistage fusion network，RMFN）将多阶段融合过程与递归神经网络相结合，对时间和模态内相互作用进行建模。

MFM[165]：多模态分解模型（multimodal factorization model，MFM）可以将多模态表示分解为多模态判别因子和模态特定生成因子，它可以帮助每个因子集中学习多模态数据和标签的联合信息子集。

T-BERT[31]：仅使用文本模态信息来对预训练 BERT 进行微调。

本节首先基于 MOSI 数据集对所提出的 CM-BERT 模型进行了对比实验，我们分别进行了情感二分类任务、情感极性分类任务以及回归任务，实验结果如表 14.1 所示，其中 T 表示文本，A 表示音频，V 表示视频。从实验结果不难看出，CM-BERT 在所有评价指标上均有大幅度的性能提升。在情感二分类任务中，CM-BERT 在 Acc-2 上相较于基线模型有 1.5%～9.2% 的性能提升。在情感极性分类任务中，CM-BERT 的性能提升更加明显，它在 Acc-7 上相较于基线模型提升了 4.9%～12.1%。在回归任务中，CM-BERT 在 MAE 上减少了 0.142～0.294，并在 Corr 上提升了 0.093～0.183。除此之外，除了 T-BERT 以外的所有基线模型均使用了文本、音频和视频 3 个模态的数据，但是本章所提出的 CM-BERT 只使用文本和音频模态的数据并创造了最优实验结果。

表 14.1　MOSI 数据集跨模态情感分类实验结果表

模　型	模　态	Acc-7	Acc-2	F_1	MAE	Corr
EF-LSTM	T+A+V	33.700	75.300	75.200	1.023	0.608
LMF	T+A+V	32.800	76.400	75.700	0.912	0.668
MFN	T+A+V	34.100	77.400	77.300	0.965	0.632
MARN	T+A+V	34.700	77.100	77.000	0.968	0.625
RMFN	T+A+V	38.300	78.400	78.000	0.922	0.681
MFM	T+A+V	36.200	78.100	78.100	0.951	0.662
MCTN	T+A+V	35.600	79.300	79.100	0.909	0.676
MulT	T+A+V	40.000	83.000	82.800	0.871	0.698
T-BERT	T	41.500	83.200	83.200	0.784	0.774
CM-BERT(ours)	T+A	**44.900**	**84.500**	**84.500**	**0.729**	**0.791**

从表 14.1 中可以看出，MulT 的实验结果要明显高出 T-BERT 以外的所有基线方

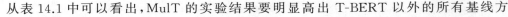

法,这主要是因为 MulT 将 Transformer 模型从文本模态延展到多模态。通过对比 T-BERT 与 MulT 的实验结果,因为预训练 BERT 可以得到更好的特征表示,因此 T-BERT 模型的实验结果均要优于 MulT。本章所提出的 CM-BERT 将预训练的 BERT 模型从文本模态拓展到多模态,它通过引入音频模态的数据来辅助文本模态动态调节单词的权重,从而更好地对预训练模型 BERT 进行微调。因为 CM-BERT 通过文本与音频模态的交互可以更全面地展示说话者的情感状态并捕捉更加丰富的情感特征,因此它在所有评价指标上的实验结果相较于 T-BERT 均有明显的提升。值得注意的是,表 14.1 中 CM-BERT 和 T-BERT 之间的 student-t 检验的 p 值在所有指标上都远远低于 0.05,这表明 CM-BERT 与 T-BERT 的实验结果在统计学上有显著性差异。

除了在 MOSI 数据集,本章还在 MOSEI 数据集上进行了对比实验来证明 CM-BERT 具有较强的泛化能力。为了便于比较,本节基于表 14.1 选取在 MOSI 数据集性能排名前三的模型 CM-BERT、T-BERT、MulT 在二分类准确率 Acc-2、F1 值进行对比。MulT 在 MOSEI 数据集上分别取得了 82.5% 的 Acc-2 和 82.3% 的 F1 值。T-BERT 在 Acc-2 和 F1 值上分别取得了 83.0% 和 82.7% 的实验结果,相较于 MulT 分别提升了 0.5% 和 0.4%。CM-BERT 在 Acc-2 和 F1 值上分别取得了 83.3% 和 83.2% 的实验结果,相较于其他两个模型在 Acc-2 上提升了 0.3%～0.8%,在 F1 值上提升了 0.5%～1.0%。因此,CM-BERT 在 MOSEI 数据集上依旧表现出了优异的性能。

14.4.4　注意力机制可视化分析

为了更好地证明 Masked Multimodal Attention 的有效性[166],本节分别将文本注意力矩阵 $\boldsymbol{\alpha}_T$ 和多模态注意力矩阵 $\boldsymbol{W}_m$ 可视化。通过对比二者在单词权重上的差异,可以证明在引入音频模态信息后,Masked Multimodal Attention 能够合理地调整单词的权重。本节从 MOSI 数据集中选取 3 个句子作为示例,展示了 Masked Multimodal Attention 的对单词权重的调整。这些句子的文本注意力矩阵 $\boldsymbol{\alpha}_T$ 和多模态注意力矩阵 $\boldsymbol{W}_m$ 如图 14.4 所示,其中图 14.4(a)～图 14.4(c)为只是用文本模态数据的注意力矩阵,14.4(d)～图 14.4(f)为引入音频模态数据后的多模态注意力矩阵。图 14.4(a)和图 14.4(b)为句子 THERE ARE SOME FUNNY MOMENTS 对应的注意力矩阵,图 14.4(b)～图 14.4(e)为句子 I JUST WANNA SAY THAT I LOVE YOU 对应的注意力矩阵,图 14.4(c)～图 14.4(f)为句子 I THOUGHT IT WAS FUN 对应的注意力矩阵。矩阵中颜色越深代表单词的权重越大,反之越小。其中,用红框来强调单词权重中最重要的变化。

第一个例子为句子 THERE ARE SOME FUNNY MOMENTS,图 14.4(a)和图 14.4(d)为对应的注意力矩阵。通过对比可以发现引入音频模态后,单词权重发生了很明显的变化。例如在图 14.4(a)中,单词 FUNNY 和 ARE 之间有较高的得分,然而这是无意义的,从这两个单词中无法捕捉到任何情感相关信息,引入音频模态信息后,Masked Multimodal Attention 有效地减少了 FUNNY 和 ARE 之间的权重,并合理地增加了 FUNNY 在 SOME 和 MOMENTS 的权重。第二个例子为句子 I JUST WANNA SAY THAT I LOVE YOU,图 14.4(b)和图 14.4(e)为对应的注意力矩阵。通过对比图 14.4(b)和图 14.4(e)可以发现 Masked Multimodal Attention 可以有效地提高相关单词的权重,并减少无关单词的权重。例如在图 14.4(e)中,单词 LOVE 和 YOU 的权重得到了有效提升,单词 JUST 和 THAT 之间的权重得到了合理降低。通过赋予相关词更多的权重,我们可以捕捉到更丰富的情感信息,减少噪声信息的影响。第三个例子为句子 I THOUGHT IT WAS FUN,对应的注意力矩阵为图 14.4(c)和图 14.4(f)。与前两个例子类似,单词 I 和单词 THOUGHT、FUN 之间的权重得到了合理的提高,因为这些词包含丰富的情感信息,它们对正确预测情感具有重要意义。通过以上 3 个例子,本节可以得出这样的结论:本章所提出的 Masked Multimodal Attention 能够合理地动态调整词的权重,并且能够通过文本和音频模态之间的交互作用来捕捉较为重要的信息。

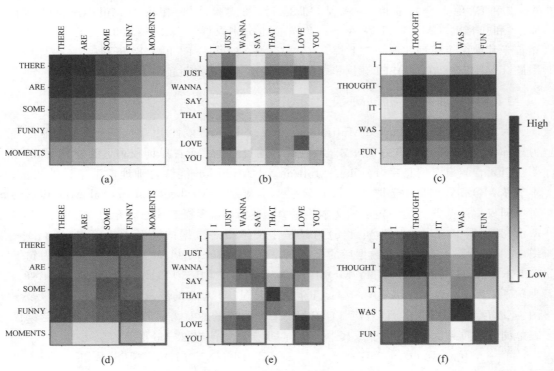

图 14.4　Masked Multimodal Attention 可视化展示图

14.5　不足与展望

本章基于预训练语言模型 BERT,提出了用于文本和音频跨模态情感分类的 CM-BERT 模型,虽然在国际公开数据集 MOSI 和 MOSEI 上取得了更为先进的实验结果,但还是存在一些缺点和不足,本节旨在根据现存的问题对未来工作进行合理展望。首先,使用预训练 BERT 模型在大规模数据集例如 MOSEI 上的训练时间开销较大,还需要对服务器的 GPU 性能有较高的要求。其次,本节只引入了音频模态来辅助文本模态动态调整单词权重,后续可以考虑将视频模态也引入进来,从而更好地微调预训练 BERT 模型。

14.6　本 章 小 结

本章提出了一种新的多模态情感分析模型,称为 CM-BERT。不同于以往的工作,将预训练的 BERT 模型从文本模态扩展到多模态。通过引入音频模态信息来帮助文本模态微调 BERT 并获得更好的表示。作为 CM-BERT 模型的核心单元,Masked Multimodal Attention 通过利用文本与音频模态间的交互来动态调整单词的权重,从而捕捉到更多与情感相关的信息。本章在 MOSI 及 MOSEI 数据集上进行了实验,实验结果表明该模型相较于基线模型在所有评价指标上均取得了明显的性能提升。通过对 Masked Multimodal Attention 进行可视化展示,可以有力地证明该方法引入音频模态后,可以合理地调节单词权重。

本篇小结　本篇所介绍的研究工作进展层层递进,从输入到融合,再到解决实际问题,一步步探索了在多模态情绪识别任务上的研究方法。每个步骤本篇都展示了详细实验结果来证明所提出方法的有效性,并对已完成的工作进行了全面的分析,也对未来的工作有了明确的方向。

本篇在跨模态情绪识别和情感分析领域,提出了一个可以解决模态对齐与否这种实际问题的模型。该模型同样在准确识别情绪的任务上取得了较好的性能。然而,这项工作还有很多值得进一步深入的地方。首先,本篇没有涉及对视频模态的处理,仍然缺失了从人们面部表情这一角度来把握情绪信息。对于视频模态的表征提取工作仍然是充满挑战的。在未来工作中,会继续研究视频模态的情绪识别方法,并类比于已有的工作基础,构建出更加丰富和有效的情绪识别模型。

第五篇

多模态信息的
情感分析

本篇将围绕多任务学习机制提出几种多模态情感分析模型。每种方法都相应地解决了在多模态情感分析问题中所遇到的局限，并通过大量的实验证明了各方法的有效性。

第 15 章 基于多任务学习的多模态情感分析模型

多任务学习通过同时优化多个学习型目标提升学习型表示特征的信息量，进而提升模型的鲁棒性。因此，将多任务学习应用于多模态情感分析中，主要目的是为了提升多模态融合前后的特征表示能力。例如，Akhtar 等[59]基于硬共享机制联合学习多模态情感分析和情绪识别任务，获得了情感信息更加丰富的多模态表示，从而获得了更优的情感识别性能。但是带有统一标注的多模态级别任务仍然仅能提升模态表示的一致性信息，难以弥补差异化信息的缺失。在最近的一项研究工作中，研究者尝试加入多个自监督的子任务约束，用于引导模型学到更具模态一致性和模态差异性的单模态表示[11]。如图 15.1 所示，在获得 3 个单模态表示之后，作者首先将其分别映射到一致性和差异性空间，然后引入了额外的 3 个结构性优化目标：相似度损失、差异性损失和重构损失。相似度和差异性损失优化分别用于增强单模态表示的一致性和差异性，重构损失用于避免映射后的表示特征与原特征差异过大。但是模态语义中的一致性和差异性难以在空间维度上进行有效度量，所以这种做法并没有取得显著的效果。

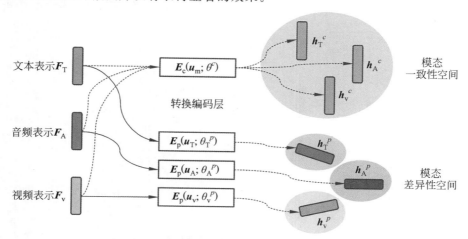

图 15.1　模态一致性和模态差异性学习模型

总体上,现有研究中将多任务与多模态情感分析相结合的工作还比较缺乏。在本章后续研究中,将考虑在多模态情感分析主任务的基础上,引入额外的单模态子任务,引导模型学到更多的模态差异性信息。

本章将在此基础上开展主线任务——基于多任务学习范式联合学习多模态和单模态情感分析任务。基于先前标注的多模态多标签的中文多模态情感分析数据集,构建有监督的多任务多模态情感分析框架,在框架中引入 3 个主流的融合结构,通过对比实验充分验证单模态子任务对多模态主任务的辅助作用。

15.1　基于多任务学习的多模态情感分析模型概述

15.1.1　模型总体设计

图 15.2 展示了本章基于多任务学习的多模态情感分析框架(multi-task Multi-modal sentiment analysis,MMSA),这是一种典型的独立表示的后期融合结构。整个模型分为输入层、表示学习层、融合层和分类输出层 4 部分。输入层以 3 个单模态数据作为输入,表示学习层包含 3 个单模态表示学习子网络,融合层将单模态表示进行融合得到一个融合后表示。前 3 部分与其他多模态情感分析模型没有明显差异,重点在于第 4 部分——分类输出层。在得到每个单模态表示之后,除了将其输入融合层执行多模态分析任务外,还分别被用于执行各个单模态情感分析任务。因此,各个单模态表示学习子网络均得到了两部分的联合监督:多模态监督和单模态监督。以上对本章的模型进行了整体性介绍,下面将对其中各个部分进行详细介绍。

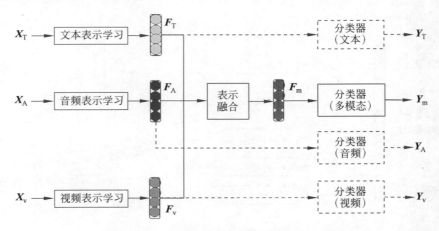

图 15.2　基于多任务学习的多模态情感分析框架图

15.1.2　单模态表示学习网络

单模态表示学习网络是对单模态原始数据进行构造和学习的过程,由于本章聚焦于模型的后向引导和优化过程,以及为了便于与现有模型方法作对比,因此这部分的模型设计主要借鉴于文献[4]。下面对各单模态表示学习网络进行详细介绍。

1. 文本表示学习

文本是典型的非数值型数据,不能直接输入网络模型中,为此需要先将文本转换为数值型向量。近两年,以 BERT[31] 为代表的预训练语言模型成为主流的文本向量化模型。特别地,BERT 可以提取字级别的向量表示,因此也不需要对中文句子进行分词处理,仅需在句子开头和结尾加上对应的指示符号。于是,可将文本数据直接输入到预训练过的 BERT 中得到每个句子中的字向量特征。在多模态情感分析中,所处理的文本更偏向口语化,相较于书面语言,更容易出现停顿及意义不大的语气词,例如,"这个,额,我觉得有点,不是很好看"。而 BERT 是以单模态的书面文字作为预训练素材,没有考虑到日常口语的特点。为了解决此问题,可以在提取的句子向量基础上加入 LSTM[28] 和全连接映射层。LSTM 具有更新记忆和选择性遗忘的特点,而全连接层可以结合非线性变化,将不重要信息的权重拉低。由此,可以过滤掉不重要的文字信息,避免对后续判断产生干扰。

图 15.3 展示了文本表示网络的详细结构。给定一个句子并限定其最大长度为 l,利用预训练的 BERT 得到句子的字向量 $\boldsymbol{X}_\mathrm{T} \in \boldsymbol{R}^{l_t \times 768}$,将其输入到单向 LSTM 网络中获得隐状态表示,最后经过全连接层转换得到文本表示为

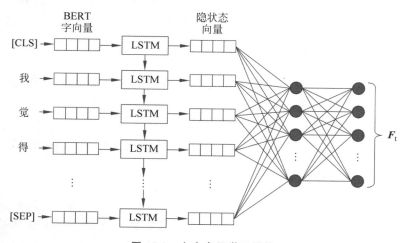

图 15.3　文本表示学习网络

$$\boldsymbol{h} = \mathrm{LSTM}(\boldsymbol{X}_\mathrm{T}; \boldsymbol{W}_{ld}) \tag{15.1}$$

$$\boldsymbol{F}_\mathrm{T} = U_1(\boldsymbol{h}; \boldsymbol{W}_l) \in \mathbf{R}^{d_\mathrm{T}} \tag{15.2}$$

其中，$\boldsymbol{h}$ 是 LSTM 输出的隐状态向量；U_1 是全连接网络；$\boldsymbol{d}_\mathrm{T}$ 是最终得到的文本表示维度。

2. 音频表示学习

对于每个音频片段，以 22050Hz 的采样率进行分帧处理（大约 23ms/帧），然后针对每个音频帧，采用 LibROSA 工具包[108]提取一系列的音频特征，包括 1 维的过零率、20 维的 MFCC 和 12 维的常数 Q 变换特征。这些特征中包含了说话人声音中的不同特点，文献[167]已经验证了这些特征与音频情感密切相关。随后，沿着时间维度将同一个音频片段中不同音频帧的特征进行平均池化得到原始的音频特征 $\boldsymbol{X}_\mathrm{A}$。

由于已经提取得到了丰富的音频特征，因此一个浅层的神经网络便足以实现后续的表示学习过程。为此，将 $\boldsymbol{X}_\mathrm{A}$ 输入 3 层全连接网络中，以 ReLU 作为非线性激活函数，对音频原始特征进行再次学习和转换：

$$\boldsymbol{F}_\mathrm{A} = U_\mathrm{A}(\boldsymbol{X}_\mathrm{A}; \boldsymbol{W}_\mathrm{A}) \in \mathbf{R}^{d_\mathrm{A}} \tag{15.3}$$

其中，U_A 是带 ReLU 激活的 3 层全连接网络；d_A 是最终得到的音频表示维度。

3. 视频表示学习

一段视频可视为随时间变化的图片序列，因此首先从视频中以 30Hz 的频率抽取出帧序列（每秒视频中提取 30 张图片）。然后，考虑到说话人的脸部是最能体现情感色彩的视觉信息，因此结合 MTCNN 算法[137]从图片中框出人脸，并且根据眼睛和嘴巴的位置进行人脸对齐。接着，利用 OpenFace 2.0 工具包[136]从对齐的人脸图片中提取出 68 个脸部关键点坐标、17 个人脸动作单元、头部姿态、头部扭曲角度和眼神状态等与人脸表情相关的特征，最终每张人脸图片均得到了 709 维的原始人脸特征。随后，沿着时间维度将同一个音频片段中不同音频帧的特征进行平均池化得到原始的视频特征 $\boldsymbol{X}_\mathrm{v}$。

与音频表示学习过程类似，将 $\boldsymbol{X}_\mathrm{v}$ 输入 3 层全连接网络中，以 ReLU 作为非线性激活函数，对视频原始特征进行再次学习和转换：

$$\boldsymbol{F}_\mathrm{v} = U_\mathrm{v}(\boldsymbol{X}_\mathrm{v}; \boldsymbol{W}_\mathrm{v}) \in \mathbf{R}^{d_\mathrm{v}} \tag{15.4}$$

其中，U_v 是带 ReLU 激活的 3 层全连接网络；d_v 是最终得到的视频表示维度。

15.1.3 表示融合和分类

为了充分验证加入单模态子任务后学到的表示是否能够更好地促进融合效果，本节引入了 3 种经典的多模态融合结构：简单拼接、张量融合网络 TFN[4]和低阶张量融合网络 LMF[8]。为了区别已有模型，将得到的 3 个新的模型分别命名为 MLF-DNN、MTFN、MLMF。由于上述融合结构在 2.2.3 节有详细介绍，此处不再赘述。不失一般性，表示融合的表达式如下：

$$F_m = F(F_T, F_A, F_v; \theta)$$

(15.5)

其中，F 为特定的融合模型，θ 为融合模型的参数。单模态表示不仅参与表示融合过程，还参与各自的分类输出。为了便捷性和统一性，本模型在 3 个单模态子任务和一个多模态主任务上都采用了多层全连接网络作为最终的分类器，输出情感分析结果。鉴于数据集是回归类型标注的特点，最终输出的结果为 1 维的回归值，而不是多维的分类值。

$$Y_i = U_c^i(F_i; W_c^i) \in \mathbf{R}$$

(15.6)

其中，$i \in \{m, t, a, v\}$，U_c^i 为模态 i 的分类器；W_c^i 为其对应的参数。

15.1.4　多任务优化目标

除了各个任务中的训练损失，基于 L2 的正则化被用于约束任务之间的共享参数。因此，整体的优化目标为

$$L = \frac{1}{N_t} \sum_{n=1}^{N_t} \sum_i \alpha_i \left| y_i^n - \hat{y}_i^n \right| + \sum_j \beta_j \| W_j \|_2^2$$

(15.7)

其中，N_t 是训练样本的数量；$i \in \{m, t, a, v\}$；$j \in \{t, a, v\}$；W_j 是单模态任务 j 和多模态任务之间的共享参数；α_i 是用于权衡不同任务训练过程的超参数；β_j 代表单模态表示学习子网络 j 的权重衰减因子。

15.2　实验设置和结果分析

15.2.1　实验设置

本节详细介绍后续实验中需要用到的多模态基线方法、训练设置和结果的评价指标。

1. 基线方法

EF-LSTM；TFN[4]；LMF[8]；MFN[9]；MuIT[30]已在 13.2.3 节和 14.4.3 节中详细介绍了。基于晚期融合的深度神经网络（LF-DNN）：与 EF-LSTM 相反，LF-DNN 首先学习各个单模态表示，然后将这些学习型表示进行简单拼接得到融合后的表示。

2. 训练设置

在随机打乱所有的视频片段后，按照 6∶2∶2 的比例将其划分为训练集、验证集和测试集，如表 15.1 所示。由于不同的样本具有不同的序列长度，而模型需要大小一致的数据作为输入量。因此，有必要为所有样本在同一模态的数据设定固定的长度值。传统的做法一般采用最大值或者均值作为固定的序列长度。但是，前者易造成输入数据包含过多无效值，影响模型训练速度和收敛性能；后者会导致超过均值的片段被人为裁剪，造成大

量有效信息的丢失。为了解决上述问题,本章采用所有样本长度的均值加 3 倍标准差的结果作为固定长度。其理由是,假设所有样本的长度符合正态分布,那么这种方法可以覆盖 99.73% 的样本,同时避免了因单个片段长度过长而引入大量的无效信息。

表 15.1　SIMS 数据集训练设置表

类别	强消极	弱消极	中性	弱积极	强积极	总量
训练集	452	290	207	208	211	1368
验证集	151	97	69	69	70	456
测试集	151	97	69	69	71	457

对于所有的基准模型和本章提出的方法,采用网格搜索策略调整超参数,选择验证集上二分类准确性最好的结果作为最终的模型参数。由于深度学习模型具有初始化参数,而这些参数带有一定的随机性,并且会对模型结果产生较大影响。因此,为了增加不同方法比较的公平性,每组实验被用 5 个不同的随机种子(1,12,123,1234,12345)跑了 5 次,以 5 轮结果的均值作为最终的汇报结果。

3. 评价指标

与文献[4]一致,本章以两种任务形式记录实验结果:多分类和回归。此处,值得注意的是整个模型输出的是回归值,多分类的结果是将回归值按照表 15.1 进行类别转换得到的。对于多分类结果,记录多分类准确率 Acc-k,其中 $k \in \{2,3,5\}$,分别表示二分类、三分类和五分类准确率,以及加权的 F1 分数。对于回归型结果,记录 MAE 和 Corr。除了 MAE 指标,其余的评价指标都是值越高代表性能越好。

15.2.2　结果与分析

在本节,基于 SIMS 数据集主要探索以下 4 方面的实验内容。

(1)**多模态结果分析**。此部分首先将本章提出的多任务多模态情感分析算法与传统的单任务多模态情感算法进行了结果对比,目的在于验证多任务算法的有效性,及为 SIMS 数据集设定基线模型。

(2)**单模态结果分析**。由于 SIMS 带有独立的单模态标注,因此可以更全面地分析单模态和多模态算法之间的效果差异,目的在于验证多模态算法的有效性以及为 SIMS 设立单模态情感分析的基准模型。

(3)**控制变量分析**。通过控制单模态子任务的引入数量,验证不同单模态组合对多模态情感分析的结果影响程度,目的在于进一步探索单模态子任务与多模态主任务之间的关系。

（4）**表示差异性分析**。基于 t-SNE 分析技术,此部分对单模态子任务引入前后的模型所学到的各个模态表示进行二维可视化。其目的在于分析单模态子任务是否能够辅助模型学到更具有差异化的单模态表示分布。

下面,依次分析上述 4 方面的实验结果。

1. 多模态结果分析

在此部分,将多任务模型与单任务基线模型的结果进行对比并且仅考虑多模态任务的结果。实验结果如表 15.2 所示,表中带 * 标记的是基于现有工作改进后的多任务模型,▽所在的行指示引入单模态子任务后的效果增益。从表 15.2 中可以看出,相比基线模型,多任务模型在绝大多数评价指标上均取得了更好的性能。特别地,所有的 3 个改进模型(MLF-DNN、MTFN、MLMF)都在原始模型(LF-DNN、TFN、LMF)的基础上取得了显著的性能提升。以上的结果表明,独立的单模态子任务的引入可以显著提升现有多模态情感分析算法的性能。并且,注意到 MulT 模型在 SIMS 上的表现并不像其在英文数据集上尽如人意[30]。这表明设计一个强鲁棒性的跨语言多模态情感分析模型仍然是一个充满挑战的任务,也是本章构建一个中文的多模态情感分析数据集的原因之一。

表 15.2　SIMS 数据集上的多模态模型结果对比表

模 型	Acc-2	Acc-3	Acc-5	F1	MAE	Corr
EF-LSTM	69.37	51.73	21.02	81.91	59.34	-04.39
MFN	77.86	63.89	39.39	78.22	45.19	55.18
MulT	77.94	65.03	35.34	79.10	48.45	55.94
LF-DNN	79.87	66.91	41.62	80.20	42.01	61.23
MLF-DNN*	82.28	69.06	38.03	82.52	40.64	67.47
▽	↑2.41	↑2.15	↓3.59	↑2.32	↓1.37	↑6.24
TFN	80.66	64.46	38.38	81.62	42.52	61.18
MTFN*	82.45	69.02	37.20	82.56	40.66	66.98
▽	↑1.79	↑4.56	↓1.18	↑0.94	↓1.86	↑5.80
LMF	79.34	64.38	35.14	79.96	43.99	60.00
MLMF*	82.32	67.70	37.33	82.66	42.03	63.13
▽	↑2.98	↑3.32	↑2.19	↑2.70	↓1.96	↑3.13

2. 单模态结果分析

由于 SIMS 上含有独立的单模态情感标注,因此对每个模态分别做了 2 组对比实验。在第一组实验中,真实的单模态标签被用于监督单模态任务的学习过程,用于验证单模态情感分析性能。在第二组实验中,用多模态标签替代单模态标签,验证模型在仅知道单模态信息时对多模态信息所指向的人物真实情感的预测能力。

实验结果如表 15.3 所示。首先,对于相同的单模态任务,在单模态标签(标签类别不为 M)下的结果均优于在多模态标签下(标签类别为 M)的结果。其次,在多模态标签下,实验结果显著低于表 11.4 中结合多个模态信息得到的结果。以上观察结果说明仅依靠单个模态信息难以判断人物的真实情感状态,验证了执行多模态分析的必要性。

表 15.3　SIMS 数据集上的单模态情感分析结果对比表

任务	标签类别	Acc-2	F1	MAE	Corr
A	A	67.70	79.61	53.80	10.07
	M	65.47	71.44	57.89	14.54
V	V	81.62	82.73	49.57	57.61
	M	74.44	79.55	54.46	38.76
T	T	80.26	82.93	41.79	49.33
	M	75.19	78.43	52.73	38.55

3. 控制变量分析

在此部分,将不同的单模态子任务与多模态主任务进行组合实验,其目的在于进一步探索不同单模态子任务对多模态主任务的影响程度。实验结果如表 15.4 所示。结果表明在仅含部分单模态子任务的情况下,多模态主任务的效果并没有明显提升,甚至出现下降情况。经过分析,上述现象可能与两个因素有关:不同单模态表示的差异性和不同单模态子网络收敛过程的异步性。前者指单模态子任务会增强各模态表示之间的差异性,对模型性能产生正向效果;后者指单模态子任务可能会造成各单模态子网络收敛程度不一样,降低模型性能。以任务 M,A 为例,音频表示学习子网络受多模态和单模态监督的共同作用,而文本和视频子网络仅受多模态监督。因此,在参数的每轮更新过程中,音频子网络相当于更新了 2 次,而文本和视频子网络仅更新了一次。由此导致的异步性问题会有损多任务模型的性能。但是,随着单模态子任务数量的增加,异步性问题得以缓解,并且不同模态表示的差异性得以增强,所以模型的效果也逐步提升。在 3 个单模态子任务全部引入时,模型的性能达到了最佳水平。

表 15.4　基于 MLF-DNN 测得的不同任务结合的结果对比表

任务组合	Acc-2	F1	MAE	Corr
M	80.04	80.40	43.95	61.78
M,T	80.04	80.25	43.11	63.34
M,A	76.85	77.28	46.98	55.16
M,V	79.96	80.38	43.16	61.87
M,T,A	80.88	81.10	42.54	64.16
M,T,V	80.04	80.87	42.42	60.66
M,A,V	79.87	80.32	43.06	62.95
M,T,A,V	**82.28**	**82.52**	**40.64**	**64.74**

4. 表示可视化分析

最后,为了验证单模态子任务的引入会增强各单模态表示的差异性,此部分基于 t-SNE 可视化技术对 3 组模型学到的单模态表示进行降维可视化。3 组模型分别是 LF-DNN 和 MLF-DNN、TFN 和 MTFN、LMF 和 MLMF。可见在每组模型中,唯一的差别是有无 3 个独立的单模态子任务。可视化结果如图 15.4 所示,在每个子图中,红色、绿色、蓝色的点分别代表文本(T)、音频(A)和视频(V)的模态表示分布情况,以及同一列中的两个子图形成一组对照关系。从图中可以看出,未引入单模态子任务的模型得到的各单模态表示在分布上更趋于一致,尤其是 LMF 的结果。而在引入单模态子任务后,单模态的表示分布差异明显更大。因此,单模态子任务可以帮助模型获得更具有差异化的信息,从而增强不同模态之间的互补性信息。

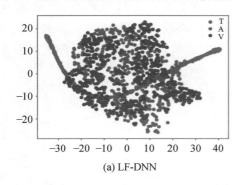

(a) LF-DNN

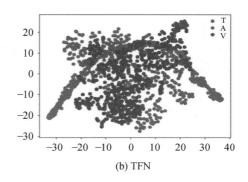

(b) TFN

图 15.4　单模态表示的可视化

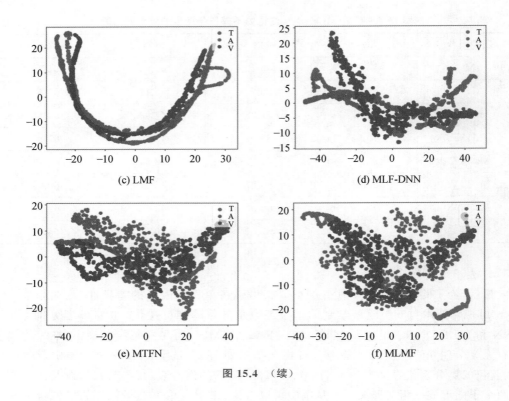

图 15.4 （续）

15.3 本章小结

本章基于先前标注的多模态多标签的中文多模态情感分析数据集 SIMS 构建了 MMSA。在框架中联合学习 3 个单模态子任务和一个多模态主任务，并且将典型的 3 种融合结构引入此框架中。此外，4 个方面的对比实验结果充分验证了独立的单模态子任务能够辅助多模态模型学到更具有差异化的单模态表示信息，进而提升模型效果。

第 16 章　基于自监督学习的多任务多模态情感分析模型

在第 15 章中基于 SIMS 构建了基于多任务学习的多模态情感分析模型,并且取得了较好的实验效果。但是此模型存在以下 3 个明显不足:①独立的单模态标注需要大量的人力和时间开销,并且因为现有数据集中没有此类标注信息,所以无法在其他数据集上验证单模态子任务的效果;②在音视频单模态表示学习子网络中,使用平均池化忽略了数据随时间变化的特性;③在多任务学习策略中,不同任务的损失权重是人为设定的超参数,过于依赖人工经验,并且易导致不同子网络学习过程产生异步性问题。

为了解决上述问题,本章提出一种基于自监督学习策略的多任务多模态情感分析模型。该模型在没有人工标注的单模态标签的引导下,仍然可以基于多任务学习联合训练单模态和多模态情感分析任务。并且,基于时序模型优化了单模态表示学习子结构,同时提出一种自适应的多任务损失函数,使得模型更加关注多模态和单模态标签差异性大的训练样本,有效解决了不同子网络学习的异步性问题。最终,在 3 个数据集上进行了大量的实验,充分验证了模型的有效性和方法的可行性。

16.1　基于自监督学习的单模态伪标签生成模型

在本节,将对本章所提出的基于自监督学习的多任务多模态情感分析(self-supervised multi-task multimodal sentiment analysis,Self-MM)模型进行详细介绍。自监督学习(self-supervised learning,SSL)是无监督学习(unsupervised learning)的一种,其利用数据和模型的自身特点得到任务的监督信息。在本章中,自监督学习特指 3 个单模态子任务的训练过程是不需要人工标注的,而多模态主任务仍然由人工标签监督。因此,与第 15 章所提出的模型类似,Self-MM 仍是一个多任务模型,通过联合学习单模态子任务和多模态主任务促使模型学到兼具模态差异性和模态一致性的单模态表示。下面将详细介绍 Self-MM 的具体实现。

16.1.1　模型总体设计

Self-MM 的总体模型如图 16.1 所示。与第 15 章提出的 MMSA 结构类似,Self-MM

模型仍然由一个多模态主任务(见图 16.1 左侧)和 3 个单模态子任务(见图 16.1 右侧)组成。在不同任务之间,采用硬共享策略共享底层网络参数。下面分多模态任务和单模态任务两个部分对模型整体进行介绍。

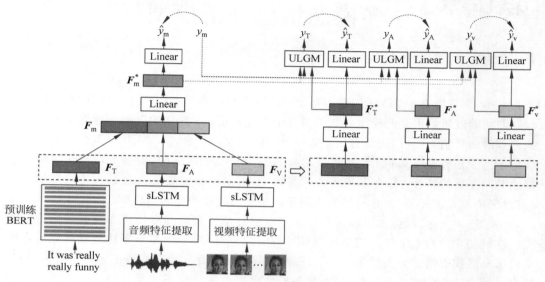

图 16.1 Self-MM 的模型总体框图

1. 多模态任务

对于多模态任务,采纳了一种典型的多模态情感分析结构,其包含 3 个独立的单模态表示学习网络、特征融合网络和分类输出网络。在文本模态,12 层的预训练 BERT 被用于提取句子表示特征,经验上,最后一层的第一个词向量被选为整个句子的表示 $\boldsymbol{F}_{\mathrm{T}}$:

$$\boldsymbol{F}_{\mathrm{T}} = \mathrm{BERT}(\boldsymbol{I}_{\mathrm{T}}; \theta_{\mathrm{T}}^{\mathrm{bert}}) \in \mathbf{R}^{d_{\mathrm{T}}} \tag{16.1}$$

第 15 章提出的 MMSA 中 BERT 仅被用做参数固定的特征提取工具,但在 Self-MM 中 BERT 的参数并没有被完全固定,而是会参与模型的训练过程,参数会随着网络更新而微调。因此,Self-MM 中没有使用 LSTM 去捕捉句子间的时间特征。

对于音视频模态,与第 15 章工作和文献[4]类似,首先基于成熟的特征提取工具从原始数据中获得音频和视频的原始特征集 $\boldsymbol{I}_{\mathrm{A}}$ 和 $\boldsymbol{I}_{\mathrm{V}}$。然后,利用单向的 LSTM 网络捕获数据中的时序性特征,将其最后一个隐状态作为音视频的序列表示:

$$\boldsymbol{F}_{\mathrm{A}} = \mathrm{sLSTM}(\boldsymbol{I}_{\mathrm{A}}; \theta_{\mathrm{A}}^{\mathrm{lstm}}) \in \mathbf{R}^{d_{\mathrm{A}}} \tag{16.2}$$

$$\boldsymbol{F}_{\mathrm{V}} = \mathrm{sLSTM}(\boldsymbol{I}_{\mathrm{V}}; \theta_{\mathrm{V}}^{\mathrm{lstm}}) \in \mathbf{R}^{d_{\mathrm{V}}} \tag{16.3}$$

然后,拼接各个单模态表示并将其映射到一个较低维度的表示空间:

$$F_{\mathrm{m}}^{*} = \mathrm{ReLU}(W_{l1}^{\mathrm{mT}}[F_{\mathrm{T}}; F_{\mathrm{A}}; F_{\mathrm{V}}] + b_{l1}^{\mathrm{m}}) \tag{16.4}$$

其中，$W_{l1}^{\mathrm{m}} \in \mathbf{R}^{(dl + dA + dv) \times d_{\mathrm{m}}}$。

最后，融合表示 F_{m}^{*} 被用于预测多模态情感结果：

$$\hat{y}_{\mathrm{m}} = W_{l2}^{\mathrm{mT}} F_{\mathrm{m}}^{*} + b_{l2}^{\mathrm{m}} \tag{16.5}$$

其中，$W_{l2}^{\mathrm{m}} \in \mathbf{R}^{d_{\mathrm{m}} \times 1}$。

2. 单模态任务

对于 3 个单模态子任务而言，它们与多模态主任务之间共享表示学习网络。为了降低各个模态表示之间的维度差异，首先将各个单模态表示映射到一个新的特征空间：

$$F_s^{*} = \mathrm{ReLU}(W_{l1}^{s\mathrm{T}} F_s + b_{l1}^{s}) \tag{16.6}$$

$$\hat{y}_s = W_{l2}^{s\mathrm{T}} F_s^{*} + b_{l2}^{s} \tag{16.7}$$

其中，$s \in \{T, A, V\}$。

为了指导单模态任务的训练过程，单模态伪标签生成模块（unimodal label generation module，ULGM）被用于生成各个单模态监督值。此模块的细节将在 16.1.2 节中详细介绍。

$$y_s = \mathrm{ULGM}(y_{\mathrm{m}}, F_{\mathrm{m}}^{*}, F_s^{*}) \tag{16.8}$$

其中，$s \in \{T, A, V\}$。

最终，在人工标注的多模态标签和自监督策略生成的单模态伪标签指导下联合训练多个任务。特别地，与 MMSA 类似，仅在训练阶段需要单模态子任务参与。

16.1.2　ULGM

ULGM 的目的是基于多模态人工标注和各个模态表示生成单模态监督值。为了避免由于网络参数更新带来的非必要性干扰，ULGM 被设计为一个无参模块。其基于 2 条经验性假设。

（1）某个样本预测结果的值与其模态表示到各个类中心的距离成正相关关系，例如，若文本表示到情感积极中心的距离大于消极中心，那么文本的情感结果应该也更趋近积极。

（2）单模态与多模态的情感标签高度相关，即单模态标签可以通过多模态标签加上一个偏移量计算得到。如图 16.2 所示，给定一个训练样本，它的多模态表示 F_{m}^{*} 更接近其积极中心（m-pos），而单模态表示更接近其消极中心（s-neg）。因此，需要在人工标注的多模态标签 y_{m} 基础上增加一个负向偏移 δ_{sm} 得到此样本的单模态监督值。下面详细介绍此模块的内部细节。

1. 相对距离度量

由于不同的模态表示存在于不同的特征子空间中，无法使用绝对距离进行度量，因此

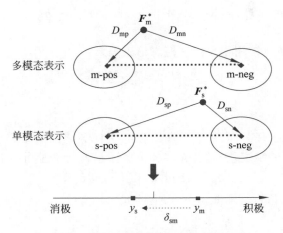

图 16.2　单模态伪标签生成图例

本章提出相对距离度量的概念，以此评价不同模态表示到其类中心的距离。首先，在每轮训练过程中，更新维护不同模态的情感积极和消极中心位置：

$$C_i^p = \frac{\sum_{j=1}^{N} I(y_i(j) > 0) \cdot F_{ij}^g}{\sum_{j=1}^{N} I(y_i(j) > 0)} \qquad (16.9)$$

$$C_i^n = \frac{\sum_{j=1}^{N} I(y_i(j) < 0) \cdot F_{ij}^g}{\sum_{j=1}^{N} I(y_i(j) < 0)} \qquad (16.10)$$

其中，$i \in \{m, T, A, V\}$，N 是训练样本的总数，$I(\cdot)$ 是指示函数（内部条件为真时为 1，否则为 0）。F_{ij}^g 是模态 i 中第 j 个样本的全局表示。

然后，利用 L2 范数计算当前样本的模态表示 F_i^* 与各个类中心的距离：

$$D_i^p = \frac{\| F_i^* - C_i^p \|_2^2}{\sqrt{d_i}} \qquad (16.11)$$

$$D_i^n = \frac{\| F_i^* - C_i^n \|_2^2}{\sqrt{d_i}} \qquad (16.12)$$

其中，$i \in \{m, T, A, V\}$，d_i 是特征的表示维度大小，在此处被用作缩放因子。

在此基础上，进一步定义相对距离度量值：

$$\alpha_i = \frac{D_i^n - D_i^p}{D_i^p + \varepsilon} \tag{16.13}$$

其中,$i \in \{m, T, A, V\}$,ε 是一个极小的正数,避免除零异常。

2. 偏移量推导

结合上述分析过程,相对距离度量 α_i 与模型的输出结果成正相关。为了得到单模态监督值和预测结果之间的联系,考虑以下两类关系:

$$\frac{y_s}{y_m} \propto \frac{\hat{y}_s}{\hat{y}_m} \propto \frac{\alpha_s}{\alpha_m} \Rightarrow y_s = \frac{\alpha_s * y_m}{\alpha_m} \tag{16.14}$$

$$y_s - y_m \propto \hat{y}_s - \hat{y}_m \propto \alpha_s - \alpha_m \Rightarrow y_s = y_m + \alpha_s - \alpha_m \tag{16.15}$$

其中,$s \in \{T, A, V\}$。

在公式(16.14)中,当 $y_m = 0$ 时,其生成的 y_s 总等于 0。因此,引入式(16.15)的目的是为了解决这种“零值不变问题”。为了方便,此处假设上述两层关系的权重相等,因此,等权相加得到单模态伪标签为

$$\begin{aligned} y_s &= \frac{y_m \cdot \alpha_s}{2\alpha_m} + \frac{y_m + \alpha_s - \alpha_m}{2} \\ &= y_m + \frac{\alpha_s - \alpha_m}{2} \times \frac{y_m + \alpha_m}{\alpha_m} \\ &= y_m + \delta_{sm} \end{aligned} \tag{16.16}$$

其中,$s \in \{T, A, V\}$。则 $\delta_{sm} = ((\alpha_T - \alpha_m)/2) \times ((y_m + \alpha_m)/\alpha_m)$ 表示单模态伪标签与多模态标注之间的偏移量大小。

3. 迭代式的模态标签更新策略

由于每轮学习过程中,模态表示都会发生变化。因此,通过式(16.16)计算得到的单模态伪标签不是足够稳定的。为了避免这种情况影响网络参数的收敛性,本章引入了一种迭代式的模态标签更新策略。

$$y_s^{(i)} = \begin{cases} y_m & i = 1 \\ \dfrac{i-1}{i+1} y_s^{(i-1)} + \dfrac{2}{i+1} y_s^i & i > 1 \end{cases} \tag{16.17}$$

其中,$s \in \{T, A, V\}$,y_s^i 是第 i 个轮次计算得到的单模态伪标签,$y_s^{(i)}$ 是在 i 个轮次后所生成的单模态伪标签。

形式上,假设模型训练的总轮次为 n,则通过式(16.17)可得到 y_s^i 的权重为 $2i/n(n+1)$。可见,在后面轮次计算得到的结果所占的权重大于前面轮次的结果。这种设计可以加速伪标签的收敛速度,避免了前期由于模型不稳定而产生的不确定性结果。

另外,由于 $y_s^{(i)}$ 是所有轮次得到的 y_s^i 的加权和,因此,$y_s^{(i)}$ 在足够的迭代之后必会趋于稳定(在后续实验中,大概迭代 20 次后便趋于稳定)。最终,所有单模态子任务的训练过程也会趋于稳定。详细的更新算法如算法 16.1 所示。

算法 16.1   单模态伪标签生成策略

输入:单模态输入数据 I_1, I_A, I_V,多模态标签 y_m

输出:单模态伪标签 $y_T^{(i)}, y_A^{(i)}, y_V^{(i)}$,其中 i 指训练的迭代轮次数

1:初始化网络参数 $M(\theta; x)$

2:初始化单模态伪标签 $y_T^{(1)} = y_m, y_A^{(1)} = y_m, y_V^{(1)} = y_m$

3:初始化全局模态表示 $F_T^g = 0, F_A^g = 0, F_V^g = 0, F_m^g = 0$

4:for $n \in [1, \text{end}]$ do

5:　　for mini-batch in dataLoader do

6:　　　　计算 mini-batch 的模态表示 $\boldsymbol{F}_T^*, \boldsymbol{F}_A^*, \boldsymbol{F}_V^*, \boldsymbol{F}_m^*$

7:　　　　利用式(16.18)计算损失 L 值

8:　　　　计算参数梯度 $\dfrac{\vartheta L}{\vartheta \theta}$

9:　　　　更新模型参数:$\theta = \theta - \eta \dfrac{\vartheta L}{\vartheta \theta}$

10:　　　　if $n \neq 1$ then

11:　　　　　　利用式(16.9)~式(16.13)计算相对距离度量值 $\alpha_m, \alpha_T, \alpha_A, \text{and } \alpha_V$

12:　　　　　　利用式(16.16)计算 y_T, y_A, y_V

13:　　　　　　利用式(16.13)更新 $y_T^{(n)}, y_A^{(n)}, y_T^{(n)}$

14:　　　　end if

15:　　　　利用 F_s^* 更新全局表示 F_s^g,其中 $s \in \{m, T, A, V\}$

16:　　end for

17:end for

16.1.3   自适应的多任务损失函数

如何平衡不同任务的损失权重是多任务学习中至关重要的一个问题,在第 15 章中采用经验性赋权的方法过于依赖人工调参。本章引入一种自适应的平衡策略。其核心是利用单模态伪标签和多模态任务之间的差异大小作为损失项的权重,目的在于引导单模态表示学习子网络更多的关注于标签差异性大的样本。再结合 L_1 损失项作为各个任务的

基础损失函数,得到最终的多任务损失:

$$L = \frac{1}{N} \sum_{i}^{N} (|\hat{y}_m^i - y_m^i| + \sum_{s}^{(T,A,V)} w_s^i * |\hat{y}_s^i - y_s^{(i)}|)\tag{16.18}$$

其中,N 是样本总数,$W_s^i = \tanh(|y_s^{(i)} - y_m|)$ 是任务 s 中第 i 个样本的损失权重。

16.2　实验设置和结果分析

在本节,首先介绍实验设置部分,包括用到的基准数据集、基准模型和训练细节,然后对所有的实验结果进行细致分析。

16.2.1　实验设置

1. 基准数据集

在本章中,除了第 15 章提出的 SIMS 数据集外,还用了两个常用的多模态情感分析数据集,MOSI[64] 和 MOSEI[10]。数据集详细介绍见第 4 章。

2. 基线方法

除了第 15 章用到的部分基线方法(TFN、LMF、MFN、MulT),本章中新增了以下基准模型。

(1) **MFM**　已在 14.4.3 节中详细介绍。

(2) **RAVEN**　回归式的注意力变分编码网络(RAVEN)[26]:利用音视频数据生成文本的注意力权重,基于此权重动态调整预训练得到的词向量表示。

(3) **MAG-BERT**　基于 BERT 的多模态门控调节模型(MAG-BERT)[27]:将 RAVEN 的赋权思想引入 BERT 的层与层之间。

(4) **MISA**　模态特异性和一致性表示学习方法(MISA)[11]:通过引入空间上的一致性、差异性和重构损失,以后向引导的方式引导模型学到兼顾一致性和特异性的模态表示。

3. 训练细节和评价方法

1) 训练细节

Adam 被用作全局优化器,BERT 参数的初始学习率被设置为 5×10^{-5},其他部分是 1×10^{-3}。为了对比的公平性,对于本章所提模型(Self-MM)和两个性能最佳的模型(MISA 和 MAG-BERT),实验结果部分展示 5 轮结果的平均值。

2）评价方法

与第 15 章类似，Acc-2 和 F1 被用作分类指标，MAE 和 Corr 被用作回归指标。不同的是，由于样本的情感标注包含中性（标签为 0），因此，依据是否考虑 0 值将分类结果划分为"零值/非零值"和"负值/正值"两种形式。

16.2.2 结果与分析

1. 与基线模型的对比结果

表 16.1 和表 16.2 分别展示了 Self-MM 模型与其他基线模型在 MOSI 和 MOSEI 两个数据集上的结果对比，表中：（B）指文本特征是基于 BERT 模型；"1"和"2"标记的行指实验结果分别来自文献[11]和[27]，带 * 标记的行是在同等条件复现得到的结果。在分类指标 Acc-2 和 F1 中，反斜线"/"左右两边的结果分别以"零值/非零值"和"负值/正值"作为划分标准进行计算。根据输入数据的类型，将模型划分为了"非对齐"和"对齐"两个部分。这里的"对齐"指多模态数据的输入在文本单词级别的基础上进行了对齐。相比于非对齐数据输入，使用对齐数据作为输入的模型可以取得更好的实验结果[30]。首先，与非对齐模型（TFN 和 LMF）进行对比，Self-MM 在所有性能指标上都取得了明显的提升。其次，与对齐模型比较，Self-MM 也超过了大部分方法，并且与当前最好模型（MAG-BERT）的论文实验性能接近。特别地，与同等实验条件下复现的结果进行对比，Self-MM 取得了超过上述模型的最佳效果。由于 SIMS 数据集仅包含未对齐数据，因此仅将 Self-MM 模型与 TFN 和 LMF 进行对比。此外，使用了人工标注的单模态标签替代 Self-MM 生成的伪标签作为对比模型（Human-MM），实验结果如表 16.3 所示。从结果中可以看出，Self-MM 取得了比 TFN 和 LMF 更好的结果，并且实现了与 Human-MM 接近的结果。以上的结果表明 Self-MM 可以被用于不同的数据场景下，以及在原基线模型上均取得了显著的性能提升。

表 16.1 MOSI 数据集上的实验结果统计表

模　　型	MAE	Corr	Acc-2	F1	数据类型
TFN(B)[1]	90.10	69.80	—/80.80	—/80.70	非对齐
LMF(B)[1]	91.70	69.50	—/82.50	—/82.40	非对齐
MFN[1]	96.50	63.20	77.40/—	77.30/—	对齐
RAVEN[1]	91.50	69.10	78.00/—	76.60/—	对齐
MFM(B)[1]	87.70	70.60	—/81.70	—/81.60	对齐
MulT(B)[1]	86.10	71.10	81.50/84.10	80.60/83.90	对齐

模　型	MAE	Corr	Acc-2	F1	数据类型
MISA(B)[1]	78.30	76.10	81.80/83.40	81.70/83.60	对齐
MAG-BERT(B)[2]	71.20	79.60	84.20/86.10	84.10/86.00	对齐
MISA(B)*	80.40	76.40	80.79/82.10	80.77/82.03	对齐
MAG-BERT(B)*	73.10	18.90	82.54/84.3	82.59/84.3	对齐
Self-MM(B)*	**71.30**	**79.80**	**84.00/85.98**	**84.42/85.95**	非对齐

表 16.2　MOSEI 数据集上的实验结果统计表

模　型	MAE	Corr	Acc-2	F1	数据类型
TFN(B)[1]	59.3	70.0	—/82.5	—/82.1	非对齐
LMF(B)[1]	62.3	67.7	—/82.0	—/82.1	非对齐
MFN[1]	—	—	76.0/—	76.0/—	对齐
RAVEN[1]	61.4	66.2	79.1/—	79.5/—	对齐
MFM(B)[1]	56.8	71.7	—/84.4	—/84.3	对齐
MulT(B)[1]	58.0	70.3	—/82.5	—/82.3	对齐
MISA(B)[1]	55.5	75.6	83.6/85.5	83.8/85.3	对齐
MAG-BERT(B)[2]	—		84.7/—	84.5/—	对齐
MISA(B)*	56.8	72.4	82.59/84.23	82.67/83.97	对齐
MAG-BERT(B)*	53.9	75.3	83.79/85.23	83.74/85.08	对齐
Self-MM(B)*	53.0	76.5	82.81/85.17	82.53/85.30	非对齐

表 16.3　SIMS 数据集上的实验结果统计表

模　型	MAE	Corr	Acc-2	F1
TFN	42.8	60.5	79.86	80.15
LMF	43.1	60.0	79.37	78.65
Human-MM	40.8	64.7	81.32	81.73
Self-MM	41.9	61.6	80.74	80.78

2. 单模态伪标签收敛过程分析

图 16.3 展示了 Self-MM 在 3 个数据集上的单模态伪标签的收敛过程,每行图下面的 ♯ 符号指训练过程的迭代轮数。在第一次迭代中,所有单模态的伪标签都被初始化为人工标注的多模态标签。在迭代初期,网络参数更新快,伪标签的变化程度更大。随着迭代轮次的增加,伪标签的分布逐渐收敛,最后基本保持不变。这说明单模态伪标签生成的过程具有较好的收敛性,符合模型的设计预期。此外,Self-MM 在 MOSEI 数据集上展示了更快的收敛速度。这是因为 MOSEI 有更多的训练样本,从而具有更稳定的分类中心,也更加适合自监督学习过程。

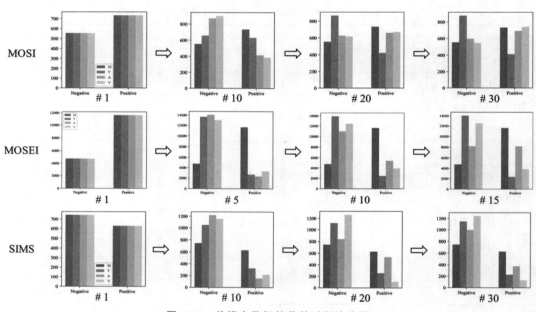

图 16.3　单模态伪标签收敛过程演变图

3. 控制变量分析

与第 15 章类似,为了探索不同子任务对结果的影响程度,此部分比较了在结合不同单模态子任务时,对多模态主任务的影响程度。实验结果如表 16.4 所示。从结果中可以看出,加入的单模态子任务越多,结果越好。相比于第 15 章的结果(见表 15.4),此次没有出现在仅有部分单任务时,多任务性能低于基线模型的情况。这是因为 Self-MM 中引入了自适应的多任务损失,不同任务的训练过程得到了更好的平衡,缓解了各个单模态子网络学习的异步性问题。综合比较下,还可以发现文本(T)和音频(A)子任务的引入效果略优于视频(V)子任务。

表 16.4　Self-MM 中加入不同单模态子任务组合的结果对比表

Tasks	MSE	Corr	Acc-2	F1_Score
M	73.0	78.1	82.38/83.67	82.48/83.70
M, V	73.2	77.5	82.67/83.52	82.76/83.55
M, A	72.8	79.0	82.80/84.76	82.85/84.75
M, T	73.1	78.9	82.65/84.15	82.66/84.10
M, A, V	71.9	78.9	82.94/84.76	83.05/84.81
M, T, V	71.4	79.7	84.26/85.91	84.33/86.00
M, T, A	71.2	79.7	83.67/85.06	83.72/85.06
M, T, A, V	71.3	79.8	84.00/85.98	84.42/85.95

4. 样例分析

最后,为了展示所生成的单模态情感伪标签的合理性,从 MOSI 数据集中选择了 3 条多模态实例数据,如图 16.4 所示。在第 1 和第 3 个例子中,人工标注的多模态标签分别是 0.80 和 1.40,生成的单模态伪标签在此基础上叠加了负向偏移,得到了更倾向负向的情感色彩,这与例子中单模态信息所表现的情感特点是一致的。同理,第 2 个例子展示了正向偏移的效果。一方面,这 3 个实例验证了单模态伪标签生成模块的合理性;另一方面,这种不同模态的情感差异性也能进一步说明 Self-MM 的设计动机。

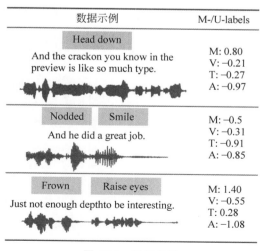

图 16.4　样例分析

16.3 本章小结

　　为了在更多数据集上验证引入单模态子任务对多模态主任务的辅助性作用,本章设计并实现了单模态伪标签生成模块。该模块利用模态表示与情感结果之间的正向关联性,计算出单模态与多模态情感之间的偏移关系,以此得到单模态子任务的伪标签。此外,本章设计了自适应的多任务优化策略,使得单模态子任务更加关注单模态与多模态情感标签差异大的样本,有效地解决了各个单模态表示学习子网络的收敛异步性问题。最后,通过大量的实验验证了单模态伪标签生成结果的合理性和稳定性。此外,进一步指明加入单模态任务后能够有效提升多模态情感分析的效果。

第 17 章　基于交叉模块和变量相关性的多任务学习

17.1　概　　述

如图 17.1 所示,算法流程可以分为数据输入、向量表示层、权值共享层、多任务学习层、决策层、损失函数反馈、迁移学习 6 部分。其中,多任务学习层是本章的主要工作,在本章将介绍权值共享层和多任务学习层的工作。权值共享层,所有模态数据联合训练;但是到了多任务学习阶段,权重不再共享,正式进入了多任务模式。因此,可以理解为特征提取层只是一个初步的联合预训练,让任务之间有一定的关联性,子任务体现各自差异性的部分则出现在独立训练阶段。本章的核心算法也是集中在这一步骤上。本章将首先介绍权值共享层的结构,然后引入皮尔森相关系数的概念,并且介绍如何将这个系数应用到多任务框架当中,紧接着介绍交叉模块的概念及其应用。上述两个方法都有相应的实验来证明其有效性。最后是本章的简单小结。

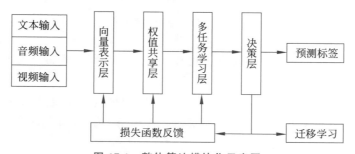

图 17.1　整体算法模块化示意图

17.2　权值共享层框架

本节重点介绍算法在权值共享层(也即单任务阶段)所用到的相关工作。在单任务阶段没有再重新提出新的框架,而是使用了现有的成熟算法。考虑到多模态情感数据集有时序性的特点,因此本章选择了 MFN 作为单任务阶段的框架之一。接下来将对记忆融合网络进行简单介绍。

MFN[9]是一种近年来针对时序特征的数据所提出的基于 LSTM[28]的模型。对于带有时间序列特征的多模态数据集而言,除了同时间不同模态的特征交互以外,还存在同模态不同时间的特征交互。这篇文章提出了记忆融合网络方法对不同模态的序列数据进行处理,兼顾了时序性和跨模态的交互。

如图 17.2 所示,该算法大致划分为 3 部分。

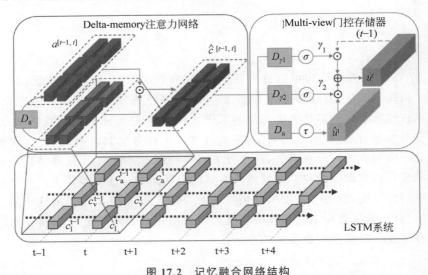

图 17.2 记忆融合网络结构

(1) LSTM 对各自模态单独建模。此 LSTM 系统为每个模态分配了一个 LSTM 功能,以提取特定模态的特征。

(2) 前后记忆注意力网络。它可以发现长短期记忆网络系统之间的不同模态交互。具体来说,前后记忆注意力网络通过将相关性得分与每个 LSTM 的维度相关联来实现不同模态交互。

(3) 多模态门控机制。它将跨时序的跨模态信息存储在多视图门控内存中。

MFN 的 3 个模态输入可以表示为集合 $N = \{T, A, V\}$;对于第 n 个时刻的模态输入可以表示为 $x_n = \{x_n^t : t \leqslant T, x_n^t \in \mathbf{R}^{d_{x_n}}\}$,其中,$d_{x_n}$ 是第 n 个输入的维度。首先,这些数据将会输入到长短期记忆网络系统当中,公式如下:

$$i_n^t = \sigma(W_n^i x_n^t + U_n^i h_n^{t-1} + b_n^i) \tag{17.1}$$

$$f_n^t = \sigma(W_n^f x_n^t + U_n^f h_n^{t-1} + b_n^f) \tag{17.2}$$

$$\boldsymbol{o}_n^t = \sigma(\boldsymbol{W}_n^o \boldsymbol{x}_n^t + \boldsymbol{U}_n^o \boldsymbol{h}_n^{t-1} + \boldsymbol{b}_n^o) \tag{17.3}$$

$$\boldsymbol{m}_n^t = \boldsymbol{W}_n^m \boldsymbol{x}_n^t + \boldsymbol{U}_n^m \boldsymbol{h}_n^{t-1} + \boldsymbol{b}_n^m \tag{17.4}$$

$$\boldsymbol{c}_n^t = \boldsymbol{f}_n^t \odot \boldsymbol{c}_n^{t-1} + \boldsymbol{i}_n^t \odot \boldsymbol{m}_n^t \tag{17.5}$$

$$\boldsymbol{h}_n^t = \boldsymbol{o}_n^t \odot \tanh(\boldsymbol{c}_n^t) \tag{17.6}$$

其中,t 是当前时间步;$\boldsymbol{i}_n$、$\boldsymbol{f}_n$、$\boldsymbol{o}_n$ 分别是 LSTM 系统第 n 个输入、遗忘、输出门的内容;$\boldsymbol{m}_n$ 是第 n 个 LSTM 的记忆更新;$\boldsymbol{c}_n = \{\boldsymbol{c}_n^t : t \leqslant T, \boldsymbol{c}_n^t \in \mathbf{R}^{d_{c_n}}\}$ 是第 n 个 LSTM 的记忆存储;$\boldsymbol{h}_n = \{\boldsymbol{h}_n^t : t \leqslant T, \boldsymbol{h}_n^t \in \mathbf{R}^{d_{c_n}}\}$ 是 LSTM 的第 n 个时间步输出,其中,d_{c_n} 是第 n 个 LSTM 的记忆存储维度。

LSTM 系统的记忆输出将作为前后记忆注意力网络的输入,以此得到跨时序和模态的记忆矩阵;前后记忆注意力网络的公式如下:

$$\hat{\boldsymbol{c}}^{[t-1,t]} = \boldsymbol{c}^{[t-1,t]} \odot a^{[t-1,t]} \tag{17.7}$$

其中,$a^{[t-1,t]} = D_a(c^{[t-1,t]})$。$D_a$ 是获得注意力系数的网络;$a^{[t-1,t]}$ 是 $t-1$ 时刻至 t 时刻的指数归一化函数值。$\hat{\boldsymbol{c}}^{[t-1,t]}$ 是重新获得权重分配后的记忆存储;$\odot$ 是元素乘积。

多模态门控记忆存储与长短期记忆网络一样需要实时更新,更新公式如下:

$$\hat{u}^t = D_u(\hat{c}^{[t-1,t]}) \tag{17.8}$$

$$\gamma_1^t = D_{\gamma 1}(\hat{c}^{[t-1,t]}), \quad \gamma_2^t = D_{\gamma 2}(\hat{c}^{[t-1,t]}) \tag{17.9}$$

$$\boldsymbol{u}^t = \gamma_1^t \odot \boldsymbol{u}^{t-1} + \gamma_2^t \odot \tanh(\hat{u}^t) \tag{17.10}$$

其中,D_u 是生成记忆更新的网络;γ_1、γ_2 分别表示控制遗忘门与更新门;tanh 是对应激活网络。有了以上网络,就可以得到最终的输出特征:

$$\boldsymbol{h}^T = \bigoplus_{n \in N} \boldsymbol{h}_n^T \tag{17.11}$$

其中,$\bigoplus$ 是拼接函数。

17.3　多任务学习层框架

17.3.1　多任务交叉模块

多任务阶段的交叉模块[43]是多任务学习当中针对增强子任务关联度的一种常用方法。本章提出了多任务交叉单元,利用该单元,单个网络可以捕获所有的子任务信息。它会自动学习共享表示形式和任务表示形式的最佳组合。同时,这种多任务交叉网络可以比暴力枚举和搜索类型的网络实现更好的性能。如图 17.3 所示,这个模块的实现比较直观,主要思想就是通过机器学习的方式将两个子任务在某一阶段的特征联系起来,二者可以通过线性重组的形式输入到下一阶段各自的网络中。将这两个子任务联系起来的模块就是交叉模块,线性参数通过学习得到。使用 α 参数化此线性组合,具体公式如下:

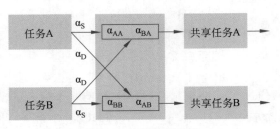

图 17.3　交叉模块结构

$$\begin{bmatrix} \tilde{x}_A \\ \tilde{x}_B \end{bmatrix} = \begin{bmatrix} \alpha_{AA} & \alpha_{AB} \\ \alpha_{BA} & \alpha_{BB} \end{bmatrix} \begin{bmatrix} x_A \\ x_B \end{bmatrix} \tag{17.12}$$

其中，α 是交叉模块线性组合的可训练参数。使用交叉模块的意义在于，让子任务分支不再完全独立，而是有部分的学习共享。交叉模块通过组合激活特征映射来学习和实施共享表示，从而帮助规范了这两项任务。这种机制有助于训练数据少的任务。子任务相对于损失函数的偏导计算如下：

$$\begin{cases} \begin{bmatrix} \dfrac{\partial L}{\partial x_A} \\ \dfrac{\partial L}{\partial x_B} \end{bmatrix} = \begin{bmatrix} \alpha_{AA} & \alpha_{BA} \\ \alpha_{AB} & \alpha_{BB} \end{bmatrix} \begin{bmatrix} \dfrac{\partial L}{\partial \tilde{x}_A} \\ \dfrac{\partial L}{\partial \tilde{x}_B} \end{bmatrix} \\ \dfrac{\partial L}{\partial \alpha_{AB}} = \dfrac{\partial L}{\partial \tilde{x}_B} x_A, \quad \dfrac{\partial L}{\partial \alpha_{AA}} = \dfrac{\partial L}{\partial \tilde{x}_A} x_A \end{cases} \tag{17.13}$$

具体到本章算法的多任务训练阶段，需要对交叉模块的位置进行探讨。首先是对多任务学习阶段流程的介绍。在输入端，该部分得到了权值共享层的四组输入：

$$\text{Output}_{\text{share}} = \text{Input}_{\text{MTL}} = [f_T, f_A, f_V, f_{\text{Mem}}] \tag{17.14}$$

其中，$\text{Output}_{\text{share}}$ 是权值共享层的输出，即多任务学习层的输入；f_T、f_A、f_V 是 3 个模态经过权值共享层后提取得到的特征；f_{Mem} 是以 MFN[23] 为基础的网络提取得到的记忆特征，存储了同模态的时序信息以及不同模态的交互信息。紧接着，如图 17.4 所示，有 3 个模态对应的 3 个子任务，在本章中子任务训练采用多层全连接网络。子任务训练阶段的 3 个模态分支将会进行独立训练。得到 3 个独立训练后的特征 γ_T、γ_A、γ_V 之后，与 f_{Mem} 进行拼接形成最终的决策层输入，也即融合模态特征 $\text{Output}_{\text{MTL}}$：

$$\gamma_T = \text{ReLU}\,(fc\,(f_T))^3 \tag{17.15}$$

$$\gamma_A = \text{ReLU}\,(fc\,(f_A))^3 \tag{17.16}$$

$$\gamma_V = \text{ReLU}\,(fc\,(f_V))^3 \tag{17.17}$$

$$\text{Output}_{\text{MTL}} = \text{Concat}(\gamma_T, \gamma_A, \gamma_V, f_{\text{Mem}}) \tag{17.18}$$

其中,ReLU 是本章使用的激活函数,也叫作线性整流函数。其公式为:ReLU(x)＝max($0,x$)。当 $x<0$ 时,线性整流函数直接将其归零;当 $x>0$ 时,其原值不变。线性整流函数作为激活函数的优势在于,它可以使训练出来的网络具有一定的稀疏性,具有稀疏性的网络不容易过拟合。而本章实验使用的数据集量级偏小、容易出现过拟合现象。因此,使用线性整流函数可以恰好抑制过拟合现象的发生。同时线性整流函数也可以压缩数据、去掉冗余的部分,起到加快收敛速度、节省空间的作用。

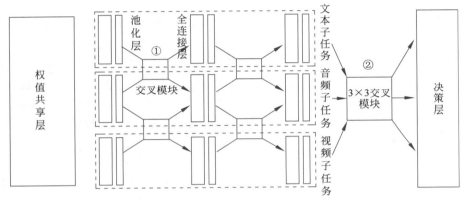

图 17.4　子任务训练阶段

图 17.4 中的数字①、②分别表示两种交叉模块策略。

针对这样的多任务学习结构,本章提出了 2 种加入交叉模块的策略。第一种策略的思想是每一层全连接层后到下一层全连接层之间,3 个分支都可以使用交叉模块。3 个模态可以使用多个两两交叉的 2×2 模块,也可以使用一个 3×3 模块。交叉模块可以将这3 个子网络组合成一个多任务网络,使任务可以监督需要多少共享,并将这些组合作为输入提供给融合层。第二种策略的思想是除了在每个池化层到下一个全连接层之间使用交叉模块以外,还可以考虑在每个子任务已经学习完毕、在特征进行融合之前使用交叉模块。这样的策略与第一种策略有着明显的不同。首先,由于格式限制,只能使用 3×3 的交叉模块;其次,决策层前的交叉模块仅代替了拼接策略,并没有直接参与到各个子任务学习当中,因此可以看作是一种融合的策略。本章对这两种策略均进行了相应的对比实验,实验结果在 17.4.3 节中体现。

17.3.2　基于皮尔森相关系数的特征融合

皮尔森相关系数[169]是衡量线性关联性的程度,它的几何意义是两个变量均值形成的向量之间夹角的余弦值。因此,皮尔森相关系数取值为[-1,1]。其公式定义为:两个变量(X,Y)的皮尔森相关系数等于它们的协方差除以它们各自标准差的乘积。具体的数学公式如下：

$$\rho_{X,Y} = \frac{\text{cov}(X,Y)}{\sigma_X \sigma_Y} = \frac{E((X-\mu_X)(Y-\mu_Y))}{\sigma_X \sigma_Y}$$
$$= \frac{E(XY) - E(X)E(Y)}{\sqrt{E(X^2) - E^2(X)} \sqrt{E(Y^2) - E^2(Y)}} \quad (17.19)$$

其中，$\rho_{X,Y}$是X，Y的皮尔森相关系数；$\text{cov}(X,Y)$是它们的协方差；σ_X、σ_Y是各自的标准差；$E(X)$、$E(Y)$是X、Y的数学期望。当取值大于 0 时，说明两个向量是正相关的，值越大相关度越高；当取值小于 0 时同理。特殊情况下，当取值为 0 时，说明两个向量不相关。

在权重共享层训练之后，我们通过既定的框架得到了初步提取的特征，这一步骤中使用了特征表示层提取得到的向量序列。由于 SIMS 数据集中的每个数据都是视频片段，因此初步的向量表示也是序列形式；此外还可以通过伪对齐的方式使得 3 个模态向量的序列长度相同。借助皮尔森相关系数的思想，3 个模态间的特征随着时间变化，互相之间具有一定的相关性。相关性越高说明特征之间的情感变化是高度一致的，那么认为这样的特征在最后的特征融合层应该占有更高的权重。假设向量表示层得到了T_{seq}、A_{seq}、V_{seq} 3 个向量序列，其大小为（batchstize，len，dim），分别对应了一批输入的数量、序列长度和向量维度。那么则可以对三个模态两两之间计算皮尔森相关系数，得到的相关系数矩阵如式（17.20）所示：

$$\begin{pmatrix} 1 & \rho_{\text{T,A}} & \rho_{\text{T,V}} \\ \rho_{\text{A,T}} & 1 & \rho_{\text{A,V}} \\ \rho_{\text{V,T}} & \rho_{\text{V,A}} & 1 \end{pmatrix} \quad (17.20)$$

本章从权重共享层得到了皮尔森相关系数矩阵，针对皮尔森相关系数同样提出了两种策略。第一种策略是将其用于权值共享层。更细节地说是针对记忆融合网络每一个时间步都要生成记忆特征的特性，通过皮尔森相关系数调整模态时域矩阵中的值，式（17.21）表示了记忆融合网络中，每个时间步的输入矩阵。其中，prev、new 表示是当前时间步还是上一时间步；T、A、V 表示模态。正常情况下矩阵中的每一个元素取值就是长短期记忆网络的输出值。本章基于皮尔森相关系数的矩阵将有所调整，对式（17.21）中的元素$A_{i,j}$，都有$A'_{i,j} = A_{i,j} + \rho_{j,k} A_{i,k} + \rho_{j,l} A_{i,l}$。其中，$j$、$k$、$l$ 表示任意的模态之一；i 表示时间步。

$$\begin{pmatrix} \text{prev}_{\text{T}} & \text{prev}_{\text{A}} & \text{prev}_{\text{V}} \\ \text{new}_{\text{T}} & \text{new}_{\text{A}} & \text{new}_{\text{V}} \end{pmatrix} \quad (17.21)$$

第二种策略，同时也主要探讨的策略，用于特征融合层。经过子任务独立训练阶段之后，共享层提取的 3 个模态的特征分别依据单模态标签进行了进一步的训练，最后将在特征融合层组成决策层的输入向量，这个向量的数学含义就是 3 个模态对数据的综合表示。

传统的融合方式为特征拼接,也即 $\boldsymbol{F}=[\boldsymbol{F}_{\mathrm{T}},\boldsymbol{F}_{\mathrm{A}},\boldsymbol{F}_{\mathrm{V}},\boldsymbol{F}_{\mathrm{M}}]$,其中 $\boldsymbol{F}_{\mathrm{T}}$、$\boldsymbol{F}_{\mathrm{A}}$、$\boldsymbol{F}_{\mathrm{V}}$ 是子任务独立训练后得到的代表单模态决策的特征;$\boldsymbol{F}_{\mathrm{M}}$ 是可选项,例如,在记忆融合网络中会生成一个存储了三模态序列间信息的记忆矩阵,$\boldsymbol{F}_{\mathrm{M}}$ 就是记忆矩阵压缩成一维后的表示。这样的融合方式过于简单,会导致最后的特征损失了部分关键信息。基于这样的情况,我们需要突出相关程度更高的模态对,抑制与其他特征相关程度低,甚至是负相关的模态特征。因此,本章提出的最终融合特征表现形式如下:

$$\boldsymbol{F}=[\boldsymbol{F}_{\mathrm{T}}',\boldsymbol{F}_{\mathrm{A}}',\boldsymbol{F}_{\mathrm{V}}',\boldsymbol{F}_{\mathrm{M}}] \tag{17.22}$$

$$\boldsymbol{F}_{\mathrm{T}}'=\boldsymbol{F}_{\mathrm{T}}+\rho_{\mathrm{T,A}}\boldsymbol{F}_{\mathrm{A}}+\rho_{\mathrm{T,V}}\boldsymbol{F}_{\mathrm{V}} \tag{17.23}$$

$$\boldsymbol{F}_{\mathrm{A}}'=\boldsymbol{F}_{\mathrm{A}}+\rho_{\mathrm{A,T}}\boldsymbol{F}_{\mathrm{T}}+\rho_{\mathrm{A,V}}\boldsymbol{F}_{\mathrm{V}} \tag{17.24}$$

$$\boldsymbol{F}_{\mathrm{V}}'=\boldsymbol{F}_{\mathrm{V}}+\rho_{\mathrm{V,T}}\boldsymbol{F}_{\mathrm{T}}+\rho_{\mathrm{V,A}}\boldsymbol{F}_{\mathrm{A}} \tag{17.25}$$

其中,$\rho_{x,y}$ 就是皮尔森相关系数矩阵中对应的值,见式(17.20)。最后的融合特征虽然还是采用了拼接的形式,但是每个单独的特征都覆盖了 3 个模态相关度的信息。相关度高的特征将占据融合特征更大的比例,相关度低的特征在最后的表示中将会受到抑制。

17.4　多任务学习算法实验

17.4.1　实验评测指标

在正式进入实验结果部分之前,首先需要对本章的实验评价指标进行介绍。本章研究的是分类任务,因此选取了分类准确率与 F1 值作为主要的评测指标。对于一个模型 $f(\cdot)$,输入任意数据 x 都会输出一个预测值 $y_{\mathrm{pred}}=f(x)$,$y_{\mathrm{pred}}\in[-1,1]$。这是一个回归值而并非直接的标签值,但是可以根据需要的分类数对回归值进行合适的分类,例如,对于二分类、三分类和五分类。

$$\mathrm{label}_2=\begin{cases}0, & y_{\mathrm{pred}}\leqslant 0 \\ 1, & y_{\mathrm{pred}}>0\end{cases} \tag{17.26}$$

$$\mathrm{label}_3=\begin{cases}0, & y_{\mathrm{pred}}<0 \\ 1, & y_{\mathrm{pred}}=0 \\ 2, & y_{\mathrm{pred}}>0\end{cases} \tag{17.27}$$

$$\mathrm{label}_5=\begin{cases}0, & y_{\mathrm{pred}}\in[-1,-0.5) \\ 1, & y_{\mathrm{pred}}\in[-0.5,0) \\ 2, & y_{\mathrm{pred}}=0 \\ 3, & y_{\mathrm{pred}}\in(0,0.5] \\ 4, & y_{\mathrm{pred}}\in(0.5,1]\end{cases} \tag{17.28}$$

F1 值用于综合评价模型的精确度与召回率。假设 TP、FP、FN 分别表示预测正确、其他类预测为本类、本类预测错误的数量,那么精准度(precision)和召回率(recall)的定义分别如下:

$$\text{precision}_k = \frac{\text{TP}}{\text{TP} + \text{FP}} \tag{17.29}$$

$$\text{recall}_k = \frac{\text{TP}}{\text{TP} + \text{FN}} \tag{17.30}$$

综合的 F1 值 score 需要求各个类的均值平方后得到。F1 值越大,说明模型的精准度与召回率都越高、模型效果越好,反之同理。

本章节及后续章节中出现的所有实验都以上述指标作为评价标准,后文不再赘述。

17.4.2　实验条件

本次实验使用的 GPU 为英伟达 RTX2070 一块,GPU 内存 8GB。CPU 为英特尔 i7-6800K。所有实验均随机打乱数据集,测试五次取平均值作为最后结果。使用数据集为 SIMS,经过预处理后的数据格式按照文本、音频、视频的顺序分别为(128, 39, 768)、(128, 1, 33)、(128, 1, 709);其中第一维是每一批次输入数据的数量;第二维是序列长度;第三维是特征维度。提前结束量为 50;学习率为 1×10^{-3};子任务全连接层的输入输出维度均为 32。

17.4.3　实验结果

为了验证交叉模块与皮尔森相关系数在多任务学习中起的作用,分别进行了对比实验。实验结果如表 17.1 所示。从结果可以看出,使用了交叉模块后的结果比正常的特征拼接准确率高,但是效果最好的是使用了皮尔森正相关系数生成最后融合特征的模型。实验结果证明了两种方法对于多任务训练层都是有效的。表 17.1 使用交叉模块与皮尔森相关系数的多任务学习效果,本实验的权值共享层模型均采用记忆融合网络。ACC_i 表示 i 分类的准确率;F1_Score 表示 F1 值,"无"表示不使用多任务策略;带 * 的组表示第二种交叉模块策略;皮尔森相关系数后的(一)、(十)指代负相关或正相关计算最后的融合特征;(*)指代皮尔森相关系数用于权值共享层。

表 17.1　SIMS 数据集实验结果

多任务策略	Acc-5	Acc-3	Acc-2	F1_Score
无	37.64	61.71	76.37	76.98
2×2 交叉模块	39.12	64.64	77.20	77.62

续表

多任务策略	Acc-5	Acc-3	Acc-2	F1_Score
3×3 交叉模块 *	39.47	63.59	77.51	78.15
3×3 交叉模块	39.12	64.64	77.20	77.62
皮尔森相关系数（＊）	40.74	64.51	77.07	77.56
皮尔森相关系数（一）	40.88	64.20	76.89	77.09
皮尔森相关系数（＋）	**41.14**	**65.65**	**78.03**	**78.30**

17.5　本章小结

本章主要介绍了多任务训练阶段使用的一些方法。首先是能够使得学习部分共享的交叉模块；其次根据特征皮尔森相关系数调整融合特征的方法；最后通过对比实验证明了两种方法都能够提升分类准确率。

第 18 章 基于互斥损失函数的多任务机制研究

18.1 概　　述

本章主要是对于算法框架中损失函数的介绍。首先介绍算法构建的损失函数用到的基础损失函数，即中心损失函数和互斥损失函数。其中，互斥损失函数也是建立在中心损失函数基础上的。之后介绍基于多任务学习机制的互斥损失函数，这也是 3 个创新点之一，这个损失函数直接促进了多任务机制中子任务对于多模态主任务的辅助效果。最后一节是对本章的总结。

18.2　常用损失函数

本节主要介绍现阶段较为常用的损失函数。其中，基础损失函数、中心损失函数将作为实验中对比的对象；互斥损失函数是文中基于多任务机制的互斥损失函数的基础。

18.2.1　基础损失函数

本节主要介绍常用的损失函数，包括平均绝对损失函数（L1 Loss）、均方差损失函数（MSE Loss）和交叉熵损失函数（Cross Entropy Loss）[170]。这 3 个损失函数也是于本章提出的多任务互斥损失函数的对比对象。3 个损失函数的公式定义分别如下：

$$MAE = \frac{\sum_{n=1}^{n} |f(x_i) - y_i|}{n} \tag{18.1}$$

$$MSE = \frac{\sum_{i=1}^{n} (f_{x_i} - y_i)^2}{n} \tag{18.2}$$

$$H(p,q) = -\sum_{i=1}^{n} p(x_i)\log(q(x_i)) \tag{18.3}$$

其中,x、y 表示输入值与真实值;$f(\cdot)$ 是预测函数;$p(\cdot)$、$q(\cdot)$ 分别表示预测分布与真实分布。L1 Loss 梯度稳定,收敛速度慢,不会导致梯度爆炸;MSE Loss 梯度变化,收敛速度快,但是容易受到离群点的影响;交叉熵损失函数以预测回归值为基点,能够衡量预测值与真实值概率分布的差异程度。

18.2.2 中心损失函数

中心损失函数(center loss,CLoss)是最初提出在简单分类任务上的一种损失函数。该函数的提出背景是在现有的深度学习算法中损失函数往往采取最普遍的常规损失函数,不具有特异性;而在分类任务中,不同标签的数据应该具有明显的差距,这一点并没有在常用损失函数中体现,因此 Wen 等[126] 在 2016 年提出了中心损失函数。传统的卷积神经网络使用 Softmax 函数,这会惩罚分类错误的样本,从而迫使不同类别的特征分开。如图 18.1(a)所示,学习到的特征在特征空间中形成与不同表达相对应的聚类。但是,由于类内差异较大,每个标签类集合中的特征通常分散。此外,由于类间相似性高,这些集合会存在重叠的现象,会影响分类准确率。最近,中心损失函数被引入到卷积神经网络中,以减少用于面部识别的学习特征的类内变化。如图 18.1(b)所示,与仅使用 Softmax 损失学习的样本相比,样本以较小的组内变化被拉到其对应的中心。中心损失函数的公式定义如下:

$$L_C = \frac{1}{2} \sum_{i=1}^{m} \| x_i - c_{y_i} \|_2^2 \tag{18.4}$$

其中,$c_{y_i} \in \mathbf{R}_d$ 表示特征的第 y_i 类中心。该公式描述了类内变化。但是,由于每一轮学习都会更新每个类的中心点,每次迭代中计算整个训练集类的中心会消耗大量的时间,这在实际训练中是不切实际的。因此,目前的卷积神经网络中没有直接使用中心损失函数。

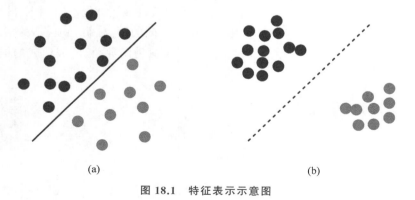

(a)   (b)

图 18.1 特征表示示意图

为了解决这个问题,需要进行两个必要的修改。首先,不再基于整个训练集更新中心,而是基于小批量执行更新,在每次迭代中,通过对相应类的特征求平均值来计算中心。其次,为了避免少量贴有错误标的样本引起的大扰动,使用标量 α 来控制中心的学习率。这样,损失函数相对中心和特征的梯度更新公式为

$$\frac{\partial L_C}{\partial x_i} = x_i - c_{y_i} \tag{18.5}$$

$$\Delta c_j = \frac{\sum_{i=1}^{m} \delta(y_i = j) \cdot (c_j - x_i)}{1 + \sum_{i=1}^{m} \delta(y_i = j)} \tag{18.6}$$

其中,δ(condition)如果满足则为 1,否则为 0,$\alpha \in [0,1]$。

18.2.3　互斥损失函数

18.2.2 节提到的中心损失中未考虑类间相似性,直觉上可以通过增加不同表达之间的差异来进一步增强学习的深度特征的判别能力。Cai 等[127]提出了一个"岛屿"状的损失函数(Island Loss,Iloss),压缩每个类集合的同时扩大各个类集合的中心距离,就好像成为了一座座"孤岛"。后文将用互斥损失函数指代这样的"岛屿"状损失函数。如图 18.2 所示,Softmax 类之间不仅存在着重叠现象,同类之间的数据分布也很松散;中心损失函数使得同类间分布紧密,但是依旧存在类之间重叠的现象;互斥损失函数则在中心损失函数的基础上使各个类的中心保持距离,解决了重叠问题。互斥损失函数公式如下:

$$L_{\mathrm{IL}} = L_C + \lambda_1 \sum_{c_j \in N} \sum_{\substack{c_k \in N \\ c_k \neq c_j}} \left(\frac{c_k \cdot c_j}{\|c_k\|_2 \|c_j\|_2} + 1 \right) \tag{18.7}$$

其中,N 是表达式标签集;c_k 和 c_j 分别用 L2 范数表示第 k 个和第 j 个中心;($\cdot$)代表点积。具体来说,第一项损失约束样本与其对应中心之间的距离,第二项损失约束表达式之间的相似性。λ_1 用于平衡这两项。通过最小化互斥损失函数,相同表达式的样本将彼此

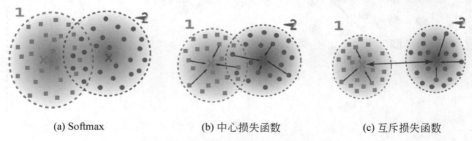

(a) Softmax　　　　　　(b) 中心损失函数　　　　　　(c) 互斥损失函数

图 18.2　各种损失函数的对比

靠近,而不同表达式的样本将被推开。

18.3　基于多任务机制的互斥损失函数

前面的互斥损失函数看似很好地解决了问题,但是仅限于单任务的模式,即只有一个 <数据,标签> 对的情况。但是,本书研究的是多任务机制下的多模态情感分类任务,根据第二篇的介绍,SIMS 数据集有一个多模态标签和 3 个单模态标签一共 4 个标签,以及 $<X,YM>$、$<X,YT>$、$<X,YA>$、$<X,YV>$ 4 个标签数据对,显然互斥损失函数不再适用于多任务学习的情况。

对此,本章提出了基于多任务机制的互斥损失函数(multitask island loss,MIloss)。多任务学习机制和多标签的出现使得损失函数比单任务模式下更加复杂。如图 18.3 所示,大体上要处理四类 <数据,标签> 对的关系。

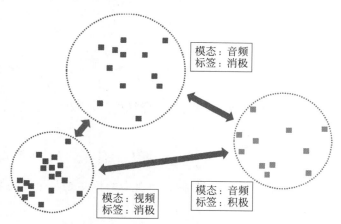

图 18.3　不同 <数据,标签> 对的特征空间示意图

(1) 同类别、同模态标签的数据。这种情况与单任务相同,在特征空间中属于需要增大相似度的特征。

(2) 同类别、不同模态标签的数据。这类特征虽然都被分为同一类,但是所标注的标签类型不同(例如,一个是文本标签的积极,另一个是音频标签的积极)。因为提取特征的模态与其标签类型是对应的,所以模态标签不同说明了特征类型也不同。一方面,这样的特征类别是相同的,应该惩罚距离过远的情况出现;但是另一方面,由于特征所属的模态不同,天生就存在着结构上的差异,不仅如此,多任务机制应该保留不同模态间特征的差异性。综合上述两点,这一类特征在损失函数中的惩罚尺度应该比普通的不同类数据要小。

（3）不同类别、同模态标签的数据。与第一点类似，这种情况也属于单任务的不同类特征，按照正常方法将这样的特征距离增大。

（4）不同类别、不同模态标签的数据。与第二点类似，由于不同模态的特征天然存在差异性，直接计算这样的特征距离来作为损失函数的评价标注显然会导致损失函数值过大。因此，需要对这样的损失函数进行一定程度的抑制。

根据以上 4 种关系，在设计基于多任务机制互斥损失函数时需要考虑同时满足多模态主任务分支的效果，以及子任务之间的特征差异性、同类任务的相似性。因此，本章算法使用的损失函数的公式定义如下：

$$L = L_{l_1} + \lambda_1 L_{MI} \tag{18.8}$$

其中，L_{l_1} 代表多任务 L1 损失函数，L_{MI} 代表基于多任务机制的互斥损失函数；λ_1 是权重系数。具体而言，两种损失函数定义如下：

$$L_{l_1} = L_{Ml_1} + \sum_{i \in [T,A,V]} \lambda_i L_{il_1} \tag{18.9}$$

$$L_{MI} = \frac{\alpha_M L_{MIM} + \sum\limits_{j \in [T,A,V]} \alpha_j L_{MI_j}}{\sum\limits_{j \in [M,T,A,V]} \alpha_j} \tag{18.10}$$

其中，L_{il_1} 是平均绝对误差损失函数，对于模型预测值 $f(x_i)$ 和真实值 y_i，其平均绝对误差（MAE）计算公式为 $\mathrm{MAE} = \dfrac{\sum\limits_{n=1}^{n} |f(x_i) - y_i|}{n}$；$L_{MI_j}$ 是各个子任务的互斥损失函数，公式同式(18.7)，但是需要注意的是<预测,标签>对中的标签是每个模态各自的标签；α_j、λ_i 都是权重系数；L_{MI} 是 L_{MI_j} 的加权和。

18.4　损失函数策略对比实验

18.4.1　实验条件

本章的实验条件与 17.4.2 节的实验条件相同，在此不再赘述。

18.4.2　实验结果

为了研究基于多任务机制的互斥损失函数所起的作用，以及其关键超参数的设置，本节进行了一系列针对损失函数的对比实验。首先为了验证基于多任务机制的互斥损失函数在多模态情感分类任务中起的作用，保持所用的算法框架不变，只修改损失函数，并使用常用的 L1 Loss、MSE Loss、CrossEntropy Loss 和前面提到的中心损失函数、互斥损失函数与基于多任务机制的互斥损失函数进行对比,实验所用数据集为 SIMS,采用训练 5 次取平均作为结果。

损失函数对比实验结果如表 18.1 所示,可以看到在 MMFN 模型中,基于多任务机制的互斥损失函数的二分类、三分类和五分类准确率都是最高的,只有 F1_Score 低于中心损失函数。但是中心损失函数的其余结果都最低,F1_Score 却最高,说明出现了过拟合的现象。常规的损失函数 L1 Loss 与 MSE Loss 效果相当,都弱于互斥损失函数;互斥损失函数的效果又不如基于多任务机制的互斥损失函数。MLF_DNN 的效果类似,在最具有参考价值的二分类准确率中,基于多任务机制的互斥损失函数的表现都优于 L1 Loss 和 MSE Loss。综上所述,基于多任务机制的互斥损失函数在处理多任务机制的任务时更能凸显不同类特征的差异性、缩小因特征来源模态不同导致的误差。

表 18.1　各类损失函数在 SIMS 情感分类任务中的性能比较

模　型	损失函数	Acc-5	Acc-3	Acc-2	F1_Score
MMFN	L1 Loss	37.64	61.71	76.37	76.98
	MSE Loss	25.60	63.68	76.81	77.82
	CLoss	22.10	54.27	69.37	**81.91**
	ILoss	38.29	65.21	77.46	77.63
	MILoss	**42.89**	**66.08**	**78.77**	79.41
MLF_DNN	L1 Loss	**43.11**	66.52	79.43	79.85
	MSE Loss	35.01	**67.18**	79.43	80.26
	MILoss	24.51	63.46	**80.74**	**82.54**

另一个实验是超参数的补充实验,分为两部分:多任务 L1 损失函数的系数 λ 的大小和多模态子任务互斥损失函数系数 α_M 的大小。为了保持一致性,超参数补充实验统一设置如下:使用的单任务框架为 MMFN;学习率 $l_r = 5 \times 10^{-4}$;使用 5 次实验结果取平均值。针对第一个超参数 λ 的实验结果如表 18.2 所示,可以得出结论,当 $\lambda = 3 \times 10^{-1}$ 时实验效果最佳。

表 18.2　基于多任务机制的互斥损失函数 λ 不同取值下的结果

λ	Acc-5	Acc-3	Acc-2	F1_Score
1.5×10^{-1}	37.42	63.46	76.59	76.76
2×10^{-1}	41.36	66.11	77.02	77.24

续表

λ	Acc-5	Acc-3	Acc-2	F1_Score
3×10^{-1}	**42.23**	**66.52**	**80.00**	**80.56**
5×10^{-1}	39.17	64.55	78.34	78.60
1	39.82	63.89	79.12	78.51

第二个测试的超参数多模态子任务互斥损失函数系数 α_M 的大小。在进行这个实验之前首先进行了预实验,测试出基于多任务机制的互斥损失函数的量级大致是 2.5×10^2。因此,α_M 的值设置为 10^{-3} 左右。实验结果如表 18.3 所示,可以看出,最合适的 α_M 取值为 1×10^{-3}。

表 18.3　基于多任务机制的互斥损失函数的系数 α_M 不同取值下的结果

模型	α_M	Acc-5	Acc-3	Acc-2	F1_Score
MMFN	1×10^{-4}	39.82	64.99	77.02	77.14
	5×10^{-4}	37.42	63.46	76.76	76.59
	1×10^{-3}	**42.89**	**66.08**	**78.77**	**79.41**
MLF_DNN	1×10^{-4}	40.48	65.43	79.87	80.23
	5×10^{-4}	35.01	**67.18**	79.43	80.26
	1×10^{-3}	**42.89**	63.46	**80.74**	**82.54**

18.5　本章小结

本章主要研究了损失函数在本章算法中的作用。首先提出了常用损失函数,接着针对最近广泛使用的互斥损失函数提出了针对多任务机制的损失函数,能够起到增大不同类差异性、减小不同模态来源导致的误差等作用。最后通过将基于多任务学习机制的互斥损失函数与其他损失函数的对比实验,证明了理论层面分析的正确性,也说明了基于多任务学习机制的互斥损失函数在多任务场景下的优势。

第 19 章　基于多任务多模态算法的迁移学习探究

19.1　概　　述

本章的主要内容是探究多任务多模态情感分类算法的迁移学习能力。首先介绍迁移学习的意义和定义,然后介绍本次迁移实验所用到的单标签数据集,紧接着将介绍迁移实验的实验条件以及实验结果,最后是对本章内容的小结。

19.2　迁移学习概述

19.2.1　迁移学习的背景

随着机器学习场景的复杂化,效果理想的监督学习算法需要大量标注的数据集进行训练。但是数据集的标注与制作是一项工程量巨大的任务,不可能针对每一项任务都提供指定的数据集。具体到本领域,不论是多模态情感数据集的数量,还是数据集量级都较小,多标签的数据集更是近年才提出的新概念,因此无法使用其他的多标签数据集进行验证。目前大多数多模态数据集都是单标签的,如何将多标签数据集上表现优异的算法移植到常用数据集中是一个具有应用价值的问题;同时,迁移学习能力也是一个算法普适性的体现。

19.2.2　迁移学习的定义

迁移学习是将学习到的模型参数转移到新模型,使得新模型不需要重新训练就能够有理想的效果。给定一个源域 $D_S = \{X_S, f_S(X)\}$ 和源任务 T_S,以及目标域 $D_T = \{X_T, f_T(X)\}$ 和目标任务 T_T,迁移学习的目标是使用 D_S、T_S 的知识帮助提升目标域 D_T 的预测函数 $f_T(\cdot)$。在任务相近、数据集类型也相似的情景下,可以利用这种相关性来减少不必要的重复训练;通过迁移学习,可以将某些模型参数(也可以理解为模型学到的知识)共享给新模型,从而快速优化学习效率。

19.3　迁移数据集

本章选用了经典的 MOSI[64] 作为迁移实验的数据集。MOSI 是一个语料库,用于研究在线共享网站(如 YouTube)中视频的情感和主观性。评论视频的内容多变且节奏快,演讲者通常会在话题和评论之间切换。为了解决这个问题,作者提出了一种主观性注释方案,用于在线多媒体内容中的细粒度评论细分。MOSI 数据集中有 3702 个视频片段,其中包括 2199 个观点片段。每个观点领域的情感都被标注为介于高度肯定和高度否定之间的标签。在本章的实验中,我们将标签按照值的大小划分为了二分类、五分类和七分类的标签。

19.4　迁　移　实　验

本节将介绍迁移实验的条件设置,及最终的迁移效果。

19.4.1　实验条件

本实验使用的配置与 17.4.2 中一致。所有实验均随机打乱数据集,测试 5 次取平均值作为最后结果。实验使用多层全连接网络或者记忆融合网络作为权值共享层的训练框架,并使用了前面部分所提出的多任务互斥损失函数。学习率为 10^{-3}。其余实验设置与前文提到的模型相同。需要注意的是,在数据输入阶段,SIMS 数据集训练中使用了规范化、伪对齐数据的方法。按照(批数据大小,序列长度,特征维度)的格式,以全连接网络做框架为例,SIMS 文本、音频、视频向量大小分别为 $(128, 39, 768)$、$(128, 1, 33)$、$(128, 1, 709)$;而 MOSI 数据集的文本、音频、视频向量大小分别为 $(128, 50, 30)$、$(128, 50, 5)$、$(128, 50, 20)$。由于迁移学习模型要求输入端格式必须完全一致,因此在 MOSI 数据集上验证之前又分别添加了三个全连接层对向量维度进行了调整;对于记忆融合网络这样对序列长度有要求的框架,我们固定了序列的长度。这样的做法会损失一定的信息,在未来的工作中可以在数据预处理部分修改 MOSI 数据集的序列长度和输出向量维度,从根本上解决格式不一致的问题。

19.4.2　实验结果

迁移实验结果如表 19.1 所示。

表 19.1   迁移实验结果

模　　　型	Acc-7	Acc-5	Acc-2	F1_Score
记忆融合网络	15.50	15.50	74.21	59.00
多任务记忆融合网络	**20.17**	**20.17**	**74.30**	**60.00**
全连接网络	15.50	15.50	74.21	59.00
多任务全连接网络	19.50	19.50	74.23	59.40

从表 19.1 中可以看到,纵向对比:使用了多任务机制的网络迁移学习的效果均略高于对应的单任务模型。横向对比:多任务记忆融合网络的效果比多任务全连接网络更加理想。这个实验证明了多任务多模态算法的迁移学习是有效的。在其基础模型引入了多任务机制之后,各类分类准确率都有提升。

19.5 本 章 小 结

本章探究了多任务机制对于迁移学习的作用。首先介绍了迁移学习的概念;然后介绍了实验所使用的迁移数据集,以及实验参数设置;最后通过一系列对比试验证明,多任务多模态情感分析算法的迁移学习能力比单任务多模态情感分析算法更强。

第 20 章　基于模态缺失的多模态情感分析方法

本章的研究内容是在模态特征序列含有随机缺失的情况下,利用不同模态特征之间的互补性,抽取、融合各个单模态有效信息并进行最终的情感分类。针对上述任务,本章提出了一种基于注意力机制的特征重构网络以解决不完整数据的多模态情感分类任务。该模型在多模态情感分析任务基础上,引入了模态序列特征恢复子任务,引导模型表示学习含有完整模态特征信息,进而在一定程度上解决了模态特征随机缺失问题。并利用实验验证了所提出方法的有效性,利用消融实验进一步证明了模态内注意力结构、模态特征重构模块、基于卷积的门控网络的有效性。

20.1　任务定义

本节介绍不完整数据的多模态情感分类的任务定义。如图 20.1 所示,模型在训练和测试时均使用含有模态特征缺失的模态序列及含有序列长度信息的掩膜作为模型输入,将含有缺失的文本、音频、视频的模态特征序列记为 $U'_T \in \mathbf{R}^{T_T \times d_T}, U'_A \in \mathbf{R}^{T_A \times d_A}, U'_V \in \mathbf{R}^{T_V \times d_V}$,将相应的掩膜记为 $M_T \in \mathbf{R}^{T_T}, M_A \in \mathbf{R}^{T_A}, M_V \in \mathbf{R}^{T_V}$。在训练过程中,完整模态特征序列及特征缺失位置的掩膜被使用,以提供特征表示学习的监督信号,将完整的文本、音频、视频的模态特征序列记为 $U_T \in \mathbf{R}^{T_T \times d_T}, U_A \in \mathbf{R}^{T_A \times d_A}, U_V \in \mathbf{R}^{T_V \times d_V}$,将含有特征缺失位置信息的掩膜记为 $M'_T \in \mathbf{R}^{T_T}, M'_A \in \mathbf{R}^{T_A}, M'_V \in \mathbf{R}^{T_V}$。模型的最终目标是判断不完整模态数据中参与者的情感类别或情感强度。

20.2　处理数据缺失方法概述

目前在多模态情感分析领域处理数据缺失的方法有两类不同的方法,基于模态转译方法[156],以及基于张量正则化的方法[171-172]。尽管还有一些处理多模态机器学习问题中数据缺失的方法,如基于矩阵补全方法[173]及基于深度生成网络的缺失补全模型[174-176],然而这些方法由于使用场景的限制(如基于矩阵补全方法往往用于视觉多模态信息补全

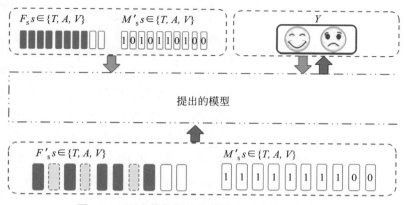

图 20.1 不完整数据的多模态情感分类任务定义

中）无法直接使用到多模态情感分析任务中。

20.2.1 基于模态转译方法

基于模态转译方法解决模态特征缺失问题的核心出发点是模态间相互转译能使得编码器学习得到同时包含两种模态信息的联合表示。测试时，可以只需要源模态特征作为模型输入，就能得到同时含有源模态及目标模态特征信息的联合表示。典型的模型结构图如图 20.2 所示。

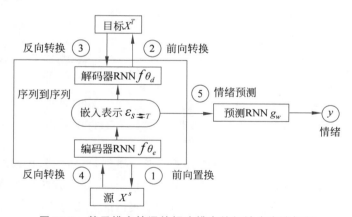

图 20.2 基于模态转译的解决模态特征缺失方法框架

该类方法的不足之处在于，对测试时模态缺失的限制过高，其要求训练数据中缺失情况仅发生在某一固定模态，该模态数据完全缺失，其余模态数据完整，由于其对缺失情况的限制,导致方法的应用场景严重受限,不能解决大多数真实场景中的情感分析问题。

20.2.2　基于张量正则化方法

基于张量正则化方法的核心出发点是完整模态数据融合特征的低秩结构。在文献[171]中模型显式地计算了同一时刻三模态特征外积融合特征并通过对融合矩阵的秩上界估计进行正则化,引导融合特征像完整数据融合特征学习。文献[172]通过引入时间窗口的概念使模型能够对时域上不同模态的交互信息进行建模,并通过理论推导隐式地完成将"融合特征"映射到最终输出的过程,将计算的时间复杂度由 $O(kRNL)$ 降低到 $O(kNL^2)$。两种基于张量正则化方法模型结构对比图如图 20.3 所示。

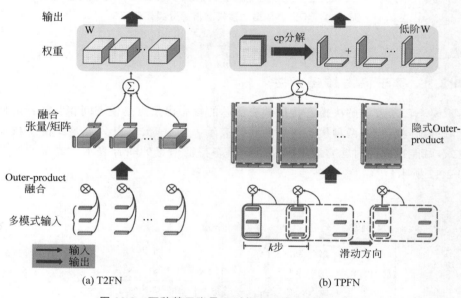

(a) T2FN　　　　　　　　　　(b) TPFN

图 20.3　两种基于张量正则化方法模型结构对比图

该类方法的不足之处在于,要求使用对齐的模态序列特征,而其在模态对齐任务上本身已经使用了完整模态数据,使得模型缺乏说服力。同时,该类方法作为张量融合方法中的一个分支,本身还具有所有张量融合方法的模型表达能力不足等问题。

本章针对已有工作需要无法针对不同模态组合及需要对齐数据的不足,开展了在非对齐随机模态缺失情况下的研究工作。

20.3　模型的框架结构

本节介绍基于多任务学习方法的不完整数据的多模态情感分类模型结构。如图 20.4 所示,提出的基于注意力的特征重构网络模型(简记为 TFR-Net)可以被分成 3 个主要部分:模态序列特征抽取模块、序列特征重构模块和模态融合模块。对于含有随机缺失的不同模态特征序列,利用一维卷积及序列位置编码增强模态序列特征。然后利用模态内、模态间注意力机制提取模态序列各个位置的隐层特征。接着,模态重构网络使用每个位置的隐层特征作为输入进行模态序列的特征重构,并利用重构特征与完整模态特征的 SmoothL1Loss 作为监督,引导隐层特征表示学习过程。最后,模态融合模块使用特征提取模块得到的隐层特征进行模态融合并使用简单的线性分类器进行最终情感极性预测。

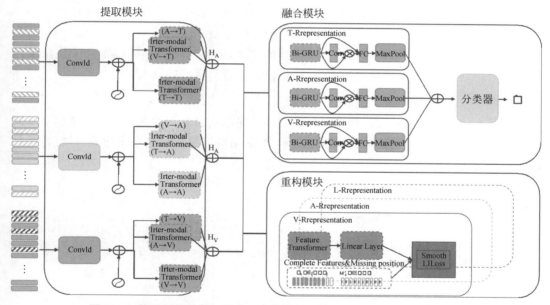

图 20.4　基于多任务学习方法不完整数据多模态情感分类模型框架结构

从模型的整体结构上来说,模型的特征抽取模块和模型的特征重构模块构成了一种编码器—解码器结构。这种编码器—解码器结构在隐层能够编码同时包含输入源和输出源的特征。因此,完整模态的信息作为输出端通过这种网络结构设计得以在隐层表示中体现。利用编码器—解码器获得的隐层表示,特征融合模块使用一种后期融合的策略,进行多模态表示学习,并利用融合得到的多模态特征进行最终的情感极性分类。

20.3.1　特征抽取模块

本节介绍模型特征抽取模块计算各个模态隐层特征序列的方法。首先,一维卷积神经网络和位置编码被用于对原始含有缺失的模态特征序列进行预处理,然后将模态预处理序列分别通过跨模态注意力网络及模态内自注意力网络进行相关特征抽取,最后拼接两种抽取信息得到最终的隐层特征序列。

1. 模态序列特征预处理

模态序列特征预处理首先使用一维卷积层处理不完整的模态序列输入,以确保输入序列中的每个元素能够获取其相邻元素信息。

$$H_m = \text{Conv1}d(U'_m, k_m) \in \mathbf{R}^{T_m \times d}, m \in \{\text{T}, \text{A}, \text{V}\} \tag{20.1}$$

其中,$k_\text{T}, k_\text{A}, k_\text{V}$ 分别为模态 T,A,V 的卷积核的大小,而 d 是预先定义的模态预处理维度。然后,向卷积序列引入位置编码,使得预处理序列中各个元素包含其位置信息。

$$H'_m = H_m + PE_m(T_m, d) \tag{20.2}$$

其中,$PE(\cdot)$ 表示位置编码函数。这样得到的预处理特征,包含相邻位置元素信息及原始位置信息,将作为后续跨模态注意力、模态内自注意力模型的输入。

2. 跨模态注意力网络

跨模态注意力网络被提出用于充分挖掘不同模态信息之间的互补性。该结构将不同模态的相关信息融合进模态序列的隐层表示中,为后续网络提供模态序列的有效信息,具体结构如图 20.5 所示。

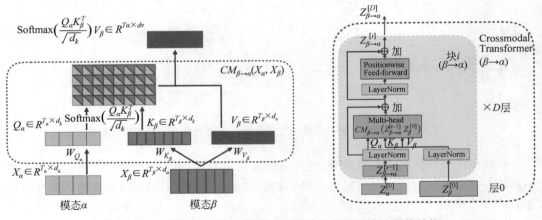

图 20.5　模态序列 **α** 与模态序列 **β** 之间的跨模态注意力网络结构

为了统一后续的方法介绍,将首先给出 Transformer 自注意力机制的定义,并使用该定义完成跨模态注意力网络的说明。Transformer 自注意力网络是一种基于缩放的点积注意力方法。其定义式为

$$\mathbf{Attention}(\boldsymbol{Q},\boldsymbol{K},\boldsymbol{V}) = \mathrm{Softmax}\left(\frac{\boldsymbol{Q}\boldsymbol{K}^T}{\sqrt{d_h}}\right)\boldsymbol{V} \tag{20.3}$$

其中,$\boldsymbol{Q}$、$\boldsymbol{K}$、$\boldsymbol{V}$ 分别指注意力机制中的查询、键值和权值矩阵。Transformer 自注意力网络并行的计算多个这样的注意力,其中每组不同的注意力称为一个注意力头。第 i 个注意力头由下式计算。

$$\mathrm{head}_i = \mathbf{Attention}(\boldsymbol{Q}W_i^q, \boldsymbol{K}W_i^k, \boldsymbol{V}W_i^v) \tag{20.4}$$

其中,W_i^q、W_i^k、$W_i^v \in \mathbf{R}^{d_h \times d_h}$ 对应第 i 个注意力头的线性映射变换。最终 $\mathbf{Transformer}(\cdot)$ 函数被定义为各个注意力头的拼接结果,即$[\mathrm{head}_1, \cdots, \mathrm{head}_n]$。

这样,利用上述 $\mathbf{Transformer}(\cdot)$ 函数定义,给出如下跨模态注意力机制的计算方法。

$$\mathrm{H}_{\beta \to \alpha i} = \mathbf{Transformer}(H'_\beta, H'_\alpha, H'_\alpha) \in \mathbf{R}^{T_m d} \tag{20.5}$$

其中,$\mathrm{H}_{\beta \to \alpha}$表示跨模态注意力的计算结果。

3. 模态内自注意力网络

模态内注意力网络用于充分挖掘同一模态内时域上的相关信息,将模态内不同时刻的相关信息融合进模态序列的隐层表示中。该网络也是基于 Transformer 自注意力机制而实现的。

$$H_{\alpha \to \alpha} = \mathbf{Transformer}(H'_\alpha, H'_\alpha, H'_\alpha) \in \mathbf{R}^{T_m, d} \tag{20.6}$$

最后,特征抽取模块将通过模态内、模态间注意力机制获得的所有特征拼接作为最终的隐层模态特征序列。

$$H''_m = \mathrm{Concat}([H_{\alpha \to \alpha}; H_{\beta_1 \to \alpha}; H_{\beta_2 \to \alpha}]) \in \mathbf{R}^{T_m, 3 \times d} \tag{20.7}$$

其中,$m \in \{T, A, V\}$;β_1、β_2 代表 α 以外的两种模态。隐层模态特征序列通过利用模态之间的互补性来提取缺失的模态特征的有效表示。该隐层特征序列也可以被视为模型级模态融合结果。

20.3.2　模态重构模块

本节介绍特征重构模块的设计目的以及其网络结构。处理多模态情感分析中的非对齐随机特征缺失问题的核心挑战在于捕捉不完整模态序列稀疏的语义信息。现有的模型无法获得模态序列中缺失部分的语义信息,因此模型对于随机模态特征缺失的效果有限。因此,模态特征重构被提出,通过重构损失引导特征抽取模块学习缺失部分的语言信息。

对于每种形态,首先在特征维度上进行 Transformer 自注意力计算,以捕获提取的不

同抽取特征之间的关联性。

$$H_m^* = \text{Concat}([H_{a \to a}; H_{\beta_1 \to a}; H_{\beta_2 \to a}]) \in \mathbf{R}^{T_m, 3 \times d} \tag{20.8}$$

其中，$m \in \{T, A, V\}$；H_m^* 为变换后的序列特征。然后，利用线性变换将转换后的序列特征映射到原始模态的输入空间中。

$$\hat{U}_m = W_m \cdot H_m^* + b_m \tag{20.9}$$

其中，$m \in \{T, A, V\}$；W_m、b_m 是线性层的参数。作为监督，模型将原始模态序列输入与重构模块生成的缺失位置元素使用 $\text{SmoothL1Loss}(\cdot)$ 计算生成损失 L_g^m，以评价缺失重构的效果。

$$L_g^m = \text{SmoothL1Loss}(\hat{U}_m * (M_m - M_m'), U_m * (M_m - M_m')) \tag{20.10}$$

其中，$m \in \{T, A, V\}$；M_m 为模态 m 显示序列长度的掩膜；M_m' 为模态 m 显示缺失位置的掩膜。

20.3.3　模态融合模块

本节介绍利用提取的隐层模态序列表示进行融合，并进行最终情感分类的融合模块。对于各个隐层模态特征序列，首先使用提出的基于卷积门控的编码器进行模态序列编码，然后将不同模态特征向量进行拼接得到最终的情感分类结果。接下来，将重点介绍将隐层模态特征映射到模态表示向量的基于卷积门控的编码器结构。

基于卷积门控的编码器

基于卷积门控的编码器将隐层模态序列输入映射成模态的特征向量表示。首先，该模块采用双向 GRU 层处理隐层模态特征序列 $\overline{H}_m$，并使用 tanh 激活函数来更新模态序列表示 H_m''。

$$\overline{H}_m = \tanh(\text{BiGRU}(H_m'')) \tag{20.11}$$

在得到更新模态序列表示 H_m'' 后，该模块提供了一种卷积门控组建用于过滤对于后续分类任务无关的序列信息。具体来说，模块将 H_m'' 输入窗口大小为 k 的一维卷积网络并使用了 Sigmoid 激活函数以计算序列中每个元素的相关度 g_i。卷积操作使用了填充策略以确保贡献度向量 g 与更新模态序列表示 H_m'' 具有相同的序列长度：

$$g = \text{Sigmoid}(\text{Conv1}d(\overline{H}_m)) \tag{20.12}$$

其中，$m \in \{T, A, V\}$，$\text{Conv1}d(\cdot)$ 是一维卷积运算；g 表示更新后模态序列表示的贡献度，通过与更新模态序列表示 H_m'' 进行诸元素乘法来过滤掉模态序列中对情感分类任务没有帮助的上下文信息。

$$\overline{H}_m' = \overline{H}_m \otimes g \tag{20.13}$$

其中,$\otimes$ 表示逐元素乘积。另外,模块将得到的 $\overline{H}'_m$ 与更新模态序列表示 H''_m 拼接,将拼接结果 $[\overline{H}'_m;H''_m]$ 进行非线性变换来得到最终的单词级表示形式 H^*_m:

$$H^*_m = \tanh(W \cdot \text{Concat}(\overline{H}'_m, H''_m) + b) \tag{20.14}$$

最后,模块使用最大池化操作提取序列中具有较大影响的上下文特征。由此,最终模态表示 U^*_m 表示如下:

$$U^*_m = \text{Maxpool}\{H^*_m\} \in \mathbf{R}^{h_m} \tag{20.15}$$

其中,h_m 表示模态 m 的隐层维度。三种模态表示的拼接被视为最终晚期融合的结果。

$$U^* = \text{Concat}(U^*_T, U^*_A, U^*_V) \tag{20.16}$$

将得到的融合结果输入到一个简单的全连接神经网络分类器中以计算最终的情感分类结果。

$$\hat{y} = W_1 \cdot \text{LeakyReLU}(W_2 \cdot \text{BatchNorm}(U^*) + b_2) + b_1 \tag{20.17}$$

其中,LeakyReLU 被用作神经网络的激活函数。

20.3.4　模型训练

本节介绍提出模型的训练过程。本节采用了一种多任务的学习方法进行模型训练,使用模态重构子任务辅助多模态情感分析任务。对于情感分析任务,模型使用情感强度的预测值与真实标注值的 L1 Loss 作为基本优化目标;对于特征重构任务,提出模型分别计算各个模态序列的重构损失 $L^m_g,m \in \{T,A,V\}$,通过对不同模态重构损失加权求和的方式整合各个损失函数,引导模型参数的学习过程:

$$L_{\text{gen}} = \sum_{m \in \{T,A,V\}} \lambda_m \cdot L^m_g \tag{20.18}$$

$$L = \frac{1}{N} \sum_i^N (|\hat{y}^i - y^i|) + L_{\text{gen}} \tag{20.19}$$

其中,$\lambda_m,m \in \{T,A,V\}$ 是确定每个模态重建损失 L^m_g 对总损失 L 的贡献的权重。这些分量损失中的每一个都负责每个模态子空间中的表示学习。

20.4　实　　验

20.4.1　多模态情感分析数据集

实验在两个公开多模态情感分析基准数据集 MOSI[64]、SIMS 上对模型处理不完整模态特征序列的能力进行评价,两个数据集的正负样本统计信息如表 20.1 所示。MOSI

和 SIMS 数据集其他信息见第二篇的介绍,在这里不再赘述。

表 20.1　数据集统计信息(消极/中性/积极)

Dataset	# Train	# Valid	# Test	# All
MOSI	552 / 53 / 679	92 / 13 / 124	379 / 30 / 277	2199
SIMS	742 / 207 / 419	248 / 69 / 139	248 / 69 / 140	2281

20.4.2　模态序列特征抽取

在 MOSI 和 SIMS 数据集上,对于文本、音频、视频 3 种不同模态信息,分别采用了以下方法进行各自模态特征抽取工作。

1. 文本模态

对于 MOSI 和 SIMS 数据集,实验都使用 Pre-trained BERT[31] 进行原始文本输入到文本模态特征序列的转换,该方法将文本单词序列编码为 768 维的文本模态序列特征,作为原始模态序列输入。

2. 音频模态

对于音频特征提取工作,实验在 MOSI 数据集上使用 COVAREP[109] 音频特征提取工具,而在 SIMS 数据集中使用 LibROSA[108] 工具提取音频特征。MOSI 数据集中抽取的音频特征维度 d_A 为 5,而 SIMS 数据集中抽取的音频特征维度为 33。

3. 视频模态

对于视频特征提取工作,实验在 MOSI 数据集上使用 Facet 提取面部表情特征,在 SIMS 数据集上先使用 MTCNN[137] 提取人脸位置信息(如果无法识别有效的人脸位置,则使用居中截取),然后使用 OpenFace 2.0[136] 工具包提取人脸表情特征。MOSI 数据集中抽取的视频特征维度 d_V 为 20,而 SIMS 数据集中抽取的视频特征维度为 709。

20.4.3　基线模型

本节介绍与提出的基于注意力特征重构网络对比的基线模型。由于本章研究的问题使用非对齐模态序列数据,因此对比实验的基线模型也应具有处理多模态情感分析中非对齐模态序列数据的能力,实验使用了 TFN[4,15],MulT[30] 和 MISA[11] 作为基线模型,模型详细信息见本书 15.2.1 节。

20.4.4　实验设置

首先,说明本章中构造模态序列特征随机缺失的方法。对于文本模态输入,将原始的标记序列中的部分标记使用[UNK]标记替代,以模拟随机文本模态特征缺失的情况;对于音频、视频模态输入,将通过特征提取器提取得到的模态特征序列中部分时刻的模态特征替换为全零向量,以模拟由于传感器失效等原因导致的随机音视频模态特征缺失的情况。在训练、测试过程中,实验首先设定各个模态特征缺失率,在训练、验证和测试数据集上使用上述缺失构造方法生成符合预先设置的缺失率的模态特征序列。

对于模型超参数选择,提出模型涉及的重要超参数包括特征预处理模块中的一维卷积中的卷积核大小,网络各层的 dropout 率,模态内、跨模态 Transformer 注意力数量,融合特征向量的维度及 3 种模态的重构损失权重等。实验在两种多模态数据集中根据模型在验证集上的效果对以上超参数进行了细致的调参过程。使用 Adam 优化器进行模型参数更新,并在 MOSI 数据集中设置学习率为 0.002,在 SIMS 数据集中设置学习率为 0.001。所有实验结果均为三个不同随机种子在数据集上实验的平均值。

20.4.5　评价标准

为了评价模型对不同缺失程度的鲁棒性,实验记录了随着特征缺失率增大,提出模型和基线模型在 MOSI 及 SIMS 测试集上的二分类准确度、五分类准确度、平均绝对误差及皮尔逊相关系数 4 种评价指标。其中,二分类准确度指标使用小于 0 和大于 0 作为消极、积极情感分类的标准,这样的分类标准在文献[27]指出,更准确地表述消极和积极的类别。此外,本章还对 4 种不同的评价指标计算指标曲线下面积值,用于定量评价处理不完整模态输入的整体性能。指标曲线下面积值定义如下。

给定模型评价结果序列 $\boldsymbol{X} = \{x_0, x_1, \cdots, x_t\}$ 随着模态特征缺失率 $\{r_0, r_1, \cdots, r_t\}$ 的增加,定义指标线下图面积(AUILC)为:

$$\text{AUILC}_X = \sum_{i=0}^{t-1} \frac{(x_i + x_{i+1})}{2} \cdot (r_{i+1} - r_i) \tag{20.20}$$

对于上述所有指标,具有较高的评价指标表示模型具有更强的性能,平均绝对误差指标除外。

20.5　实　验　分　析

20.5.1　模型对缺失程度鲁棒性研究

首先,验证提出模型对不同程度的模态序列特征缺失的鲁棒性。在模型的训练及测试过程中,在控制各个模态缺失率 p 一致的前提下,逐渐提升模态序列特征缺失率 $p \in \{0.0, 0.1, \cdots, 0.9\}$,并采用结构性随机缺失策略,即每一时刻各模态特征均以 p 的概率完全缺失。

首先给出基于注意力机制的特征重构网络和各基线模型在 MOSI 及 SIMS 数据集上指标随模态特征序列缺失率变化的曲线。如图 20.6 所示，在 MOSI 数据集上，对于所有不同缺失程度 $p \in \{0.0, 0.1, \cdots, 0.9\}$，提出的模型在大多数评价指标上均超过了基线模型。如图 20.7 所示，在 SIMS 数据集上，提出模型在较低缺失率的情况下，即当 $p \in \{0.0, 0.1, \cdots, 0.5\}$ 时，提出的模型性能优于基线模型，而在较高缺失率的情况下，即当 $p \in \{0.6, \cdots, 0.9\}$ 时，所有模型的表现差异不大，均在某一稳定值左右浮动。将模型在 SIMS 数据集中高缺失率情况下所有模型表现类似的情况归因于数据集中存在的类别偏置问题。根据表 20.1 中每个数据集的正负样本个数统计信息，可以看到在 SIMS 数据集上存在明显的类别偏置。由于类别不均衡的问题，使用验证集中的回归结果的平均值进行预测的平凡模型反而能够取得不错的效果。随着模态特征缺失率的增加，各个模型难以在信息匮乏的序列数据中超越平凡模型，最终导致模型退化现象。

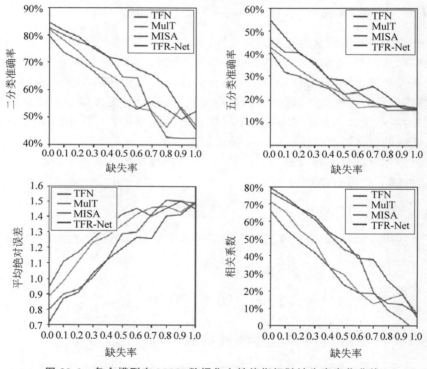

图 20.6　各个模型在 MOSI 数据集上性能指标随缺失率变化曲线

除了上述模型性能曲线图，实验还记录了模型在两个数据集上各项指标的曲线下面积作为定量分析指标评价模型对于不同程度缺失的鲁棒性的指标，表 20.2 展示了该结

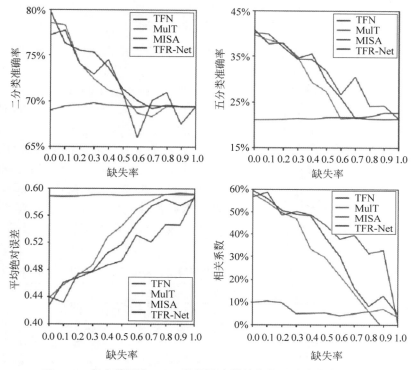

图 20.7　各个模型在 SIMS 数据集上性能指标随缺失率变化曲线

果，考虑到前面提到的类别偏置影响，在 MOSI 数据集上使用 $p \in \{0.0, 0.1, \cdots, 0.9\}$ 完整缺失程度区间上的 AUILC 值，而在 SIMS 数据集上使用 $p \in \{0.0, 0.1, \cdots, 0.5\}$ 部分缺失程度区间的 AUILC 值。该实验定量结果进一步验证了提出的模型在处理不同程度模态序列特征随机缺失问题的优越性。

表 20.2　MOSI 和 SIMS 数据集上各个模型不同评价指标的曲线下面积 AUILC 值

Models	MOSI				SIMS			
	Acc-2 (↑)	Acc-5 (↑)	MAE (↓)	Corr (↑)	Acc-2 (↑)	Acc-5 (↑)	MAE (↓)	Corr (↑)
TEN	0.604	0.233	1.327	0.300	0.373	0.181	0.233	0.259
MulT	0.618	0.244	1.288	0.334	0.370	0.173	0.244	0.227
MISA	0.632	0.271	1.209	0.403	0.347	0.106	0.294	0.038
TFR-Net	**0.690**	**0.304**	**1.155**	**0.467**	**0.377**	0.180	0.237	0.249

20.5.2 模型对缺失模态组合鲁棒性研究

除了对于不同缺失程度的鲁棒性之外,实验还验证了提出的模型对于不同模态缺失组合的鲁棒性。实验在 MOSI 测试集上将不同模态组合作为模型输入($p=0.0$),并将其余模态序列视为 $p=1.0$,即模态特征完全缺失,进行了模型效果测试。

实验结果如表 20.3 所示,对比所有以单一模态序列特征作为输入的实验结果,可以看到提出的模型在仅保留完整文本模态序列特征时保持了具有竞争力的性能,当仅含有音频、视频模态序列特征时,模型性能下降较大,这样的实验结果是符合预期的,它证明了文本模态信息在现有的多模态情感分类任务中的核心地位,并对更合理的音视频特征抽取方法提出了挑战。对比所有以两种不同模态序列特征作为输入的实验结果,文本模态序列与视频模态序列特征作为输入的模型能够取得最佳的性能,甚至较三模态完整输入相比取得了更好的平均绝对误差和皮尔逊相关系数。根据以上结果,我们验证了提出模型对于不同模态缺失组合具有很好的鲁棒性。

表 20.3　基于注意力的特征重构网络在不同缺失模态组合下各评价指标结果

Test Input	MOSI			
	Acc-2($\uparrow$)	Acc-5($\uparrow$)	MAE($\downarrow$)	Corr($\uparrow$)
{A}	55.150	16.570	1.419	0.214
{V}	60.110	17.490	1.381	0.164
{T}	83.490	50.140	0.786	0.778
{A,V}	62.650	19.050	1.334	0.231
{T,A}	83.990	52.920	**0.731**	**0.788**
{T,V}	82.620	49.370	0.772	0.778
{T,A,V}	**84.100**	**54.660**	0.754	0.783

20.5.3 消融实验

为了验证提出方法各个组成模块的有效性,在 MOSI 数据集上进行了模型重要模块的消融实验。消融实验分别测试了去掉模态内注意力模块(w/o a)、去掉模型特征重构模块(w/o g)、去掉卷积门控模块(w/o c)后的模型性能,实验结果如表 20.4 所示。

从实验结果中可以看出,去掉以上 3 个模块中的任何一个模块都会对模型性能产生影响。具体而言,去掉模态内注意力模块对模型性能的影响最大,其导致二分类准确度的 AUILC 值下降了 2%。而作为额外监督的特征重构模块对模型性能的影响相对较小。为了进一步分析特征重构模块的有效性,在 MOSI 数据集控制各个模态序列特征缺失率为 0.3,展示了训练过程中训练、验证集上的重构损失及回归损失的变化趋势曲线。

表 20.4　MOSI 数据集上模型消融实验结果

Dataset Metrics（AUILC-）	MOSI			
	Acc-2（↑）	Acc-5（↑）	MAE（↓）	Corr（↑）
TFR-Net（w/o a）	0.671	0.292	1.175	0.461
TFR-Net（w/o g）	0.682	0.301	1.231	0.455
TFR-Net（w/o c）	0.682	0.295	1.167	0.462
TFR-Net	**0.690**	**0.304**	**1.155**	**0.467**

如图 20.8 所示,随着模型的训练,训练集和验证集上重构损失及回归损失值均保持下降趋势。模态特征序列的重构损失和回归损失变化趋势一致,验证了通过重构缺失位置特征可以引导模型表示学习过程,进而获得较好的情感分析结果。

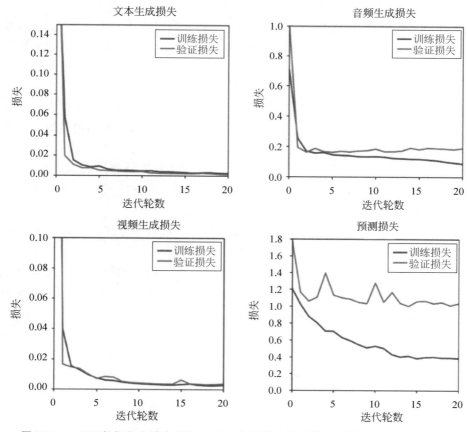

图 20.8　MOSI 数据集上缺失率为 0.3 时,分类损失及各模态重构损失函数变化曲线

20.6　本章小结

本章针对模态缺失问题,提出了一种基于注意力机制的特征重构网络以解决不完整数据的多模态情感分类任务。首先,回顾了不完整数据的多模态情感分析的任务定义及现有方法的概述;然后,讨论了一种基于注意力机制的特征重构网络以解决不完整数据的多模态情感分类任务;最后,设计实验验证了提出模型对于不同缺失程度的鲁棒性并分析了提出模型针对不同模态缺失组合的效果。

首先,本篇基于 SIMS 数据集构建了多任务的多模态情感分析框架 MMSA。在框架中联合学习 3 个单模态子任务和一个多模态主任务,并且将典型的 3 种融合结构引入此框架中。通过大量的实验充分验证了独立的单模态子任务能够辅助多模态模型学到更具有差异化的单模态表示信息,进而提升模型效果。

为了在更多数据集上验证引入单模态子任务对多模态主任务的辅助性作用,本篇紧接着设计了单模态伪标签生成模块及自适应的多任务优化策略,通过大量的实验验证了单模态伪标签生成结果的合理性和稳定性,并且进一步指明加入单模态任务后能够有效提升多模态情感分析的效果。

其次,本篇介绍了多任务训练阶段使用的一些方法。首先是能够使得学习部分共享的交叉模块,还有根据特征皮尔森相关系数调整融合特征的方法,最后通过对比实验证明了两种方法都能够提升分类准确率。

针对最近广泛使用的互斥损失函数提出了针对多任务机制的损失函数,能够起到增大不同类差异性、减小不同模态来源导致的误差等作用。大量的对比实验说明了基于多任务学习机制的互斥损失函数在多任务场景下的优势。

然后,本篇探究了多任务机制对迁移学习的作用。通过大量实验验证了多任务多模态算法的迁移学习能力比单任务多模态算法更强。

最后,本篇针对模态缺失问题提出了一种基于注意力机制的特征重构网络以解决不完整数据的多模态情感分类任务。大量实验验证了提出的模型对于不同缺失程度的鲁棒性并分析了提出模型针对不同模态缺失组合的效果。

第六篇

多模态情感分析
平台及应用

　　本篇介绍一个多模态情感分析实验平台——M-SENA 和一个多模态中医体质评价系统——TCM-CAS。M-SENA 是首个基于主动学习的多模态数据标注,多模态数据和多模态情感分析模型管理,模型训练和评价的综合、开源的多模态情感分析平台。通过提供易于操作的用户界面和直接操作,帮助研究人员节省在无关紧要的细节上的精力,更多地专注于分析数据和模型。为了更好地帮助研究人员进行分析,该平台还为实验结果提供了全面的统计和可视化功能。此外,该平台集成了一个端到端实时演示模块,以评价模型在其他数据上的性能。目前,M-SENA 包含 3 个多模态数据集,多个最新的基

线模型，并且具有高度的可扩展性。该系统可以在 GitHub① 和 DockerHub②
上下载，并提供完整的文档。此外，为了扩展多模态信息挖掘分析研究工作的
思路，基于多模态机器学习技术，本篇介绍了一个面向中医临床多模态辨识信
息而实现的一个端到端体质评价系统 TCM-CAS。该系统通过对现场采集的
中医临床信息进行处理，自动评价患者的中医体质。在保证数据质量的前提
下，该系统可以很容易地扩展应用于中医临床疾病评价与分析任务，如疾病辅
助诊断。该系统还具有中医数据挖掘、中医临床特征学习表示等辅助功能，可
以更好地帮助中医科研人员实现对于临床多模态辨识信息的挖掘与分析。

---

①　https://github/thuiar/Books。
②　https://hub.docker.com/repository/docker/flamesky/msena-platform。

第 21 章　多模态情感分析实验平台简介

21.1　概　　述

多模态情感分析（MSA）[177-178] 的目标是通过视频分析说话人的多模态信息，包括听觉、语言和视觉信息，来判断说话人的情感。在互补性和特异性的其他模态信息的补充下，与基于文本的模型相比，多模式模型有更好的鲁棒性，在处理社交媒体数据时可以实现显著的效果提升。

之前的工作已经在基准数据集上取得了令人印象深刻的改进[4,9,27,91]。但是，目前还没有用于 MSA 任务的集成平台。本章将介绍首个专为 MSA 设计的综合多模态情感分析平台 M-SENA。它旨在解决以下 4 个问题。

（1）与纯文本数据不同，多模态数据包含了声音和视觉信息，这使得在无图形化界面的服务器上查看和管理语料库变得困难。M-SENA 提供了一个可视化的界面，用户可以轻松地完成这些任务。

（2）生成高质量的标记数据集需要较大的人力成本。因此，当前多模态数据集的数量级相对于 NLP 区域的数量级较小。M-SENA 提供了基于主动学习的数据标注策略，希望能够减少大规模标注数据集的时间和人力消耗。

（3）多模态融合是体现多模态模型相对于单模态模型优势的关键步骤。然而，这一步的可视化仍然不明确，具有挑战性。M-SENA 利用 PCA[179] 对融合前后的表示进行降维，并提供相应的可视化。

（4）多模态模型评价过度依赖公共数据集。目前还没有评价这些模型在真实世界数据上的表现。

M-SENA 包括实时演示，以评价模型在非集合数据上的性能，并让研究人员直观地了解模型如何构造每种模态数据的特征。M-SENA 可以帮助研究人员进行数据管理、数据标注、模型训练和分析。它是多模态情感分析领域内第一个集成和可视化的多模态情感分析实验平台，该平台具有如下 3 方面的显著优势。

（1）M-SENA 是第一个为 MSA 研究人员提供数据管理、可视化和基于主动学习的数据标记的开源可视化分析实验平台。

（2）M-SENA 提供了一套丰富的工具和配置手段来分析现有的 MSA 模型，使研究人员能够在相同的环境中比较不同的方法。

（3）除了对公共数据集进行数值评价外，M-SENA 还提供了对自定义样本的端到端评价。

21.2　平台概览

M-SENA 平台设计的目的是为多模态情感分析领域的研究人员提供方便，具有友好的图形用户界面（graphical user interface，GUI），涵盖尽可能多的功能。该平台的体系结构如图 21.1 所示。M-SENA 主要由数据端、模型端和分析端 3 部分组成。数据终端的目的是帮助研究人员查看和分析多标签多模态的数据集。通过将主动学习算法合并到标注过程中，可以显著降低数据标注的人工成本。在模型端，M-SENA 平台实现了一个可扩展的多模态情感分析流水线，该流水线集成了多种主流的多模态情感分析算法。流水线和 GUI 一起提供了一种直观的方式来训练和调优具有不同参数的模型。分析端可以从多个角度分析训练好的模型，包括基于时间的结果分析、特征表示可视化和案例研究。该

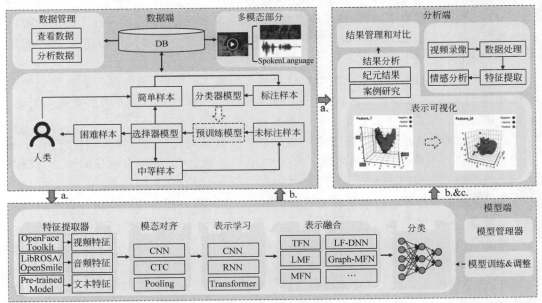

图 21.1　M-SENA 的总体架构

平台还实现了一个端到端的现场演示,通过在模型端训练的模型来分析现场录制的视频片段中说话人的情绪。用户可以使用它设计不同的案例,更好地分析不同模型的功能。除了这 3 个主要部分外,还集成了任务管理机制,以告知用户不同任务的当前状态。

21.3　数　据　端

如图 21.1 所示,数据端由数据管理模块和数据标注模块组成。

21.3.1　数据管理

数据管理模块可以帮助研究人员更直观地展示多模态数据集。只需几次单击,数据集的详细信息就会呈现在用户面前,包括对数据分布的简单分析、数据样本列表和每个样本的视频播放器。用户还可以通过内置的过滤器搜索样本以获得所需的数据组。为了获得更好的可伸缩性,该平台还引入了一种向平台添加新数据集的简单方法。此外,还提供了一个安全锁机制。数据标记模块只显示未锁定的数据集,锁定后的数据集不能修改。数据管理界面如图 21.2 所示。

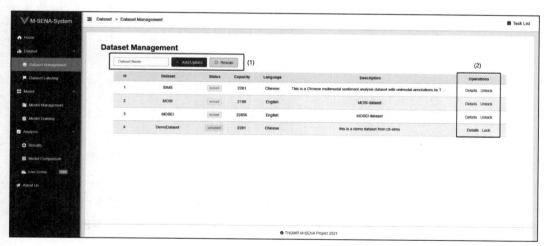

图 21.2　数据管理界面

目前,M-SENA 集成了 3 个公共 MSA 数据集:MOSI[64]、MOSEI[10] 和 SIMS。预处理后的特性可以在 Github① 中找到。

---

①　https://github.com/thuiar/Books。

21.3.2 数据标注

为了节省多模态数据标注的时间和人力成本,该平台集成了一个主动学习框架。功能实现上,它主要包含两个关键组件:分类器和选择器。分类器使用带标签的样本进行训练和微调,选择器使用分类器的输出将样本分为三类:难、中、易。难样本对于算法来说很难预测标签,因此需要人工干预。中等样本比较容易,但仍然不能立即贴上标签;它们将被留到下一轮来决定是否标注。该算法具有较高的置信度,对容易识别的样本进行标记。因此,只能选择难度较大的样本进行手工标注。算法伪代码如下,具体来说,分类器可以从模型端继承。选择器实现了3种经典的采样策略:基于阈值、基于边际和基于熵。

Algorithm 1   Labeling Framework base on Active Learning

Input:Unlabeled samples $(\hat{X}, \cdot)$

Output:Labeled samples (X, Y)

1:Init labeled samples set X and unlabeled samples set $\hat{X}$.

2:**repeat**

3:Fine-tune classifier model M with X.

4:Input $\hat{X}$ into M and get classifier results.

5:Using selector model to split $\hat{X}$ as hard samples set X_h, middle samples set X_m, and easy samples set X_e.

6:Select X_h for manual labeling.

7:Add labeled X_h into X_e and unlabeled X_h into X_m.

8:Add X_e into X.

9:$\hat{X} = X_m$.

10:**until** end condition

基于阈值的采样策略是基于每个样本的最大分类概率的值。所有比率之和为1.0,设置了两个阈值0.8和0.6。将最大分类概率大于0.8的样本作为易分类样本进行筛选。将最大分类概率小于0.6的样本筛选为难样本。

基于边际的抽样策略关注的是那些容易被分为两类的样本。该策略选择最大分类概率与第二大概率差异较小的样本作为难样本。

基于熵的抽样策略利用分类概率的信息熵来表示每个样本的信息量。信息熵越大的样本不确定性越大,应作为难样本进行筛选。将信息熵较低的样本作为易样本进行筛选。数据标注界面如图21.3所示。

图 21.3　数据标注界面

21.4　模　型　端

本节将首先介绍 M-SENA 平台的基础,即 MSA 功能流程。它使得不同数据集的各种模型的集成成为可能。之后,在 21.4.2 节将讨论平台如何帮助研究人员专注于多模态情感分析模型的训练和调优。模型管理界面如图 21.4 所示。

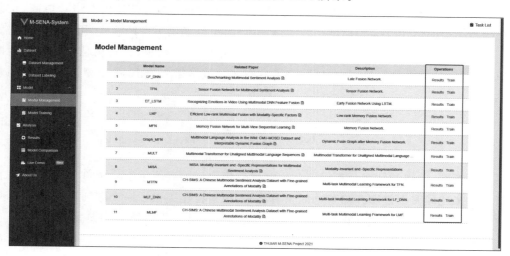

图 21.4　模型管理界面

21.4.1　多模态情感分析流程

多模态情感分析一般包括特征提取、模态对齐、表示学习、表示融合和情感分类 5 个关键步骤，如图 21.1 的模型端所示。基于这些步骤，该平台实现了一个高度集成和可扩展的多模态情感分析流程。首先，使用专业工具从原始视频中提取特征，包括 vision5 的 MultiComp OpenFace 2.0[136]工具包①，音频的 LibROSA[108] 或 openSMILE[107]，以及文本语言的预训练模型 BERT[31]。然后，整合了多达 10 个最新的模型到平台上，表 21.1 列出了平台中已经包含的模型。

表 21.1　平台已包含模型

模　型	模　型	模　型	模　型
LF_DNN [177]	TFN [4]	LMF [8]	MFN [9]
Graph_MFN[10]	MulT[30]	MISA [11]	MLF_DNN[91]
MTFN[91]	MLMF[91]		

21.4.2　模型训练与微调

在 M-SENA 平台上训练一个模型是非常简单和直接的。用户可以在一个适当缩进的类似 json 格式的列表中调整参数，而不用纠结于具体的代码实现。在提交时，参数被传递到 MSA 流水线，在那里模型将接受训练。一旦训练结束，任务状态将被更新，结果将在分析结束时可用。为了提供更好的用户体验，平台提供了微调模式，用户只需单击就可以尝试不同的参数组合集。用户可以在分析结束时比较结果，并将最佳参数保存为默认值，当选择模型时自动填充。目前，该平台在 3 个数据集上为 10 个模型提供了 30 组最佳参数。

21.5　分　析　端

在分析端，实现了结果分析模块和模型比较模块。前者侧重于分析单个训练结果，而后者侧重于比较多个模型。除了这两个模块外，该平台还提供了一个端到端的现场演示，该演示使用摄像头录制的视频片段来分析模型。分析结果界面如图 21.5 所示。

---

①　https://github.com/TadasBaltrusaitis/OpenFace。

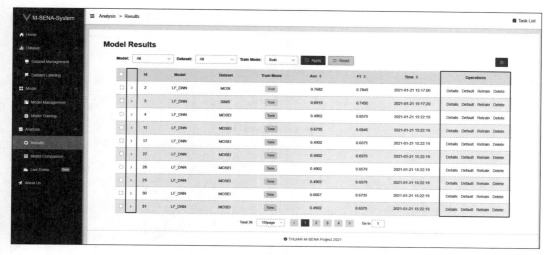

图 21.5　分析结果界面

21.5.1　多维结果分析

在结果分析模块中,平台对模型末端得到的每个结果进行了详细分析。首先,三个最重要的指标:Acc、F1 值和 Loss,被绘制成与 epoch 数量相对应的图表。其次,提出了一种方法来可视化二维和三维的单模态和多模态特征表示,目的是帮助用户更好地理解多模态特征表示及其融合过程。此外,数据集中的所有样本都列在一个表中,并标记了预测和实际标签。在内置过滤器的帮助下,用户可以很容易地检查正确/错误标记的样本视频,从而更好地了解模型的功能。一个多维结果分析的例子如图 21.6 所示。

21.5.2　模型对比

在模型比较模块中,平台提供了多个训练模型之间基于 epoch 的比较。分别给出了 Acc、F1 值和 Loss 的图表,以及包含数字信息的表格。通过图表,用户可以清楚地知道哪个模型收敛更快,哪个模型效果更好。模型结果比较界面如图 21.7 所示。

21.5.3　端到端现场演示

端到端现场演示的目的如下。

(1)使用统一的第三方样本训练的模型在不同数据集上评价。

(2)通过定制样本评价模型能力,用户可以控制如音量、音色和音调等变量。

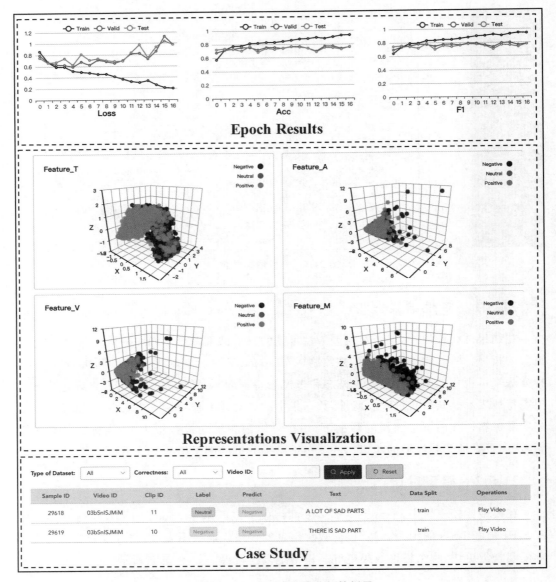

图 21.6 一个多维结果分析的例子

（3）向非研究人员展示一个有趣的演示。要使用这个功能，用户需要输入文本，打开摄像头，阅读输入的文本，然后单击 Go 按钮。录像片段将由第 21.4 节介绍的流水线系统处理，结果将以图表和表格的形式很快返回。

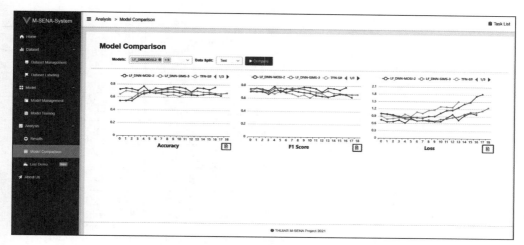

图 21.7 模型结果比较界面

21.6 实 验 评 价

本节将对 M-SENA 的 3 个组成部分(多模态情感分析基线、通过主动学习的数据标记和端到端现场演示)进行简要评价。

21.6.1 评价基准数据集

不同模型在不同的基线数据集上多模态情感分析结果如表 21.2 所示。所有实验都以三分类模式进行,包括正向、中性、负向。由于单模态标签的要求,MLF DNN、MTFN、MLMF 等多任务模型仅在 SIMS 上进行测试。为了确保公平,所有结果都是在相同的设置下进行的。首先,在同一个数据集上为每个模型尝试 50 组参数,使用网格搜索,然后选择并保存验证集中性能最好的参数。最后展示了测试集上的 3 类 Acc 和加权 F1_Score。以上操作可以在本实验平台上轻松完成。

表 21.2 基准数据集的多模态情感分析结果

Model	MOSI		MOSEI		SIMS	
	Acc	F1_Score	Acc	F1_Score	Acc	F1_Score
LF_DNN	74.64	76.28	67.35	70.05	70.20	75.10
TFN	73.44	75.02	66.63	69.34	65.95	69.86

Model	MOSI		MOSEI		SIMS	
	Acc	F1_Score	Acc	F1_Score	Acc	F1_Score
LMF	74.11	75.72	66.59	68.31	66.87	71.29
MFN	74.99	76.76	66.59	68.86	67.57	72.32
Graph_MFN	75.34	76.96	67.63	69.87	68.44	73.46
MulT	74.99	76.91	66.39	68.78	68.27	72.32
MISA	76.30	78.03	67.04	69.08	67.05	73.11
MLF_DNN	—	—	—	—	70.37	74.80
MTFN	—	—	—	—	70.28	74.13
MLMF	—	—	—	—	71.60	72.74

21.6.2   评价标注结果

本节采用 TFN[4] 作为分类器,基于阈值的采样策略作为选择器。为了进行综合评价,使用了两个结构差异较大的多模态数据集 MOSI[64] 和 SIMS[91]。把这个问题作为三分类任务来处理。因此,样本被标记为负面、中性和正面,结果如表 21.3 所示。

表 21.3   使用基于阈值的采样策略对 MOSI 和 SIMS 数据集进行自动标注结果

有标签样本集	无标签样本集	标注准确率	机器标注比例
MOSI（20%）	MOSI（80%）	83.42	80.00
MOSI（80%）	MOSI（20%）	85.72	80.45
SIMS（20%）	SIMS（80%）	73.77	80.00
SIMS（80%）	SIMS（20%）	76.62	80.26

在每个数据集上选择 20% 或 80% 的样本作为标记样本集,其余的样本为未标记样本集。目的是评价标签在不同数据特征下的准确性。结果表明,标注样本集越大,标注准确率越高,而机器标注率的提高并不明显。这说明少量的被标记样本也可以达到可比性的

标记结果。在实验中,标注精度最低达到 70% 以上,机器标注精度不低于 80%。这验证了用主动学习算法辅助手工数据标记的可行性。相信使用更高级的选择器可以实现更好的性能,基于主动学习的标记算法是多模态情感分析数据集构造领域的一个非常有前途的研究方向。

21.6.3　评价现场演示

图 21.8 的左边部分展示了一条经过平台处理后测试数据。使用之前的两个预训练模型:MLFDNN 和 MTFN,生成多模态的情绪预测,如图 21.8 的右侧所示。从结果中,研究人员可以分析模型在不同模式下的性能,并更好地理解每个模式如何影响结果。这个模块还有助于评价非既定数据的模型,以及以一种易于理解的方式向非研究人员展示最先进的 MSA 结果。

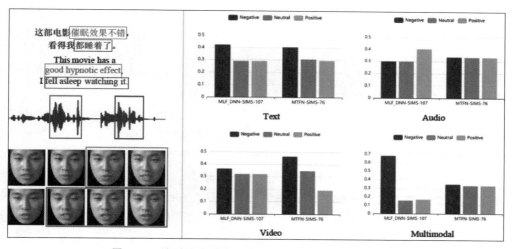

图 21.8　端到端实时演示的一个多模态情感分析的示例

21.7　本 章 小 结

本章介绍了一个全面且可扩展的多模态信息情感分析平台,该平台支持用户在友好的功能界面中操作多模态情感分析的整个过程,包括数据管理、基于主动学习的数据标注、模型训练和调优、结果分析。希望 M-SENA 可以帮助研究人员开发出更高效率的算法,并实现不同 MSA 模型之间更公平的对比性研究。

第 22 章　扩展应用：基于多模态临床特征表示与融合的端到端中医体质评价系统

22.1　概　　述

当前多模态机器学习方法不仅可应用于面向当前共融机器人自然交互的多模态情感分析任务，实现相关的情感分析工作；同时还可以扩展应用于其他典型的多模态信息的分析领域。基于中医望（图片信息）、闻（音频信息）、问（文本信息）、切（信号信息）四诊化的多模态数据的挖掘和分析，其实与多模态交互信息的情感分析类似，也是一类典型的基于多模态机器学习的分类问题。作为本部分内容的延展，本篇将延展性地介绍基于中医四诊合参的临床辨识信息实现中医体质评估的应用平台案例。

中医体质(traditional chinese medicine constitution，TCM)是中医理论中的一个基本概念。它由多模态的中医临床辨识信息特征所确定，而多模态的中医临床特征又由图像（面诊、舌诊、目诊等）、信号（脉诊、闻诊）、文本（问诊）等中医临床信息组成。中医体质的自动评价面临两大挑战：①学习辨证的中医临床特征表示；②利用多模态融合技术联合处理特征。为此，本书提出了中医体质评价系统(TCM constitution assessment system，TCM-CAS)，并提供了端到端解决方案和辅助功能。为了提高中医体质的检测效果，该系统结合了人脸关键点检测、图像分割、图神经网络和多模态融合等多种机器学习算法。在一个四分类形式的多模态中医体质数据集上进行了大量的实验，所提出的方法达到了最先进的分类精度。该系统提供包含疾病注释的数据集，还可以从中医角度进行疾病辅助诊断。

体质是中医理论中的一个基本概念。要判断患者的中医体质，需要综合考虑患者的体态、面色、舌色、情绪等多种中医临床特征。这些特征通常由经验丰富的中医医生收集，使用 4 种中医诊断方法：检查、听、闻、询问、脉诊和触诊[180]。为了提供端到端的中医体质评价任务解决方案，需要通过一种多模态的临床辨识特征分类算法从中医临床图像、音频、信号和文本形态信息中学习这些特征。此外，学习到的多模态表示需要使用多模态融合方法进行综合处理。这是端到端 TCM-CAS 评价中的两个主要挑战。

22.2　中医体质评价系统

　　TCM-CAS 是一类端到端的多模态信息分析系统，通过对现场采集的中医临床信息进行处理，自动评价患者的中医体质。由于训练数据的限制，目前该系统只能对 9 种中医体质类型中的 4 种进行辨识和评价。此外，中医临床输入被简化为两种模态，其中需要一个面部图像、一个舌部图像和一个闻诊调查问卷，如图 22.1 所示。给定这些输入，系统将生成一个报告，其中显示了 TCM-CAS 的最终预测及一些中间结果，如图 22.2 所示。有了足够的数据，该系统可以很容易地扩展到评价所有 9 种中医体质类型及其他类似的中医临床分类任务，如疾病的辅助诊断。该系统还具有中医数据挖掘、中医临床特征分析等辅助功能，更好地帮助中医科研人员开展中医多诊信息的分析工作[1]。

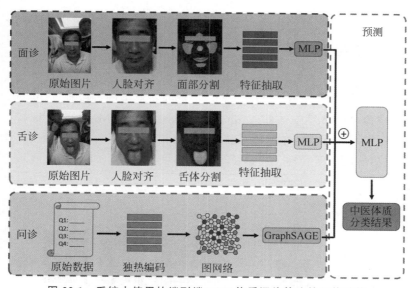

图 22.1　系统中使用的端到端 TCM 体质评价算法的总体结构

---

① 系统演示网址：https://youtu.be/n19R D21X2Q 系统源代码下载网址：https://github.com/thuiar/Books。

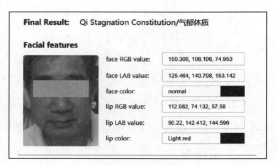

图 22.2　系统生成的部分 TCM 报告

22.3　方　　法

如图 22.1 所示，TCM 评价算法由面诊特征表示、舌诊特征表示、问诊信息特征表示和体质预测 4 个模块组成。前 3 个模块对输入的中医临床信息进行处理，完成特征的学习表示，后一个模块对学习到的多模态特征进行联合处理，预测中医临床特征。

22.3.1　面诊特征表示模块

面诊特征表示模块需要一个面诊图像作为输入。对图像中出现的最大人脸进行检测、对齐和分割。这些步骤是基于 Mediapipe 提供的面部关键点检测算法完成的[181]。然后将分割的区域传递给多层感知器（multi-layer perceptron，MLP）来进行特征的学习表示。从表征中提取两种面部的中医临床特征，即面相色和唇色。这些特性将作为中间结果呈现，以获得更好的可解释性。面诊特征表示模块功能界面如图 22.3 所示。

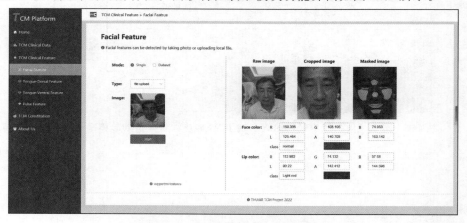

图 22.3　面诊特征表示模块功能界面

22.3.2 舌诊特征表示模块

包含舌苔-舌背特征分析的舌诊特征表示模块，处理输入图像的方法与面诊特征表示模块相似，不同的是舌苔的分割是基于 MiniSeg 模型[182]。该模块提取的中医舌部临床特征包括舌苔色和舌色。舌诊特征表示模块功能界面如图 22.4 所示。

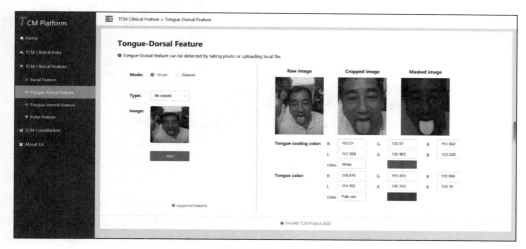

图 22.4 舌诊特征表示模块功能界面

22.3.3 问诊特征表示模块

问诊特征表示模块从问题-答案对的输入数据中学习中医临床辨识信息的特征表示。15 个单选题或多选题都是由专家精心设计的，如患者是否容易疲劳、患者的睡眠质量等。受文献[183]的启发，本书构建了一个包含患者和症状节点的同类图。如图 22.5 所示，患者-症状边缘的存在表明该患者具有该症状。症状-症状边缘表示这两个症状同时出现。从 A 到 B 的症状-症状边缘上的权重表示给定症状 A 的患者出现症状 B 的概率。该图使用患者和症状节点的独热（one-hot）表示进行初始化。一个 GraphSAGE[184] 模型在 TCM-CAS 标签的监督下用来学习患者节点的特征。

以 P 开头的淋巴结为患者淋巴结，颜色表示患者的 TCMC。以 Q 开头的节点是症状节点，每个节点对应一个问题的选择。粗体的黑色边缘是双向的患者-症状边缘，而细灰色边缘是症状-症状边缘。

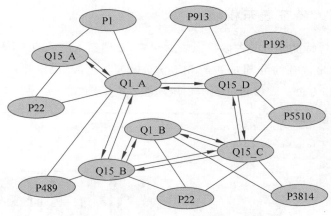

图 22.5　病人—症状图示意图

22.3.4　中医体质预测

在前面的模块中学习了中医临床多诊信息的特征表示之后,预测模块将学习型的特征表示通过拼接的方式实现了多模态特征的融合,并将它们通过 MLP 进行 TCM-CAS 分类。其他类型的多模态融合方法也进行了实验,如张量融合网络[4]和低秩多模态融合[8]。然而,与简单的多模态特征拼接的融合方法相比,其结果并不令人满意,如图 22.1 所示。

22.4　实　　验

为了获得更好的性能,在一个包含 5515 个样本的 4 类 TCM-CAS 数据集上进行了大量的实验。由于页面限制,表 22.1 中只列出了部分结果。为了验证基于 GNN 网络模型的有效性,使用 MLP 和 XGBoost 来替换问题模块中的 GNN。在其他实验中,面诊图像形态特征提取方法被不同的计算机视觉模型所取代。从结果可以看出,平台中的方法在这个特定的任务中优于其他模型。

表 22.1　TCM-CAS 数据集上的 5 个种子平均结果

方　　法	Acc	F1
MLP-unimodal	86.12	86.01
GraphSAGE-unimodal	86.38	86.16

续表

方　　法	Acc	F1
XGBoost-multimodal	89.60	89.48
MLP-multimodal	90.15	90.02
SE-ResNet-multimodal	90.37	90.21
GraphSAGE-multimodal-TFN	91.56	91.48
GraphSAGE-multimodal-concat	**92.07**	**91.96**

22.5　本章小结

　　本章讨论了一种基于多模态机器学习策略的端到端的中医体质评价系统。它结合多模态机器学习技术，处理多模态临床辨识信息的输入，学习中医临床特征，评价患者中医体质。系统采用的方法达到中医多模态体质分类任务的最优性能。该系统可以方便地扩展到未来的中医疾病诊断系统中。

　　本篇小结　本篇介绍了一个完整且可扩展的多模态情感分析平台，及一种端到端的中医体质评价系统。多模态情感分析平台主要包含了主动学习的数据标注、数据与模型管理、模型训练和评价等综合功能。该平台提供了易于使用的用户界面、全面的统计和可视化功能来进行数据分析和建模。此外，该平台还集成了一个端到端实时多模态情感分析演示模块，并且包含了3个多模态数据集，多个最新的基线模型，并且具有高度的可扩展性。本篇提出的端到端的中医体质评价系统结合了多种机器学习技术：多模态临床辨识信息预处理、中医临床辨识特征学习表示和患者中医体质预测评价模型等。该系统在数据规模和质量保障的情况下，可以很容易地扩展用于评价所有9种中医体质类型以及其他中医临床疾病的辅助诊断任务。此外，该系统还具有中医临床数据挖掘、中医临床特征分析等辅助功能，可以更好地帮助中医科研人员借助现代智能化的方法与手段实现数字诊疗。

结　束　语

2021 年 12 月国家工业和信息化部、国家发展和改革委员会、科学技术部、公安部、民政部、住房和城乡建设部、农业农村部、国家卫生健康委员会、应急管理部、中国人民银行、国家市场监督管理总局、中国银行保险监督管理委员会、中国证券监督管理委员会、国家国防科技工业局、国家矿山安全监察局等 15 个部门正式印发《"十四五"机器人产业发展规划》（以下简称《规划》）。《规划》中明确部署了提高产业创新能力的"机器人核心技术攻关行动"，并重点明确了将"人机自然交互技术，情感识别技术"等共融机器人自然交互技术作为前沿技术进行创新性攻关。

本书作为"面向共融机器人的自然交互"丛书的第二册，正是在国家"十四五"机器人产业发展规划的指导下，契合整个机器人行业对于自然交互技术研究、发展与创新的强烈需求，面向人机自然交互中的关键技术问题——多模态交互信息的情感分析（特征表示、特征融合、多跨模态信息的情感分类等）而系统化地进行新方法、新理论和新实现技术的论述。面向共融机器人应用的多模态交互信息的情感分析领域依然是当前热点的研究领域，新的研究思路和方法层出不穷。笔者所在的研究团队将时刻关注这一领域的最新研究进展和动态，并及时将系统化的最新研究成果呈现给读者。

除了"多模态交互信息的情感分析"这一人机自然交互领域的关键问题，在自然交互领域的其他重要问题也特别值得引起关注和开展深度的研究工作。它们包括：

（1）基于多模态人机交互信息的意图理解方法；

（2）多视角多模态人机交互语义理解的不确定性评价。

最后再次附录上本书相关辅助资料的链接下载地址[①]和笔者研究团队最新研究工作与成果链接[②]。欢迎对机器人自然交互感兴趣的朋友和企业与我们交流与建立合作关系，共同推进我国机器人前沿技术的不断创新与发展。

[①]　https://github.com/thuiar/Books。

[②]　https://github.com/thuiar。

参 考 文 献

[1] LIU B. Sentiment analysis and opinion mining［J］. Synthesis lectures on human language technologies,2012,5(1): 1-167.

[2] YADOLLAHI A,SHAHRAKI A G,ZAIANE O R. Current state of text sentiment analysis from opinion to emotion mining[J]. ACM Computing Surveys (CSUR),2017,50(2): 1-33.

[3] LI S,DENG W. Deep facial expression recognition: A survey[J]. IEEE transactions on affective computing,2020,13(3): 1195-1215.

[4] ZADEH A,CHEN M,PORIA S,et al. Tensor fusion network for multimodal sentiment analysis ［J］. Proceedings of the 2017 Conference on Empirical Methods in Natural Language Processing, 2017: 1103-1114.

[5] BALTRUŠ AITIST,AHUJA C,MORENCY L P. Multimodal machine learning: A survey and taxonomy[J]. IEEE transactions on pattern analysis and machine intelligence,2018,41（2）: 423-443.

[6] BENGIO Y,COURVILLE A,VINCENT P. Representation learning: A review and new perspectives[J]. IEEE transactions on pattern analysis and machine intelligence,2013,35（8）: 1798-1828.

[7] WILLIAMS J,COMANESCU R,RADU O,et al. Dnn multimodal fusion techniques for predicting video sentiment[C]. Proceedings of grand challenge and workshop on human multimodal language, 2018: 64-72.

[8] LIU Z,SHEN Y,LAKSHMINARASIMHAN V B,et al. Efficient low-rank multimodal fusion with modality-specific factors［J］. Proceedings of the 56th Annual Meeting of the Association for Computational Linguistics,2018: 2247-2256.

[9] ZADEH A,LIANG P P,MAZUMDER N,et al. Memory fusion network for multi-view sequential learning[C]. Proceedings of the AAAI Conference on Artificial Intelligence,2018: 5634-5641.

[10] ZADEH A B,LIANG P P,PORIA S,et al. Multimodal language analysis in the wild: Cmu-mosei dataset and interpretable dynamic fusion graph[C]. Proceedings of the 56th Annual Meeting of the Association for Computational Linguistics,2018,1: 2236-2246.

[11] HAZARIKA D, ZIMMERMANN R, PORIA S. Misa: Modality-invariant and-specific representat0ions for multimodal sentiment analysis ［C］. Proceedings of the 28th ACM International Conference on Multimedia,2020: 1122-1131.

[12] GUNES H,PICCARDI M. Affect recognition from face and body: early fusion vs. late fusion[C]. 2005 IEEE international conference on systems,man and cybernetics,2005: 3437-3443.

[13] SNOEK C G M,WORRING M,SMEULDERS A W M. Early versus late fusion in semantic video

analysis[C]. Proceedings of the 13th annual ACM international conference on Multimedia,2005：399-402.

[14] ATREY P K,HOSSAIN M A,EL SADDIK A,et al. Multimodal fusion for multimedia analysis：a survey[J]. Multimedia systems,2010,16(6)：345-379.

[15] DIETTERICH T G. Ensemble methods in machine learning[C]. Proceedings of the multiple classifier systems,2000：1-15.

[16] WÖ LLMER M,METALLINOU A,EYBEN F,et al. Context-sensitive multimodal emotion recognition from speech and facial expression using bidirectional lstm modeling[C]. Proceedings of the 11th Annual Conference of the International Speech Communication Association,2010：2362-2365.

[17] NEVEROVA N,WOLF C,TAYLOR G,et al. Moddrop：adaptive multi-modal gesture recognition[J]. IEEE Transactions on Pattern Analysis and Machine Intelligence,2015,38(8)：1692-1706.

[18] NGIAM J,KHOSLA A,KIM M,et al. Multimodal deep learning[C]. Proceedings of the 28th International Conference on Machine Learning,2011：689-696.

[19] MESNIL G E,GOIRE,DAUPHIN Y,YAO K,et al. Using recurrent neural networks for slot filling in spoken language understanding[J]. IEEE/ACM Transactions on Audio,Speech,and Language Processing,2015,23(3)：530-539.

[20] SUTSKEVER I,VINYALS O,LE Q V. Sequence to sequence learning with neural networks[C]. Proceedings of the Annual Conference on Neural Information Processing Systems,2014：3104-3112.

[21] SHUM H-Y,HE X,LI D. From Eliza to XiaoIce：challenges and opportunities with social chatbots[J]. Frontiers Inf. Technd Electron Eng,2018,19(1)：10-26.

[22] KRIZHEVSKY A,SUTSKEVER I,HINTON G E. Imagenet classification with deep convolutional neural networks[J]. Advances in neural information processing systems,2012,25：1097-1105.

[23] HINTON G,DENG L,YU D,et al. Deep neural networks for acoustic modeling in speech recognition：The shared views of four research groups[J]. IEEE Signal processing magazine,2012,29(6)：82-97.

[24] TRIGEORGIS G,RINGEVAL F,BRUECKNER R,et al. Adieu features? end-to-end speech emotion recognition using a deep convolutional recurrent network[C]. Proceedings of the 2016 IEEE International Conference on Acoustics,Speech and Signal Processing,2016：5200-5204.

[25] MIKOLOV T,SUTSKEVER I,CHEN K,et al. Distributed representations of words and phrases and their compositionality[C]. Proceedings of the 27th Annual Conference on Neural Information Processing Systems,2013：3111-3119.

[26] WANG Y,SHEN Y,LIU Z,et al. Words can shift：Dynamically adjusting word representations

using nonverbal behaviors[C]. Proceedings of the AAAI Conference on Artificial Intelligence, 2019: 7216-7223.

[27] RAHMAN W, HASAN M K, LEE S, et al. Integrating multimodal information in large pretrained transformers[C]. Proceedings of the conference. Association for Computational Linguistics. Meeting, 2020: 2359-2369.

[28] HOCHREITER S, SCHMIDHUBER J U, RGEN. Long short-term memory[J]. Neural computation, 1997, 9(8): 1735-1780.

[29] VASWANI A, SHAZEER N, PARMAR N, et al. Attention is all you need[C]. Proceedings of the Annual Conference on Neural Information Processing Systems, 2017: 5998-6008.

[30] TSAI Y-H H, BAI S, LIANG P P, et al. Multimodal transformer for unaligned multimodal language sequences[C]. Proceedings of the conference. Association for Computational Linguistics. Meeting, 2019: 6558-6569.

[31] DEVLIN J, CHANG M-W, LEE K, et al. Bert: Pre-training of deep bidirectional transformers for language understanding[C]. Proceedings of the 2019 Conference of the North American Chapter of the Association for Computational Linguistics: Human Language Technologies, 2019, 1: 4171-4186.

[32] POTAMIANOS G, NETI C, GRAVIER G, et al. Recent advances in the automatic recognition of audiovisual speech[J]. Proceedings of the Institute of Electrical and Electronics Engineers, 2003, 91(9): 1306-1326.

[33] SAHAY S, OKUR E, KUMAR S H, et al. Low Rank Fusion based Transformers for Multimodal Sequences[J]. arXiv preprint arXiv:2007.02038, 2020.

[34] ZHANG Y, YANG Q. A survey on multi-task learning[J]. arXiv preprint arXiv:1707.08114, 2017.

[35] IOFFE S, SZEGEDY C. Batch normalization: Accelerating deep network training by reducing internal covariate shift[C]. Proceedings of the 32nd International Conference on Machine Learning, 2015: 448-456.

[36] HE K, ZHANG X, REN S, et al. Deep residual learning for image recognition[C]. Proceedings of the IEEE Conference on Computer Vision and Pattern Recognition, 2016: 770-778.

[37] HU J, SHEN L, SUN G. Squeeze-and-excitation networks[C]. Proceedings of the IEEE Conference on Computer Vision and Pattern Recognition, 2018: 7132-7141.

[38] LIU S, JOHNS E, DAVISON A J. End-to-end multi-task learning with attention[C]. Proceedings of the IEEE/CVF Conference on Computer Vision and Pattern Recognition, 2019: 1871-1880.

[39] ZHANG Z, LUO P, LOY C C, et al. Facial landmark detection by deep multi-task learning[C]. Proceedings of the 13th European Conference on Computer Vision, 2014: 94-108.

[40] DAI J, HE K, SUN J. Instance-aware semantic segmentation via multi-task network cascades[C]. Proceedings of the IEEE Conference on Computer Vision and Pattern Recognition, 2016:

3150-3158.

[41] MA J, ZHAO Z, YI X, et al. Modeling task relationships in multi-task learning with multi-gate mixture-of-experts[C]. Proceedings of the 24th ACM SIGKDD International Conference on Knowledge Discovery & Data Mining, 2018: 1930-1939.

[42] ZHAO X, LI H, SHEN X, et al. A modulation module for multi-task learning with applications in image retrieval[C]. Proceedings of the European Conference on Computer Vision, 2018: 401-416.

[43] MISRA I, SHRIVASTAVA A, GUPTA A, et al. Cross-stitch networks for multi-task learning [C]. Proceedings of the IEEE Conference on Computer Vision and Pattern Recognition, 2016: 3994-4003.

[44] RUDER S, BINGEL J, AUGENSTEIN I, et al. Latent multi-task architecture learning[C]. Proceedings of the AAAI Conference on Artificial Intelligence, 2019: 4822-4829.

[45] GAO Y, MA J, ZHAO M, et al. Nddr-cnn: Layerwise feature fusing in multi-task cnns by neural discriminative dimensionality reduction [C]. Proceedings of the IEEE/CVF Conference on Computer Vision and Pattern Recognition, 2019: 3205-3214.

[46] COLLOBERT R, WESTON J, BOTTOU L E, ON, et al. Natural language processing (almost) from scratch[J]. Journal of Machine Learning Research, 2011, 12: 2493-2537.

[47] Liu X, Gao J, He X, et al. Representation Learning Using Multi-Task Deep Neural Networks for Semantic Classification and Information Retrieval[C]. Proceedings of the 2015 Conference of the North American Chapter of the Association for Computational Linguistics: Human Language Technologies, 2015: 912-921.

[48] COLLOBERT R, WESTON J. A unified architecture for natural language processing: Deep neural networks with multitask learning [C]. Proceedings of the 25th International Conference on Machine learning, 2008: 160-167.

[49] DONG D, WU H, HE W, et al. Multi-task learning for multiple language translation [C]. Proceedings of the 53rd Annual Meeting of the Association for Computational Linguistics and the 7th International Joint Conference on Natural Language Processing, 2015: 1723-1732.

[50] LUONG M-T, LE Q V, SUTSKEVER I, et al. Multi-task sequence to sequence learning[C]. Proceedings of the 4th International Conference on Learning Representations, 2016.

[51] LIU P, QIU X, HUANG X. Recurrent neural network for text classification with multi-task learning[C]. Proceedings of the 25th International Joint Conference on Artificial Intelligence, 2016: 2873-2879.

[52] SØGAARD A, GOLDBERG Y. Deep multi-task learning with low level tasks supervised at lower layers[C]. Proceedings of the 54th Annual Meeting of the Association for Computational Linguistics, 2016, 2: 231-235.

[53] SANH V, WOLF T, RUDER S. A hierarchical multi-task approach for learning embeddings from semantic tasks [C]. Proceedings of the AAAI Conference on Artificial Intelligence, 2019:

6949-6956.

[54] HASHIMOTO K,XIONG C,TSURUOKA Y,et al. A joint many-task model：Growing a neural network for multiple nlp tasks[C]. Proceedings of the 2017 Conference on Empirical Methods in Natural Language Processing,2017：1923-1933.

[55] LIU X, HE P, CHEN W, et al. Multi-task deep neural networks for natural language understanding[C]. Proceedings of the 57th Conference of the Associaton for Computational Linguistics,2019,1：4487-4496.

[56] WANG A,SINGH A,MICHAEL J,et al. GLUE：A multi-task benchmark and analysis platform for natural language understanding[C]. Proceedings of the Workshop：Analyzing and Interpreting Neural Networks for MLP,2018：353-355.

[57] NGUYEN D-K,OKATANI T. Multi-task learning of hierarchical vision-language representation [C]. Proceedings of the IEEE/CVF Conference on Computer Vision and Pattern Recognition, 2019：10492-10501.

[58] NGUYEN D-K,OKATANI T. Improved fusion of visual and language representations by dense symmetric co-attention for visual question answering[C]. Proceedings of the IEEE Conference on Computer Vision and Pattern Recognition,2018：6087-6096.

[59] AKHTAR M S,CHAUHAN D S,GHOSAL D,et al. Multi-task learning for multi-modal emotion recognition and sentiment analysis[C]. Proceedings of the 2019 Conference of the North American Chapter of the Association for Computational Linguistics：Human Language Technologie,2019,1：370-379.

[60] PRAMANIK S,AGRAWAL P,HUSSAIN A. Omninet：A unified architecture for multi-modal multi-task learning[J]. arXiv preprint arXiv:1907.07804,2019.

[61] KAISER L,GOMEZ A N,SHAZEER N,et al. One model to learn them all[J]. arXiv preprint arXiv:1706.05137,2017.

[62] LU J, GOSWAMI V, ROHRBACH M, et al. 12-in-1：Multi-task vision and language representation learning[C]. Proceedings of the IEEE/CVF Conference on Computer Vision and Pattern Recognition,2020：10437-10446.

[63] GOODFELLOW I,BENGIO Y,COURVILLE A. Deep learning[M]. Massachusetts：MIT press,2016.

[64] ZADEH A,ZELLERS R,PINCUS E,et al. Mosi：multimodal corpus of sentiment intensity and subjectivity analysis in online opinion videos[J]. arXiv preprint arXiv:1606.06259,2016.

[65] BUSSO C,BULUT M,LEE C-C,et al. IEMOCAP：Interactive emotional dyadic motion capture database[J]. Language resources and evaluation,2008,42(4)：335-359.

[66] PORIA S,HAZARIKA D,MAJUMDER N,et al. Meld：A multimodal multi-party dataset for emotion recognition in conversations[C]. Proceedings of the 57th Conference of the Association for Computational Linguistics,2019,1：527-536.

[67] ZADEH A,ZELLERS R,PINCUS E,et al. Multimodal sentiment intensity analysis in videos：Facial Gestures and Verbal Messages[J]. IEEE Intelligent Systems,2016,31(6)：82-88.

[68] ZHU J,KAPLAN R,JOHNSON J,et al. Hidden：Hiding data with deep networks[C]. Proceedings of the European Conference on Computer Vision,2018：657-672.

[69] CHONG W,BLEI D,LI F-F. Simultaneous image classification and annotation[C]. Proceedings of the 2009 IEEE Conference on Computer Vision and Pattern Recognition,2009：1903-1910.

[70] BEARMAN A, RUSSAKOVSKY O, FERRARI V, et al. What's the point：Semantic segmentation with point supervision[C]. Proceedings of the 14th European Conference on Computer Vision,2016：549-565.

[71] DEBATTISTA J,AUER S O,REN,LANGE C. Luzzu—a methodology and framework for linked data quality assessment[J]. Journal of Data and Information Quality,2016,8(1)：1-32.

[72] PARMAR B R,JARRETT T R,BURGON N S,et al. Comparison of left atrial area marked ablated in electroanatomical maps with scar in MRI [J]. Journal of Cardiovascular Electrophysiology,2014,25(5)：457-463.

[73] ANGLUIN D. Queries and concept learning[J]. Machine Learning,1988,2(4)：319-342.

[74] BRINKER K. Incorporating diversity in active learning with support vector machines[C]. Proceedings of the 20th International Conference on Machine Learning,2003：59-66.

[75] CHENG J,NIU B,FANG Y,et al. Representative sampling with certainty propagation for image retrieval[C]. Proceedings of the 2011 18th IEEE International Conference on Image Processing,2011：2493-2496.

[76] DEMIR B U,M,PERSELLO C,BRUZZONE L. Batch-mode active-learning methods for the interactive classification of remote sensing images[J]. IEEE Transactions on Geoscience and Remote Sensing,2010,49(3)：1014-1031.

[77] ABE N. Query learning strategies using boosting and bagging[C]. Proceedings of the 15th International Conference on Machine Learning,1998：1-9.

[78] MELVILLE P,MOONEY R J. Diverse ensembles for active learning[C]. Proceedings of the Twenty-first International Conference on Machine Learning,2004：74.

[79] SETTLES B,CRAVEN M. An analysis of active learning strategies for sequence labeling tasks [C]. Proceedings of the 2008 Conference on Empirical Methods in Natural Language Processing,2008：1070-1079.

[80] DAGAN I,ENGELSON S P：Committee-based sampling for training probabilistic classifiers[C]. Proceedings of the 12th International Conference on Machine Learning Proceedings, 1995：150-157.

[81] MCCALLUMZY A K,NIGAMY K. Employing EM and pool-based active learning for text classification[C]. Proceedings of the 15th International Conference on Machine Learning,1998：359-367.

[82] SHI L,ZHAO Y,TANG J. Batch mode active learning for networked data[J]. ACM Transactions on Intelligent Systems and Technology,2012,3(2):1-25.

[83] FU Y,ZHU X,ELMAGARMID A K. Active learning with optimal instance subset selection[J]. IEEE Transactions on Cybernetics,2013,43(2):464-475.

[84] ZHU J,WANG H,TSOU B K,et al. Active learning with sampling by uncertainty and density for data annotations[J]. IEEE Transactions on Audio,Speech,and Language Processing,2009,18(6):1323-1331.

[85] LAINE S,AILA T. Temporal ensembling for semi-supervised learning[C]. Proceedings of the 5th International Conference on Learning Representations,2017.

[86] TARVAINEN A、VALPOLA H. Mean teachers are better role models:Weight-averaged consistency targets improve semi-supervised deep learning results[S]. Proceedings of the Annual Conference on Neural Information Processing Systems,2017:1195-1204.

[87] BERTHELOT D,CARLINI N,GOODFELLOW I,et al. Mixmatch:A holistic approach to semi-supervised learning[C]. Proceedings of the Annual Conference on Neural Information Processing Systems,2019:5050-5060.

[88] DRUGMAN T,PYLKKONEN J,KNESER R. Active and semi-supervised learning in asr:Benefits on the acoustic and language models[C]. Proceedings of the 17th Annual Conference of the International Speech Communication Association,2016:2318-2322.

[89] ZHU X,LAFFERTY J,GHAHRAMANI Z. Combining active learning and semi-supervised learning using gaussian fields and harmonic functions[C]. Proceedings of the 20th International Conference,2003:912-919.

[90] PENNINGTON J,SOCHER R,MANNING C D. Glove:Global vectors for word representation[C]. Proceedings of the 2014 Conference on Empirical Methods In natural Language Processing,2014:1532-1543.

[91] YU W,XU H,MENG F,et al. Ch-sims:A chinese multimodal sentiment analysis dataset with fine-grained annotation of modality[C]. Proceedings of the 58th Annual Meeting of the Association for Computational Linguistics,2020:3718-3727.

[92] YOO D,KWEON I S. Learning loss for active learning[C]. Proceedings of the IEEE/CVF Conference on Computer Vision and Pattern Recognition,2019:93-102.

[93] CAI Y,YANG K,HUANG D,et al. A hybrid model for opinion mining based on domain sentiment dictionary[J]. International Journal of Machine Learning and Cybernetics,2019,10(8):2131-2142.

[94] 柳位平,朱艳辉,栗春亮,等. 中文基础情感词词典构建方法研究[J]. 计算机应用,2009,29(10):2875-2877.

[95] RAO Y,LEI J,WENYIN L,et al. Building emotional dictionary for sentiment analysis of online news[J]. World Wide Web,2014,17(4):723-742.

[96] BENGIO Y,DUCHARME R E,JEAN,VINCENT P,et al. A neural probabilistic language model [J]. Journal of Machine Learning Research,2003,3(2):1137-1155.

[97] SCHMIDHUBER J U, RGEN. Deep learning in neural networks:An overview[J]. Neural Networks,2015,61:85-117.

[98] TENG F,ZHENG C M,LI W. Multidimensional topic model for oriented sentiment analysis based on long short-term memory[J]. Journal of Computer Applications,2016,36(8):2252-2256.

[99] LI Q,JIN Z,WANG C,et al. Mining opinion summarizations using convolutional neural networks in Chinese microblogging systems[J]. Knowledge-Based Systems,2016,107:289-300.

[100] 罗帆,王厚峰. 结合 RNN 和 CNN 层次化网络的中文文本情感分类[J]. 北京大学学报(自然科学版),2018,54(3):459-465.

[101] YANG C,ZHANG H,JIANG B,et al. Aspect-based sentiment analysis with alternating coattention networks[J]. Information Processing & Management,2019,56(3):463-478.

[102] 陈珂,谢博,朱兴统. 基于情感词典和 Transformer 模型的情感分析算法研究[J]. 南京邮电大学学报:自然科学版,2020,40(1):55-62.

[103] PETERS M,NEUMANN M,IYYER M,et al. Deep Contextualized Word Representations[C]. Proceedings of the 2018 Conference of the North American Chapter of the Association for Computational Linguistics:Human Language Technologies,2018,1:2227-2237.

[104] ARACI D. Finbert:Financial sentiment analysis with pre-trained language models [J]. Proceedings of the 29th International Joint Conference on Artificial Intelligence,2020:4513-4519.

[105] XU H,LIU B,SHU L,et al. Dombert:Domain-oriented language model for aspect-based sentiment analysis[J]. Findings of the Association for Computational Linguistics EMMP,2020:1725-1731.

[106] FUNG P,DEY A,SIDDIQUE F B,et al. Zara:a virtual interactive dialogue system incorporating emotion,sentiment and personality recognition [C]. Proceedings of the 26th International Conference on Computational Linguistics:System Demonstrations,2016:278-281.

[107] EYBEN F,WÖLLMER M,SCHULLER B O,RN. Opensmile:the munich versatile and fast open-source audio feature extractor[C]. Proceedings of the 18th ACM International Conference on Multimedia,2010:1459-1462.

[108] MCFEE B,RAFFEL C,LIANG D,et al. librosa:Audio and music signal analysis in python[C]. Proceedings of the 14th Python in Science Conference,2015:18-25.

[109] DEGOTTEX G,KANE J,DRUGMAN T,et al. COVAREP—A collaborative voice analysis repository for speech technologies[C]. IEEE International Conference on Acoustics,Speech and Signal Processing,2014:960-964.

[110] HUANG G,LIU Z,VAN DER MAATEN L,et al. Densely connected convolutional networks [C]. Proceedings of the IEEE Conference on Computer Vision and Pattern Recognition,2017:4700-4708.

[111] PORIA S,CAMBRIA E,HAZARIKA D,et al. Context-dependent sentiment analysis in user-generated videos [C]. Proceedings of the 55th Annual Meeting of the Association for Computational Linguistics (volume 1: Long papers),2017: 873-883.

[112] GHOSAL D,AKHTAR M S,CHAUHAN D,et al. Contextual inter-modal attention for multi-modal sentiment analysis[C]. Proceedings of the 2018 Conference on Empirical Methods in Natural Language Processing,2018: 3454-3466.

[113] SCHULLER B O, RN, STEIDL S, BATLINER A, et al. The INTERSPEECH 2010 paralinguistic challenge[C]. Proceedings of the 11th Annual Conference of the International Speech Communication Association,2010: 2794-2797.

[114] SCHULLER B O, RN, STEIDL S, BATLINER A, et al. The INTERSPEECH 2013 computational paralinguistics challenge: Social signals,conflict,emotion,autism[C]. Proceedings of the 14th Annual Conference of the International Speech Communication Association, Lyon, France,2013.

[115] PEREZ-ROSAS V, NICA, MIHALCEA R, MORENCY L-P. Utterance-level multimodal sentiment analysis [C]. Proceedings of the 51st Annual Meeting of the Association for Computational Linguistics,2013,1: 973-982.

[116] EKMAN P,FRIESEN W V. Constants across cultures in the face and emotion[J]. Journal of Personality and Social Psychology,1971,17(2): 124.

[117] SHAN C, GONG S, MCOWAN P W. Facial expression recognition based on local binary patterns: A comprehensive study[J]. Image and vision Computing,2009,27(6): 803-816.

[118] DALAL N,TRIGGS B. Histograms of oriented gradients for human detection[C]. Proceedings of the Speech 2005 IEEE Computer Society Conference on Computer Vision and Pattern Recognition,2005: 886-893.

[119] BOSER B E,GUYON I M,VAPNIK V N. A training algorithm for optimal margin classifiers [C]. Proceedings of the fifth annual workshop on Computational learning theory,1992: 144-152.

[120] GOODFELLOW I J,ERHAN D,CARRIER P L,et al. Challenges in representation learning: A report on three machine learning contests[C]. Proceedings of the 20th International Conference on Neural Information Processing,2013: 117-124.

[121] DHALL A,RAMANA MURTHY O V,GOECKE R,et al. Video and image based emotion recognition challenges in the wild: Emotiw 2015 [C]. Proceedings of the 2015 ACM on International Conference on Multimodal Interaction,2015: 423-426.

[122] LI S, DENG W, DU J. Reliable crowdsourcing and deep locality-preserving learning for expression recognition in the wild[C]. Proceedings of the IEEE Conference on Computer Vision and Pattern Recognition,2017: 2852-2861.

[123] KIM B-K,LEE H, ROH J,et al. Hierarchical committee of deep cnns with exponentially-weighted decision fusion for static facial expression recognition[C]. Proceedings of the 2015

ACM on International Conference on Multimodal Interaction,2015：427-434.

[124] KORTLI Y,JRIDI M,AL FALOU A,et al. Face recognition systems：A survey[J]. Sensors, 2020,20(2)：342.

[125] DING H,ZHOU S K,CHELLAPPA R. Facenet2expnet：Regularizing a deep face recognition net for expression recognition[C]. Proceedings of the 12th IEEE International Conference on Automatic Face & Gesture Recognition,2017：118-126.

[126] WEN Y,ZHANG K,LI Z,et al. A discriminative feature learning approach for deep face recognition[C]. Proceedings of the European conference on computer vision,2016：499-515.

[127] CAI J,MENG Z,KHAN A S,et al. Island loss for learning discriminative features in facial expression recognition[C]. Proceedings of the 13th IEEE International Conference on Automatic Face & Gesture Recognition,2018：302-309.

[128] WU Y,JI Q. Facial landmark detection：A literature survey[J]. International Journal of Computer Vision,2019,127(2)：115-142.

[129] ZHANG K,HUANG Y,DU Y,et al. Facial expression recognition based on deep evolutional spatial-temporal networks[J]. IEEE Transactions on Image Processing,2017,26(9)：4193-4203.

[130] JUNG H,LEE S,YIM J,et al. Joint fine-tuning in deep neural networks for facial expression recognition[C]. Proceedings of the IEEE International Conference on Computer Vision,2015：2983-2991.

[131] WOO S,PARK J,LEE J-Y,et al. Cbam：Convolutional block attention module[C]. Proceedings of the European Conference on Computer Vision (ECCV),2018：3-19.

[132] FENG Z-H,KITTLER J,AWAIS M,et al. Wing loss for robust facial landmark localisation with convolutional neural networks[C]. Proceedings of the IEEE Conference on Computer Vision and Pattern Recognition,2018：2235-2245.

[133] DHALL A,GOECKE R,LUCEY S,et al. Static facial expressions in tough conditions：Data, evaluation protocol and benchmark[C]. Proceedings of the 1st IEEE International Workshop on Benchmarking Facial Image Analysis Technologies BeFIT,2011：2106-2112.

[134] LUCEY P,COHN J F,KANADE T,et al. The extended cohn-kanade dataset (ck+)：A complete dataset for action unit and emotion-specified expression[C]. Proceedings of the IEEE Conference on Computer Vision and Pattern Recognition-workshops,2010：94-101.

[135] ZHAO G,HUANG X,TAINI M,et al. Facial expression recognition from near-infrared videos [J]. Image and Vision Computing,2011,29(9)：607-619.

[136] BALTRUSAITIS T,ZADEH A,LIM Y C,et al. Openface 2.0：Facial behavior analysis toolkit [C]. Proceedings of the 13th IEEE International Conference on Automatic Face & Gesture Recognition,2018：59-66.

[137] ZHANG K,ZHANG Z,LI Z,et al. Joint face detection and alignment using multitask cascaded convolutional networks[J]. IEEE Signal Processing Letters,2016,23(10)：1499-1503.

[138] CAO J,LI Y,ZHANG Z. Partially shared multi-task convolutional neural network with local constraint for face attribute learning[C]. Proceedings of the IEEE Conference on Computer Vision and Pattern Recognition,2018:4290-4299.

[139] VAN DER MAATEN L,HINTON G. Visualizing data using t-SNE[J]. Journal of Machine Learning Research,2008,9(11):2579-2605.

[140] CHO K,VAN MERRIËNBOER B,GULCEHRE C,et al. Learning phrase representations using RNN encoder-decoder for statistical machine translation[C]. Proceedings of the 2014 Conference on Empirical Methods in Natural Language,2014.

[141] ZHANG C,YANG Z,HE X,et al. Multimodal intelligence:Representation learning,information fusion,and applications[J]. IEEE Journal of Selected Topics in Signal Processing,2020,14(3):478-493.

[142] JIAO W,YANG H,KING I,et al. HiGRU:Hierarchical gated recurrent units for utterance-level emotion recognition[C]. Proceedings of the 2019 Conference of the North American Chapter of the Association for Computational Linguistics:Human Language Technologies,2019:397-406.

[143] XIA R,DING Z. Emotion-cause pair extraction:A new task to emotion analysis in texts[J]. arXiv Preprint arXiv:1906.01267,2019.

[144] SLIZOVSKAIA O,GÓMEZ E,HARO G. A Case Study of Deep-Learned Activations via Hand-Crafted Audio Features[J]. The 2018 Joint Workshop on Machine Learning for Music,Joint Workshop Program of ICML,IJCAI/ECAI and AAMAS,2018:1907.

[145] BADSHAH A M,AHMAD J,RAHIM N,et al. Speech emotion recognition from spectrograms with deep convolutional neural network[C]. Proceedings of the 2017 International Conference on Platform Technology and Service,2017:1-5.

[146] HAZARIKA D,PORIA S,ZADEH A,et al. Conversational memory network for emotion recognition in dyadic dialogue videos[C]. Proceedings of the Conference. Association for Computational Linguistics. North American Chapter. Meeting,2018:2122.

[147] ZHOU S,JIA J,WANG Q,et al. Inferring emotion from conversational voice data:A semi-supervised multi-path generative neural network approach[C]. Proceedings of the 32nd AAAI Conference on Artificial Intelligence,2018:579-586.

[148] MAI S,HU H,XING S. Divide,conquer and combine:Hierarchical feature fusion network with local and global perspectives for multimodal affective computing[C]. Proceedings of the 57th Annual Meeting of the Association for Computational Linguistics,2019:481-492.

[149] ZADEH A,LIANG P P,PORIA S,et al. Multi-attention recurrent network for human communication comprehension[C]. Proceedings of the 32nd AAAI Conference on Artificial Intelligence,2018:5642-5649.

[150] CHOI W Y,SONG K Y,LEE C W. Convolutional attention networks for multimodal emotion recognition from speech and text data[C]. Proceedings of Crand Challenge and Workshop on

Human Multimodal Language (Challenge-HML),2018:28-34.

[151] BAREZI E J,FUNG P. Modality-based factorization for multimodal fusion[C]. Proceedings of the 4th Workshop on Representation Learning for NLP,2018:260-269.

[152] GOODFELLOW I,POUGET-ABADIE J,MIRZA M,et al. Generative adversarial nets[J]. Advances in neural information processing systems,2014,2672-2680.

[153] MAJUMDER N,PORIA S,HAZARIKA D,et al. Dialoguernn: An attentive rnn for emotion detection in conversations[C]. Proceedings of the AAAI Conference on Artificial Intelligence,2019:6818-6825.

[154] GHOSAL D,MAJUMDER N,PORIA S,et al. DialogueGCN: A graph convolutional neural network for emotion recognition in conversation[C]. Proceedings of the 2019 Conference on Empirical Methods Language Processing,2019:154-164.

[155] DELBROUCK J-B,TITS N E,BROUSMICHE M,et al. A Transformer-based joint-encoding for Emotion Recognition and Sentiment Analysis[J]. In 2nd Grand-Chanllenge and Workshop on Multimodal Language,2020:1-7.

[156] PHAM H,LIANG P P,MANZINI T,et al. Found in translation: Learning robust joint representations by cyclic translations between modalities [C]. Proceedings of the AAAI Conference on Artificial Intelligence,2019:6892-6899.

[157] YUAN J,LIBERMAN M,OTHERS. Speaker identification on the SCOTUS corpus[J]. Journal of the Acoustical Society of America,2008,123(5):3878-3882.

[158] JIANG Z,YU W,ZHOU D,et al. Convbert: Improving bert with span-based dynamic convolution[C]. Proceedings of the Annual Conference on Neural Information Processing Systems,2020,33:12837-12848.

[159] QIU X,SUN T,XU Y,et al. Pre-trained models for natural language processing: A survey[J]. Science China Technological Sciences,2020,63(10):1872-1897.

[160] TRINH T H,LUONG M-T,LE Q V. Selfie: Self-supervised pretraining for image embedding [J]. arXiv Preprint arXiv:1906.02940,2019.

[161] SUN C,MYERS A,VONDRICK C,et al. Videobert: A joint model for video and language representation learning[C]. Proceedings of the IEEE/CVF International Conference on Computer Vision,2019:7464-7473.

[162] LU J,BATRA D,PARIKH D,et al. Vilbert: Pretraining task-agnostic visiolinguistic representations for vision-and-language tasks[C]. Proceedings of the Annual Conference on Neural Information Processing Systems,2019,2:13-23.

[163] SU W,ZHU X,CAO Y,et al. Vl-bert: Pre-training of generic visual-linguistic representations [C]. Proceedings of the 8th International Conference on Learning Representations,2020:591-602

[164] LIANG P P,LIU Z,ZADEH A,et al. Multimodal language analysis with recurrent multistage fusion[C]. Proceedings of the 2018 Conference on Empirical Methods in Natural Language

Processing,2018：150-161.

[165] TSAI Y-H H,LIANG P P,ZADEH A,et al. Learning factorized multimodal representations[C]. Proceedings of the 7th International Conference on Learning Representations,2019：132-140.

[166] 高成亮,徐华,高凯. 结合词性信息的基于注意力机制的双向 LSTM 的中文文本分[J]. Journal of Hebei University of Science & Technology,2018,39(5)：447-454.

[167] LI R,WU Z,JIA J,et al. Inferring user emotive state changes in realistic human-computer conversational dialogs [C]. Proceedings of the 26th ACM International Conference on Multimedia,2018：136-144.

[168] WILLIAMS J,KLEINEGESSE S,COMANESCU R,et al. Recognizing emotions in video using multimodal dnn feature fusion[C]. Proceedings of Grand Challenge and Workshop on Human Multimodal Language,2018：11-19.

[169] BENESTY J,CHEN J,HUANG Y,et al. Pearson correlation coefficient[M]. Noise Reduction in Speech Processing：Springer,2009：1-4.

[170] DE BOER P-T,KROESE D P,MANNOR S,et al. A tutorial on the cross-entropy method[J]. Annals of Operations Research,2005,134(1)：19-67.

[171] LIANG P P,LIU Z,TSAI Y-H H,et al. Learning representations from imperfect time series data via tensor rank regularization[C]. Proceedings of the 57th Annual Meeting of the Association for Computational Linguistics,2019：1569-1576.

[172] LI B,LI C,DUAN F,et al. Tpfn：Applying outer product along time to multimodal sentiment analysis fusion on incomplete data[C]. Proceedings of the European Conference on Computer Vision,2020,431-447.

[173] HAZAN E,LIVNI R,MANSOUR Y. Classification with low rank and missing data[C]. Proceedings of the International conference on machine learning,2015：257-266.

[174] CAI L,WANG Z,GAO H,et al. Deep adversarial learning for multi-modality missing data completion[C]. Proceedings of the 24th ACM SIGKDD International Conference on Knowledge Discovery & Data Mining,2018：1158-1166.

[175] WANG Q,DING Z,TAO Z,et al. Partial multi-view clustering via consistent GAN[C]. Proceedings of the 2018 IEEE International Conference on Data Mining,2018：1290-1295.

[176] SHANG C,PALMER A,SUN J,et al. VIGAN：Missing view imputation with generative adversarial networks[C]. Proceedings of the 2017 IEEE International Conference on Big Data, 2017：766-775.

[177] CAMBRIA E,HAZARIKA D,PORIA S,et al. Benchmarking multimodal sentiment analysis[C]. Proceedings of the International Conference on Computational Linguistics and Intelligent Text Processing,2017：166-179.

[178] SOLEYMANI M,GARCIA D,JOU B,et al. A survey of multimodal sentiment analysis[J]. Image and Vision Computing,2017,65：3-14.

[179] DUNTEMAN G H. Principal components analysis[M]. London：Sage，1989.

[180] HU J，LIU B. The basic theory，diagnostic，and therapeutic system of traditional Chinese medicine and the challenges they bring to statistics[J]. Statistics in Medicine，2012，31（7）：602-605.

[181] LUGARESI C，TANG J，NASH H，et al. Mediapipe：A framework for building perception pipelines[J]. arXiv Preprint arXiv：1906.08172，2019.

[182] QIU Y，LIU Y，LI S，et al. MiniSeg：An Extremely Minimum Network for Efficient COVID-19 Segmentation[C]. Proceedings of the 35th AAAI Conference on Artificial Intelligence/33rd Conference on Innovative Applications of Artificial Intelligence/11th Symposium on Educational Advances in Artificial Intelligence，2021：4846-4854.

[183] YAO L，MAO C，LUO Y. Graph convolutional networks for text classification[C]. Proceedings of the AAAI Conference on Artificial Intelligence，2019：7370-7377.

[184] HAMILTON W，YING Z，LESKOVEC J. Inductive representation learning on large graphs[J]. Advances in neural information processing systems，2017，30：1025-1035.

附录 A 中英文缩写对照表

缩 写	对应中文和英文
AMT	亚马逊众包平台(Amazon mechanical turk)
ASR	自动语音识别(auto speech recognition)
AUC	ROC 曲线下与坐标轴围成的面积(area under curve)
BERT	基于转换器的双向编码表征(bidirectional encoder representation from transformers)
Bi-LSTM	双向长短期记忆神经网络(bi-directional long short-term memory)
CBOW	连续词袋模型(continuous bag-of-words model)
CCAM	通道互注意力模块(channel co-attention module)
CMCNN	基于互注意力的多任务卷积神经网络(co-attentive multi-task convolutional neural network)
CNN	卷积神经网络(convolutional neural network)
CNP	卷积神经网络处理器(convolutional network processor)
Corr	皮尔森相关系数(pearson correlation)
CQT	恒定 Q 变换(constant Q transform)
CRLA	CRLA 模型使用 LSTM 网络来学习话语间的上下文信息,并引入 Self-Attention 来捕捉情感显著信息并输入到网络中用于辅助情感表征的学习(contextual residual LSTM attention model)
CV	计算机视觉(computer vision)
DAE	深度自动编码器(deep auto-encoder)
DCNN	深层卷积神经网络(deep convolutional neural network)
DNN	深度神经网络(deep neural network)
ELMo	语言模型嵌入(embedding from language models)
EMN	情绪多任务框架(emotional multi-task network)
FER	人脸表情识别(facial expression recognition)

缩　写	对应中文和英文
FLD	人脸关键点检测（facial landmark detection）
GAN	对抗生成网络（generative adversarial nets）
GBDT	梯度提升决策树（gradient boosting decision tree）
Glove	全局向量（global vector）
GMN	生成式多任务网络（generative multi-task network）
GRU	门控循环单元（gate recurrent unit）
HGFM	层次化粒度和特征模型（hierarchical grained and feature model）
IEMOCAP	交互式情绪二元运动捕捉数据库（the interactive emotional dyadic motion capturedatabase）
IPA	智能语音助手（intelligent personal assistant）
LLDs	低级描述符（low-level descriptors）
LMF	低阶张量融合（low-rank multimodal fusion）
LSTM	长短期记忆网络（long short-term memory）
MAE	平均绝对误差（mean absolute error）
MELD	多模态多方对话英文数据集（a multimodal multi-party dataset for emotion recognition in conversations）
MFCC	梅尔频率倒谱系数（mel frequency cepstral coefficent）
MFN	记忆融合网络（memory fusion network）
MIloss	基于多任务机制的互斥损失函数（multitask island loss）
MKCNN	多核卷积神经网络（multi-kernel convolutional neural network）
MLP	多层感知器（multi-layer perceptron）
MMSA	基于多任务学习的多模态情感分析框架（multi-task multi-modal sentiment analysis）
MNCs	多任务网络级联（muti-task network cascades）
MOSI	单标签多模态情感数据集（multimodal corpus of sentiment intensity）
MSA	多模态情感分析（multimodal sentiment analysis）
MSER	模态相似性和情绪识别多任务（multimodal transformer）
MTL	多任务学习（multi-task learning）
MulT	多模态 transformer（multimodal transformer）

续表

缩　写	对应中文和英文
NRMSE	正规化方均根差（normalized root mean square error）
NLP	自然语言处理（natural language processing）
PCA	主成分分析（principal component analysis）
RNN	循环神经网络（recurrent neural network）
SCAM	空间互注意力模块（spatial co-attention module）
SIMS	中文的多模态情感分析数据集（chinese single- and multi- modal sentiment analysis dataset）
Skip-gram	跳字模型（continuous skip-gram model）
SSL	自监督学习（self-supervised learning）
SVM	支持向量机（support vector machine）
TCDCN	任务约束深度卷积网络（tasks-constrained deep convolutional network）
TCM	中医体质（traditional chinese medicine constitution）
TCM-CAS	中医体质评价系统（TCM constitution assessment system）
TFN	张量融合网络（tensor fusion network）
t-SNE	t-分布领域嵌入算法（t-distributed stochastic neighbor embedding）
UWA	未加权准确率（unweighted average）
WA	加权准确率（weighted average）
ZCR	过零率（zero-crossing rate）

附录 B 图 片 索 引

附录 C 表格索引